"十二五"普通高等教育本科国家级规划教材

陈坚　堵国成　刘龙　主编

发酵工程实验技术

第三版

化学工业出版社
·北京·

本书为教育部“十二五”普通高等教育本科国家级规划教材，是一本系统介绍发酵工程实验技术的图书。全书共分五章，重点介绍涉及各种生物反应器的微生物细胞培养技术，包括发酵微生物实验基本操作、工业微生物核酸分离纯化、发酵过程基本操作、发酵产品提取精制基本操作、典型发酵产品实验等内容。本书将国外最新实验技术、国内现有的实验材料以及作者自己的科研有机地结合起来，前沿性、实践性和系统性构成了本书的特点。

本书可供从事发酵工程、生化工程、生物工程、环境工程和制药工程的广大高校师生作为实验技术专著阅读使用，也可供上述领域的企业生产、技术和管理人员参考。

图书在版编目（CIP）数据

发酵工程实验技术/陈坚，堵国成，刘龙主编．—3版，北京：化学工业出版社，2013.6（2024.8重印）
“十二五”普通高等教育本科国家级规划教材
ISBN 978-7-122-17013-2

Ⅰ.①发…　Ⅱ.①陈…②堵…③刘…　Ⅲ.①发酵工程-实验-高等学校-教材　Ⅳ.①TQ92-33

中国版本图书馆CIP数据核字（2013）第074818号

责任编辑：孟　嘉　赵玉清　　文字编辑：向　东
责任校对：边　涛　　装帧设计：关　飞

出版发行：化学工业出版社（北京市东城区青年湖南街13号　邮政编码100011）
印　　装：北京科印技术咨询服务有限公司数码印刷分部
787mm×1092mm　1/16　印张10½　字数256千字　2024年8月北京第3版第4次印刷

购书咨询：010-64518888　　售后服务：010-64518899
网　　址：http://www.cip.com.cn
凡购买本书，如有缺损质量问题，本社销售中心负责调换。

定　　价：35.00元

前　言

发酵生产自20世纪20年代酒精、甘油等厌氧发酵兴起以来，发酵工程又经历了不断的发展和完善；相继兴起了青霉素等抗生素发酵生产，有机酸、维生素、激素等大规模发酵法生产。通过研究微生物代谢途径，利用人工诱变手段获得优良生产产品的突变菌株。同时，代谢控制发酵技术成功应用到核苷酸、有机酸、抗生素等产品的发酵生产过程中。基因工程、细胞工程等生物工程技术的开发，使发酵工程进入了定向育种的新阶段。随着微生物学、生物化学、遗传学、生物工程学、机械工程学、数学、化工工程学、计算机技术等学科领域的发展，发酵工业也取得了飞速发展。目前，发酵工业涉及医药、食品、轻化工、饲料、环境治理、石油开采、贵重金属冶炼等多种工业部门，在国民经济中的地位日趋重要。

发酵工程是一个由多学科交叉、融合而形成的技术性和应用性较强的开放性学科。发酵工程是发酵工业的支撑学科，也是生物技术产业化的关键。同时，发酵工程又是一门实践性学科。与课堂理论教学相比，实验教学环境不仅是培养学生综合素质的重要方面，还是培养学生动手能力和创新能力的重要环节，是理论结合实际的根本所在。

本教材以培养学生的基本素质、实践技能和发酵工程意识为根本目标，在编排上打破实验分属各门课的现状，按学科进行实验内容分类，以引导学生掌握发酵工程基础实验的基本原理、基本知识、基本技能和实验方法与思路。本教材在保留必要少量传统发酵工程实验的基础上，新增创新设计实验内容。让学生真正掌握已有的和最新的发酵工程实验技能，并进一步提高学生的综合动手能力和实验素质。此外，本教材中有大量的发酵实验实例，这些实例既有少部分传统发酵工程实例，又有大部分最新发酵工程实例，这些发酵实例的合理结合，使得该教材具有更强的实践性和系统性。

本教材各章节的主要编写人员如下：第一章由刘松编写；第二章由周景文编写；第三、五章由刘龙编写；第四章由张娟编写。江南大学生物工程学院陈坚教授和堵国成教授对本书的全稿进行了严谨、细致的统稿、修改和审定工作。在此表示诚挚的感谢。

特别感谢中国工程院院士、江南大学生物工程学院伦世仪院士的鼓励和指导，感谢所在研究室的博士、硕士研究生给予的帮助。

本书编写力求结合理论性和实践性，突出系统性和科学性，体现前沿性和创新性，但限于作者的学术功底、研究经验和写作能力，书中存有疏漏和不足，敬请读者批评指正。

编者

2012年12月

目　录

第一章　发酵微生物实验基本操作

第一节　菌种保藏

一、菌种保藏意义

在生产发酵中，具有重要经济价值的高产传代稳定的菌株往往需要进行长期保藏。除非所用微生物染菌或发生自然突变及死亡，绝大部分工业生产所用菌株是不能替换的。在某些情况下，菌株可以进行再分离或再从保藏机构购买，但花费的时间和精力等都相当高。所以保藏具有足够活性的细胞是很重要的。菌种的变异会导致工业生产中代谢产物的产量下降。采取有效的菌种保藏手段可以避免或减少这些损失，实现高产稳产。基础研究中则能保证实验结果具有良好的重复性。

菌种是一个国家的重要资源，世界各国都对菌种的保存极为重视。菌种保藏是一项重要的微生物学基础工作，其目的首先在于保持菌种优良性状的稳定，满足生产的实际需要，使菌种不死亡、不变异、不被污染以及便于交换使用。在开展菌种保藏方法研究的同时，许多国家都设立了专门的菌种保藏机构。

菌种保藏的方法很多，其基本原理都是根据微生物的理化性质，挑选优良纯种，最好是它们的休眠体（如分生孢子、芽孢等），人为地创造一个使微生物代谢不活泼、生长繁殖受抑制的环境条件，如干燥、低温、缺氧及缺乏营养、添加保护剂或酸度中和剂等，使保藏中的微生物不进行增殖，防止突变，保留纯种。菌种保藏的每种方法适用的微生物种类与效果都是不一样的，没有任何一种方法对所有微生物都是适宜的。

决定菌种的保藏方法时要把该方法的特点与所保藏微生物的要求及使用者的需要联系起来考虑。在选择一个保藏方法时应该考虑的因素包括：对保藏的活度要求、增殖和细胞遗传变异的结果，需要保藏的样品数，取放菌种的频率及方法的成本费用。菌种特性及实验室现有仪器的型号也是选择保藏方法时应该考虑的因素。一种好的保藏方法应该除了长时间保持菌种原有优良性状不改变之外，还应方便、经济，以便在生产上能广泛应用。

二、操作方法

（一）干燥保藏法

干燥包括从培养物中除去水分和防止再吸水。这种方法对仪器的要求低。一旦培养物在干燥的条件下能够存活，则它能在土壤干燥的情况下保持活力若干年。这种操作方式适用于产孢子的丝状真菌和放线菌，或产芽孢的细菌。通过干燥进行保藏的方法包括在沙土、硅胶、纸条及明胶盘上干燥，这些方法的特点是仪器耗资小而且劳动强度不高。

1. 沙管保藏法和土壤保藏法

土壤是自然界微生物栖息的共同场所，土壤颗粒对微生物具有一定的保护作用。

（1）土壤预处理　将没有经过施肥的肥沃、易碎的花园土壤经风干、粉碎后用孔径为2mm的筛子过筛，然后分装到25mL广口安瓿瓶中至25mm厚。用脱脂棉棉塞塞住瓶口并在0.1MPa蒸汽下灭菌60min后于室温下贮存备用。如果可以一直保持较低的操作蒸气压，则可将土壤连续灭菌（最少两次）。第二次灭菌需在第一次冷却后开始。土壤使用前用 1mL 无菌水润湿、搅拌，得到潮湿的粉状土壤后再用蒸汽在 0.1MPa 下灭菌 60min。

（2）接种　向琼脂培养物上加入无菌水，然后用接种环或末端广口移液管轻刮琼脂表面以释放孢子。如果微生物不能形成孢子则用菌丝或细胞悬液。用无菌吸管吸取菌悬液，在每支沙土管中加入 2mL 菌悬液。用接种环拌匀，使土壤中约有 2×10^7 个单菌落（cfu）。不能随意增加菌悬液的体积，因为如果土壤变成水浸状，菌株则不能生长。塞上棉塞。

（3）干燥　将已滴加菌悬液的沙土管置于干燥器内。干燥器内应预先放置五氧化二磷或无水氯化钙用于吸水。当五氧化二磷或无水氯化钙变成糊状时则应进行更换。如此数次，沙土管可干燥。也可用真空干燥。用真空泵连续抽气约 3h，即可达到干燥的效果。

（4）抽样检查　从抽干的沙土管中。每 10 支抽取 1 支进行检查。用接种环取少量沙土，接种到适合于所保藏菌种生长的斜面上，并进行培养。检查有无杂菌生长及所保藏菌种的生长情况。

（5）保藏　若检查没有发现问题，可采用下列任何一种措施进行保藏。①沙土管继续放在干燥器中，干燥器可置于室温或冰箱中；②将完全干燥的瓶子用不透油或类似的纸蒙住放在氯化钙或变色硅胶上于密封箱中 4℃保藏；③在煤气灯上，将沙土管的棉塞下端的玻璃烧熔封住管口，再置于冰箱中保藏。此法可保存菌种数年，对产孢子的微生物如芽孢杆菌、放线菌和霉菌的保藏比较适宜。

（6）恢复活力　将土壤洒在合适的培养基上并在适宜的条件下培养使培养物恢复活力。用可以装 150mg 土壤的事先灭菌的金属铲将土壤转移至琼脂上。

（7）使用河沙代替土壤　将酸洗过的沙子用 40～100 目筛子过筛，分装入 25mL 安瓿瓶中至 25mm 厚。用脱脂棉棉塞塞住瓶口并在 160℃下干热灭菌 2h。将菌悬液接入沙中后立即干燥。

由于沙土管具有低温、干燥，且隔绝空气，保藏微生物效果较好，制作简单，因此这是常用的长期保藏菌种的方法。保藏时间一般两年，有的微生物可长达十年。

2. 硅胶干燥法

（1）配制硅胶　将不含指示剂的白色硅胶（6～22 目）装入 25mL 试管瓶中至 25mm 厚，并用脱脂棉棉塞塞住瓶口。在 170℃下灭菌 120min 后于干热空气中保藏。

（2）菌种分散剂　将 5～15g 脱脂奶粉溶解在 100mL 蒸馏水中并在 115℃下灭菌 15min，制成 5%～15%的分散剂。

（3）接种步骤　将牛奶分散剂滴加到琼脂培养物上，轻轻将培养物表面的孢子或菌丝刮下，制成菌悬浮液，向预先置于冰浴中的每个硅胶瓶中加入 0.5mL 菌悬液，塞紧。

（4）干燥与保藏　在室温下干燥 1 周，然后放入干燥器中于 5℃保藏，或者在把细胞悬浮液加到硅胶中之前，先将两者冷却，以减少吸收热的影响。然后再放入干燥器中，低温干燥，保藏。本法主要适用于链孢霉菌、曲霉的保藏，有时也适用于各种细菌及酵母。

3. 纸条保藏法

（1）纸条制备　将 4 号高级滤纸裁成 $1cm^2$ 的正方形小条，放入锡箔封中 120℃下灭菌 20min。

（2）接种步骤　按本节二、（一）“1. 沙管保藏法和土壤保藏法”（2）的方法制备高密度菌种悬液。用无菌镊子将纸条放入无菌培养皿中。用细胞菌悬液将纸条润湿，去除多余水分后放入锡箔封中。将锡箔封放在 P_2O_5 中干燥 2～3 周。适时更换干燥剂。

（3）保藏及恢复活力　将锡箔封放在无水氧化钙或变色硅胶上于 4℃保藏。复活菌种时用无菌镊子将纸条从锡箔封中取出并在琼脂平板培养基上划线，将平板在适宜条件下培养。

4. 陶瓷珠干燥保藏

① 将 10～12 粒陶瓷珠置于 10mL 玻璃管中，于 121℃下高压蒸汽灭菌 15min。

② 用 1～2mL 20%蔗糖液洗脱下 24～28h 的斜面培养物，制备成细胞悬浮液。

③ 将灭菌后的陶瓷珠无菌地平铺于一无菌平皿中，然后每珠接种 1 滴（约 0.2～0.3mL）细胞悬液。将接种好的陶瓷珠重新装入试管中，每管以 10～12 粒为宜。轻轻塞上塞子，置于真空干燥箱中干燥 72～96h。

④ 取出装有陶瓷珠的试管，于 25℃下干燥的环境中密封保存。

5. 冷冻干燥保藏法

冷冻干燥是通过在减压条件下使冻结的细胞悬浮液中的水分升华，最后获得干燥的菌体样品。此法是微生物菌种长期保藏的最为有效的方法之一。冷冻干燥过程中必须使用冷冻保护剂，目前国内常用脱脂乳和蔗糖，国外尚有应用动物血清等。除不生孢子只产菌丝体的丝状真菌不适用外，其他微生物都能冻干保藏。此法兼具了低温、干燥、缺氧几方面条件，使微生物可以保存较长时间。

（1）冷冻过程　冷冻干燥机由两部分组成，下部有冰箱及其控制系统，上部有泵、离心机、歧管、Pirani 真空计和控制龙头。所达到的真空度与冷凝温度下水蒸气的蒸气压直接相关，在温度高于－50℃以上时不能达到很好的真空度，在－70℃左右真空效果较为理想。将水在减压下煮沸可以迅速制冷而达到冷冻效果。为了避免起泡以及提高表面积与体积比。在处理初期安瓿管需进行离心。如果制冷过程很慢就会导致结晶状物质产生，如果不及时离心会产生泡沫弄脏塞子并使管路阻塞。经过初期干燥以后，可以将安瓿管压缩以便密封。这个过程要快，以免空气进入安瓿管。第二阶段的干燥在歧管上进行。通常可过夜完成。在没有达到理想真空度的情况下，可以使用一个高频火花检测器来检验歧管上泄漏的部位，如 EdwardsST4M 火花检测器。在理想的真空度下，火花检测器显示淡蓝色火焰。而在弱真空下火花检测器则显示深紫色火焰或不改变。检测器不能经常使用，否则会导致安瓿管破漏。干燥过程结束后，安瓿管在真空中有火焰保护的情况下原位密封。

（2）安瓿管准备　中性玻璃冷冻干燥安瓿管（容积为 0.5mL，SAMCO）应用脱脂棉棉塞轻轻塞住。塞子长约 18mm，管外部分约 4～8mm 长。用锡纸将管子封住，在 100℃下干热灭菌 2h，不能让塞子烧焦或变成淡黄色。在灭菌前应将安瓿管做好标记。在 5mm×30mm 的纸上写好放入安瓿管中用棉花塞住。如果要在安瓿管外面标记，则准备好 5mm×23mm 的纸条用 30mm 的透明胶从头至尾封住贴牢。标记的长和宽不要大于规定的尺寸，否则在密封阶段会烧焦。

（3）悬浮培养基　微生物防冻悬浮培养基配方如表 1-1 所示。

表 1-1　微生物防冻悬浮培养基配方

菌　株	培　养　基
细菌	a. 肌糖血清：肌糖 5g，马血清定容至 100mL，过滤除菌。b. 肌糖发酵液：肌糖 5g，营养发酵粉 2.5g，蒸馏水定容至 100mL。120℃灭菌 20min
酵母	葡萄糖血清：葡萄糖 7.5g，马血清定容至 100mL，过滤除菌
真菌	肌糖牛奶：葡萄糖 7.5g，脱脂牛奶 10g，蒸馏水定容至 100mL，120℃灭菌 20min
真菌、放线菌、细菌	色氨酸酵母血清：色氨酸 5g，酵母粉 3g，蒸馏水定容至 1000mL，120℃灭菌 20min，得色氨酸酵母混合液；将 2 体积马血精与 1 体积色氨酸酵母混合液混合

(4) 接种步骤　培养物应该在适宜的环境条件下生长，在其对数后期进行冷冻较为适宜。培养物可以在琼脂平板、152mm×15mm 管中 5mm 斜面或液体培养基中生长。在液体培养基中生长的细胞要离心浓缩。向每个 152mm×15mm 试管或琼脂平板上加入 5mL 悬浮培养基，用巴氏吸管轻轻刮下培养物。如果使用液体培养基，则向离心后的细胞中加入 5mL 悬浮培养基，将细胞再悬浮。向每个安瓿臂中加入 0.2mL 菌悬液。操作时应小心不要产生气溶胶或把试管外污染。装好后，将管口烧灼后塞上棉花塞。整个操作过程应迅速，并最好在 4℃下进行。将剩余菌悬液培养，悬浮培养基在 30℃下过夜检验无菌性。

(5) 干燥步骤　①初步干燥。将离心管装入套筒中放在离心机内，打开离心机旋转 60min。当离心机开始旋转时打开真空泵将机内空气排出。这个过程需要 8～12h，真空度要求达到 8×10^{-2}mmHg (即 10.6Pa)。为了加快这个过程，可以将安瓿管上的棉花塞去掉，用无菌盖替代。当初步干燥完成后再换回棉花塞。将棉花塞露在管外的部分剪去，把剩余部分塞入安瓿管的约一半处。②歧管干燥。将安瓿管连接到平放的歧管的螺纹接口管上，将歧管上剩余接口用空安瓿管塞满，启动真空泵，关闭空气进口阀，打开所有通向歧管的阀。将安瓿管置于歧管上至少 3h (或过夜)，保证真空泵打开后 15min 内就能达到的 10^{-1} mmHg (即 13.3Pa)。③密封。将密封火焰调至内径约 25mm 的火焰。在火焰的保护下将安瓿管密封，在这一步中应保持真空度，将在低真空度下密封的安瓿管丢弃。

(6) 恢复活力　用划玻璃器在靠近棉花塞底部刻下划痕。将安瓿管放在纸上，用力将其从划痕处掰开。取出棉花塞，在火焰上灼烧颈部，将管内菌种接到琼脂上或用巴氏吸管轻轻加入 0.1mL 营养发酵液，来回吹吸几次，配制细胞菌悬液后接到生长培养基上。

(二) 冷冻保藏法

许多真菌、放线菌和细菌都可以通过冷冻保藏。把细胞在低温下悬浮在甘油中，然后保藏在－70～－50℃，或在液氮蒸气中。保藏过程的劳动强度不大，但是冷冻设备耗资较高。要注意防止机械和电力上的故障而造成菌种活性的改变，冰箱中液氮需要维持在一定水平。如果氮气没有及时补充，保藏的菌株可能会全部失活。液氮是危险的，而且必须把罐放在通风良好的地方以保证空气中氧气含量一定。操作时必须穿防冻衣物以免冻伤。尤其要注意玻璃器皿爆炸。

在－70～－50℃下的甘油中冷冻保藏菌种，对于大、小规模的保藏都是一种十分有效的方法。在－70℃下，悬浮在甘油中的细胞可以沉积在空心玻璃珠中。该方法适用于大部分细菌，每个玻璃珠可以为细菌传代提供足够的种子。但是当需要大量种子时，就必须进行连续传代扩大培养，因此这种方法不适合于不稳定的菌株。如果一系列的实验需要大量的标准种子，可以将批量种子悬浮在甘油中等分后冷冻保藏。

这种方法也适用于那些需要特定的接种浓度来诱导次级代谢活力的苗株。将批量的菌体甘油悬浮物冷冻起来，同时测定等分样的密度，种子的浓度可根据菌株的要求进行调整。

冷冻干燥适用于除无孢子真菌以外的各类微生物。这种方法的优点在于可以方便地贮存需要冷冻干燥的样品，并且不需要进一步处理就可以保持活力。这种方法的投资费用高、劳动强度大。而且还可能造成菌种活力降低。这种方法适用于大部分菌种的保藏，分批培养中，对原种及需要长期贮存的培养物效果很好。

1. 在 20% (体积分数) 甘油中－50℃保藏

(1) 准备　将 1 体积的甘油加入 4 体积的蒸馏水中，搅拌混合。将甘油分为 100mL 左右等分，在 120℃下灭菌 20min。

（2）接种步骤　使用20%（体积分数）甘油作悬浮培养基，用本节二、（一）“1. 沙管保藏法和土壤保藏法”制备高浓度孢子、菌丝和细胞菌悬液。将1mL菌悬液装入2mL聚丙烯微管中或在合适的容器中装入更大量体积的菌悬液。在−50℃冰箱中冷藏。琼脂上的培养物会在20%（体积分数）甘油下冷冻。

（3）保藏　将聚丙烯微管密封在聚丙烯袋或聚碳酸酯盒（如Nalgene cryoware盒）中，在盒子上做好标记。

（4）恢复活力　取一个聚丙烯微管置于室温下，使之熔化。将熔化的菌悬液接至合适的培养基上进行培养。

2. 玻璃珠中甘油保藏

（1）准备　按以下步骤清洗2mm的玻璃珠：①洗涤；②稀释盐酸；③用自来水调至中性；④蒸馏水冲洗。45℃干燥。将20～30个玻璃珠装入2mL螺纹口玻璃瓶中，120℃灭菌20min。

（2）悬浮培养基　好氧细菌的悬浮培养基组成：细菌蛋白胨（Oxoid L34）8.0g、牛肉膏（Oxoid Lab-Lemco L29）8.0g、NaCl 5.0g、甘油200mL，用蒸馏水定容至1000mL，pH7.3～7.4。120℃灭菌20min。

（3）接种步骤　如本节二、（一）“1. 沙管保藏法和土壤保藏法”中所述方法制备高浓度孢子、菌丝或在无选择性培养基中生长的细胞菌悬液。将菌悬液分装到有玻璃珠的小瓶中，充分润湿玻璃珠并将多余的菌悬液除去。

（4）保藏和恢复活力　将小瓶放在盘中，−70℃冷冻保藏。恢复培养物活力时则用无菌小刮铲从小瓶中取出一个玻璃珠，在固体培养基上方刮拭玻璃珠表面或用营养发酵液洗涤下的菌悬液接种至固体培养基。迅速将小瓶放回冰箱中以免小瓶中的其他细胞也熔化。

3. 液氮冷冻保藏法

把细胞悬浮于一定的分散剂中或把在琼脂培养基上培养好的菌种直接进行液体冷冻，然后移至液氮（−196℃）或其蒸气相中（−156℃）保藏。进行液氮冷冻保藏时应严格控制制冷速度，慢冻快熔。除少数对低温损伤敏感的微生物之外，液氮可对几乎所有微生物的各种培养形式进行保藏。

（1）准备分散剂　将1体积甘油加到9体积蒸馏水中，搅拌混匀。将甘油分为每等分100mL，在120℃下灭菌20min。

（2）接种步骤　用10%（体积分数）甘油作悬浮培养基，如本节二、（一）“1. 沙管保藏法和土壤保藏法”中所述方法制备高浓度孢子、菌丝和细胞菌悬液。将1mL等分液加入到2mL聚丙烯管中并用内螺纹盖子密封。将聚丙烯管在4℃保藏1h后，于冰箱中液氮的蒸气中悬浮。为了控制冷冻的速率，可以将热电偶探针伸入聚丙烯管中并连接图表记录仪。通过升高或降低聚丙烯管在冰箱中的位置可以相应改变冷冻的速率。对于大部分微生物来说，1℃/min的冷冻速率最合适。

（3）保藏　将冷冻聚丙烯管置于铝盒内，再装入PVC套管中以防止聚丙烯管丢失，在盒子的周围留一些小孔以便液氮通过。将铝盒放入小罐中后悬挂在液氮罐中交叉开槽压杆上方，或放在罐中的不锈钢架子上。

（三）中间培养保藏法

将培养物接种到试管或瓶子中的适宜培养基中，进行培养并保藏。需要定期进行重复，以保证在菌种死亡前进行传代培养。这种方法对于以裂殖进行繁殖的细菌最适用而不适用于易突变的放线菌和真菌，不适宜工业菌种长期保存。

1. 传代培养

传代培养是将菌种定期在新鲜培养基上传代，然后在一定的生长温度下生长和保存的传代保藏方法，可以用于实验室中若干菌种的保藏。此方法经济简单，不需任何特殊设备。但随着传代次数增加，易导致染菌及菌体自溶和基因突变。这种方法对于以裂殖进行繁殖的细菌最适用而不适用于易突变的放线菌和真菌。

2. 矿物油保藏法

在琼脂斜面上覆盖一层无菌的医用石蜡以降低代谢速率来保藏菌种，是现在最省时、而且估计是最廉价的方法。操作要点是首先让待保藏菌种在适宜的培养基上生长，然后注入170℃下灭菌的矿物油，用量以高出1cm为宜。保藏的菌种会因重复使用而容易染菌和破损，所以这种方法是一种短期保藏方法而且应该与其他方法结合使用。该方法适合于许多真菌和放线菌。

(1) 准备　将菌种接入152mm×15mm试管斜面中，加盖无菌的脱脂棉棉塞，进行培养。将医疗用液态矿物油在140℃下灭菌3h，冷却。在培养成熟的培养物的表面覆盖一层矿物油，高出琼脂面1cm。将斜面在室温或4℃下保藏。

(2) 恢复活力　用平端灭菌接种针挑一小块培养物，尽量倾去油后接至固体培养基上。菌株的生长速率与残留的油有关，通常需要通过几次中间培养才能恢复菌种的活力。

3. 中间培养与单孢子选择结合保藏法

经过诱变的菌株通常不是很稳定，结合单孢子纯培养技术进行保藏比连续中间培养更合适。

如本节中所述方法配制高浓度孢子菌悬液。用蒸馏水或加入0.1%吐温80、Triton X-100（孢子是疏水性时）的蒸馏水作溶剂。将菌悬液加入到装有16个无菌5mm直径玻璃珠的25mL广口三角瓶中，剧烈振荡打碎孢子块并将菌悬液在漏斗中用无菌的玻璃棉进行过滤以除去碎片及菌丝。将滤液再用滤膜过滤至无菌试管中。按孢子的大小选择滤膜，以只剩下单孢子为宜。配制一系列稀释液，分别取0.1mL稀释液加到固体琼脂上。选择每个平板上生长20～50个单菌落的稀释度的平板进行培养。培养后用无菌的牙签挑一单菌落到有玻璃珠、2mL蒸馏水的广口三角瓶中。振荡瓶子制备菌悬液，接至150mm×25mm试管斜面中培养。对每个单菌落斜面进行摇瓶发酵，保留产最最高的菌株作为原种。用原种进行中间培养可以得到生产用菌种。所有原种在4℃下可保藏4周。将产量最高的菌株的第一代斜面保藏作为下一次单孢子分离用的亲株。

一般来讲定期移植保藏法、液体石蜡法、超低温保藏法和真空冻冷干燥保藏法应用的面比较广，可基本适用于各类微生物。

（四）基因工程菌的保藏

随着基因工程技术的不断发展，越来越多的携带含有外源DNA片段的杂合质粒的基因工程菌需要得到合理的保藏。由载体质粒等携带的外源DNA片段通常是遗传不稳定的、且容易丢失其外源质粒复制子。质粒基因通常为宿主细胞生长非必需，一般情况下当细胞丢失这些质粒时。生长速度会加快。

由质粒所携带的抗生素抗性基因在富集含此类质粒的细胞群体时极为有用。当培养基中加入抗生素时，携带质粒的细胞因质粒编码抗性基因而能正常生长；未携带质粒的细胞，其生长则受到抑制。例如在将外源DNA输入*E. coli*时，最为常用的质粒是pBR322。pBR322

除能将外源DNA输入*E. coli*细胞外，还赋予*E. coli*细胞Amp^r和Tet^r。如果在培养基中加入Amp和Tet，则培养时可选择出含pBR322质粒的细胞。而且在运用基因工程菌进行发酵时，抗生素的加入可帮助维持质粒复制与染色体复制之间的协调关系。

因此，建议基因工程菌应保藏在含低浓度选择剂的培养基中。

三、菌种保藏管理

1. 活力测定

保藏后的培养物要进行活力、纯度及理想性状保留的测定。一般来说，只要进行活力测定，这个测定同时可以测试是否染菌。通常对保藏用的菌悬液建议进行纯度测定。如果需要存活率的数据则要使用计数方法。如果需要保藏前后的活力数据，则可以从初始菌悬液中量取一定体积制备梯度稀释液，接入培养皿中，计算培养皿中单菌落数乘以相应稀释倍数即得知菌悬液中单菌落数。菌种保藏后的活力筛选应以菌株产生次级代谢产物的能力为依据。

2. 培养记录及计算机管理

每一个菌株应该有一种独特的鉴定方法，避免使用复杂系统，可在5mm×30mm标签上写上相应的标记，书写标签应用擦洗不掉的防水墨水。文件系统是菌种保藏的一个重要组成部分，菌株标记包括：①“室内”收集及参考数字；②来源及参考数字的来源，或其他收集的相当数字；③菌株名或同义词；④交替状态；⑤分类；⑥存放日期；⑦产品及产量；⑧致病性/许可状况；⑨培养条件，培养基、生长温度、pH及营养需要；⑩分离培养基及方法；⑪一定范围培养基的培养；⑫培养物使用；⑬保藏方法。

计算机十分适合用于菌种的收集管理，可以用计算机储存培养数据并设计一个程序迅速调用这些数据。采用独立的文件夹记录原始数据及每种菌种的培养过程。

3. 螨的防止

螨会破坏以某些保藏方式所保藏的菌种。螨也会吃掉培养物或将培养物的孢子粘在身上，并通过其活动而导致交叉感染。工作台要保持清洁并用杀螨剂经常擦洗。有螨的培养物应该密封进行灭菌。

4. 安全

在使用真空仪器和玻璃器皿时应注意保护眼睛，使用液氮时应注意保护脸部，在进行所有实验操作时应佩戴眼镜。当工作中存在以下物质时应尤其注意。

(1) 病原体　应该时刻都注意病原体。培养物在冷冻干燥时都应塞上棉塞，在干燥前应先冷冻。安瓿管的装入和打开都应在通风橱中进行，所有玻璃器皿包括巴氏吸管在处理前都应该浸泡在1%次氯酸钠或相应溶液中进行消毒处理。培养物在进行废弃处理前应该进行灭菌。

当病原体保藏在液氨中时，为了避免爆炸而不能贮存在玻璃器皿中。

(2) 干燥剂——五氯化磷　五氧化磷是腐蚀性的，应该在通风橱中操作。在分装干粉末时应该佩戴面具及手套。用过的五氧化磷最好置于通风橱中吸水，成为浆状后小心地排入下水道内。

(3) 液氮　在使用液氮时，除了需要全面脸部防护外，还要戴上防护手套。样品解冻时，未达到室温以前需要保护，因为压力增大可能会导致爆炸。保藏管应该放在通风良好的地方。

四、国内外主要菌种保藏中心介绍

世界上有许多菌种收藏服务机构，它们除了主要的工作职能（收集、保存和提供菌种）

外还提供一系列其他服务，包括菌种鉴定及保藏、安全存放及专利存放。

1. 国内的菌种保藏中心

我国于1979年7月成立了中国微生物菌种保藏管理委员会（CCCCM），它的任务是促进我国微生物菌种保藏的合作、协调与发展，以便更好地利用微生物资源为我国的经济建设、科学研究和教育事业服务。以下将对CCCCM下设的几个菌种保藏管理中心进行简单介绍。

（1）中国工业微生物菌种保藏管理中心（China Center of Industrial Culture Collection，CCICC） 中国国家级工业微生物菌种保藏中心，也是国际菌种保藏联合会（WFCC）和中国微生物菌种保藏管理委员会成员之一，负责全国工业生产与研究应用微生物菌种的收集、鉴定、保藏与供应，微生物菌种保藏技术与应用技术的研究与培训等。CCICC成立于1979年，挂靠中国食品发酵工业研究所，曾对全国工业和商业系统应用微生物菌种进行系统的调查、收集、鉴定和研究。目前该中心保藏国内外各类工业微生物菌种1750余株，包括细菌380余株、酵母菌750余株、丝状真菌620余株，基本覆盖了食品与发酵行业各类生产和科研用微生物，其中许多优良菌株的生产性能具有较高水平。CCICC与日本、美国、英国、韩国及我国台湾与香港等数十个国家和地区的菌种保藏与研究机构建立有广泛的联系与合作，每年可以为国内外生产企业和科研机构提供数千株生产和实验用工业微生物菌株。

工业微生物是一种重要的生物资源和特殊的生产工具，微生物菌种保藏则是充分利用这种资源为社会创造财富，为企业实现利润，有效的保藏技术和手段可以防止生产菌种在长期保藏过程中原有优良性能发生变异和生产性能出现退化。CCICC成立20年来，在菌种保藏的科学化管理、微生物操作技能的规范化培训（GLP，良好实验室操作规范）、菌种资源的开发利用以及生产菌株的更新换代等方面进行了卓有成效的工作，积累了丰富的经验，培养了一大批具有丰富实践经验的高素质专业人员，为中国工业微生物资源的保护、管理和开发做出了重要贡献，有力地推动了我国食品与发酵行业应用微生物技术的发展。

该中心以工业微生物菌种资源为基础，开展工业微生物菌种的保藏、提供、分离、鉴定、培训和咨询五个方面的工作。中心编辑出版了《中国工业微生物菌种目录》，并备有几十种国际菌种保藏联合会成员机构的菌种目录提供查询。

（2）林业微生物菌种保藏中心 中国微生物菌种保藏管理委员会下七个中心之一。林业微生物菌种保藏中心主要侧重林业微生物学科，负责微生物菌种的统一管理、收集、鉴定、保藏、命名、编目、供应及国内外交流，以便更好地利用微生物资源，为我国的经济建设、科学研究和教育事业服务。该中心现保藏菌种资源696株，分属于197属323个亚种或变种，包括：病毒、细菌、酵母、放线菌、丝状真菌、担子菌等，分散保管于有关院校和科研单位，由他们向社会提供。

（3）中国科学院典型培养物保藏委员会 成立于1996年4月，该委员会下设9个库，它们分别是：中国普通微生物保藏管理中心（CGMCC）；中国病毒保藏中心（CCGVCC）；细胞库；昆明细胞库；基因库；植物离体种质库（IVPGC）；稀有濒危特有植物种质库（REPE）；海洋生物种质库及淡水藻种库（FACHB）。此外，该委员会还成立了信息网络中心，以建立生物信息数据库并致力于实现生物信息资源的网络共享。该委员会共收录各种培养物约16000个株系，共计菌株13000株、细胞280株、基因及基因元件460个、珍稀濒危动物细胞300多株、组织400多块、病毒760株、植物离体种质298种、淡水藻类600多株、海洋藻类100多种及珍稀濒危植物种质370多株。

（4）中国科学院典型培养物保藏委员会基因库 中国科学院典型培养物保藏委员会下属

的一个分支机构，筹建于1988年，挂靠于中国科学院上海生物工程研究中心。1991年2月正式启用。其任务是收集和保藏各种生物来源与人工构建的基因、基因元件、载体、基因组DNA、宿主细胞和工程细胞株等，目前已有保存物282株。中国科学院典型培养物保藏委员会基因库，除收集保藏各类基因、载体、宿主细胞等以外，同时开展有关基因资源保藏新技术的研究，比较几种不同保存方法，建立长期保存的最佳方案，还对人类基因组计划开设人基因资源的收集和保存技术研究，这对发展我国生物技术、某些疾病的治疗、经济动植物的开发利用都有重要的意义。

(5) 中国科学院典型培养物保藏委员会细胞库　为了顺应我国生命科学技术发展的需要，“七五”期间中国科学院在上海细胞生物学研究所筹建中国科学院细胞库，1991年正式启用，1996年中国科学院典型培养物保藏委员会成立，细胞库为其成员之一。细胞库建造了500多平方米的细胞库专用实验楼，建立了染色体分析、同工酶分析、支原体检测、逆转录病毒检测等质量控制方法和细胞株（系）的收集、保藏和分发制度。现已收藏有各类细胞约238株。中国科学院细胞库旨在收集、开发以及保藏我国和世界的人和动物的细胞株（系）资源；研究和发展细胞培养新技术，研究和发展细胞株（系）的保藏、质量控制和分发的新技术；面向全国，为我国生命科学和生物技术领域的研究工作和产业化提供标准化的细胞株（系）及有关服务，向社会发放人和动物的正常细胞、遗传突变细胞、肿瘤细胞和某些杂交瘤细胞株（系）。

(6) 中国典型培养物保藏中心（China Center for Type Culture Collection，CCTCC）于1985年由国家知识产权局指定、经教育部批准建立的专利培养物保藏机构，受理国内外用于专利程序的培养物保藏。保藏的培养物（生物材料/菌种）包括细菌、放线菌、酵母菌、真菌、单细胞藻类、人和动物细胞系、转基因细胞、杂交瘤、原生动物、地衣、植物组织、植物种子、动植物病毒、噬菌体、质粒和基因文库等。1987年CCTCC加入世界培养物保藏联盟（World Federation for Culture Collections，WFCC），经世界知识产权组织审核批准，自1995年7月1日起成为布达佩斯条约国际确认的培养物保藏单位（International Depository Authority，IDA）。迄今，CCTCC已保藏有来自20个国家和地区的各类专利培养物（生物材料/菌种）1200多株，非专利培养物2000多株，标准细胞系、模式菌株300余株，是国内保藏范围最广、专利培养物保藏数量最多的保藏机构。

(7) 中国病毒保藏中心　我国唯一的普通病毒收集、分类、鉴定、保藏和研究的机构，是我国生物资源管理中的重要组成部分，对生物多样性病毒资源进行保护和集中管理。对国家的经济发展、科学研究、教育和生产起着极为重要的作用。库内保藏病毒600余株（昆虫病毒、动物病毒及人类医学病毒、植物病毒和细菌病毒）。该保藏中心建立了病毒数据库，实现了毒株的微机管理，已向国内和许多国家提供了病毒株系和某些抗血清，并与其他有关机构进行了毒株的交换。

中国病毒保藏中心是一个从事病毒分类和鉴定的研究中心，分为动物病毒研究组、植物病毒研究组、昆虫病毒研究组和细菌病毒研究组。可提供和交换的病毒分别为：细菌病毒80余株、昆虫病毒40余株、动物和人类医学病毒近100株、植物病毒40余株。

2. 国外著名菌种保藏中心

(1) 美国典型菌种收藏所（ATCC）　美国马里兰州罗克维尔市。该中心保藏有细菌8000株，细菌和噬菌体15000种，丝状真菌4400株，酵母菌606株及其他菌种千余株，原生动物1200种及重组物品等。保藏方式主要采用冷冻干燥和液氮超低温冻结法。

(2) 荷兰真菌中心收藏所（CBS） 荷兰，巴尔恩市。保藏有细菌 1000 株，丝状真菌 13000 株。酵母 3500 株等。

(3) 英联邦真菌研究所（CMI） 英国。

(4) 冷泉港研究室（CSHL） 美国。

(5) 日本东京大学应用微生物研究所（IAM） 日本，东京。

(6) 日本大阪发酵研究所（IFO） 日本，大阪。

(7) 日本微生物收藏中心（JCM） 东京。该中心收藏有 4000 株细菌，170 株黏菌，2500 株真菌。

(8) 国立标准菌种收藏所（NCTC） 英国，伦敦。

(9) 国立卫生研究院（NIH）美国马里兰州，贝塞斯达。

(10) 美国农业部北方开发利用研究部（NRRL） 美国，皮奥里亚。该部保藏有细菌 5000 株，丝状真菌 1700 株，酵母菌 6000 株。

(11) 国立血清研究所（SSI） 丹麦。

(12) 世界卫生组织（WHO）。

(13) 法国“里昂巴斯德研究所”（IPL） 法国，里昂。该处保藏有细菌 6390 株。

(14) 西德“柯赫研究所”（RKI） 该所保藏有医用微生物细菌 11000 株，丝状真菌 40 株，酵母菌 60 株。

第二节 接种技术与种子扩大培养

一、接种技术

接种是将纯种微生物在无菌操作条件下移植到已灭菌并适宜该菌生长繁殖所需要的培养基中。为了获得微生物的纯种培养，要求接种过程中必须严格进行无菌操作。接种过程一般可在无菌室、超净工作台火焰旁或实验室火焰旁进行。根据不同的实验目的及培养方式可以采用不同的接种工具和接种方法。常用的接种工具有接种针、接种环、接种铲、玻璃涂棒、移液管及滴管等（如图 1-1 所示）。常用的方法有斜面接种、液体接种、穿刺接种和平板接种等。

1. 斜面接种

从已长好微生物的菌种管中挑取少许菌苔接种至空白斜面培养基上，称为斜面接种。此法主要用于移种纯菌，使其增殖后用于鉴定或保存菌种。用于好气性微生物的接种。具体的接种操作步骤如下。

① 接种前将空白斜面贴上标签，注明菌名、接种日期、接种者姓名。标签应贴在试管前 1/3 斜面向上的部位。

② 点燃煤气灯或酒精灯。

③ 将菌种管及新鲜空白斜面向上，用大拇指和其他四指握在左手中，使中指位于两试管之间的部位，无名指和大拇指分别夹住两试管的边缘，管口齐平，管口稍上斜（图 1-2）。

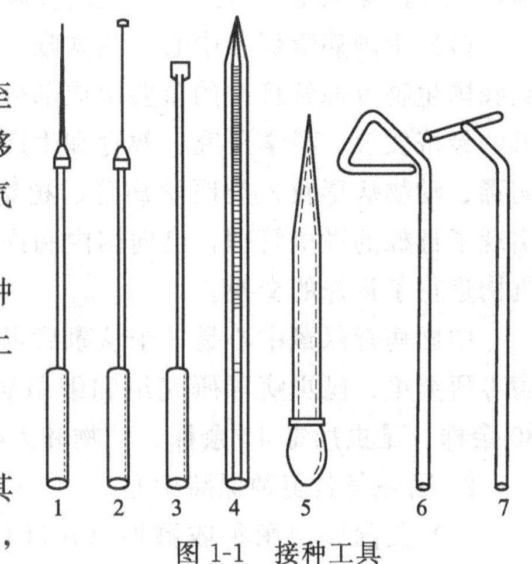

图 1-1 接种工具

1—接种针；2—接种环；3—接种铲；4—移液管；5—滴管；6,7—玻璃涂棒

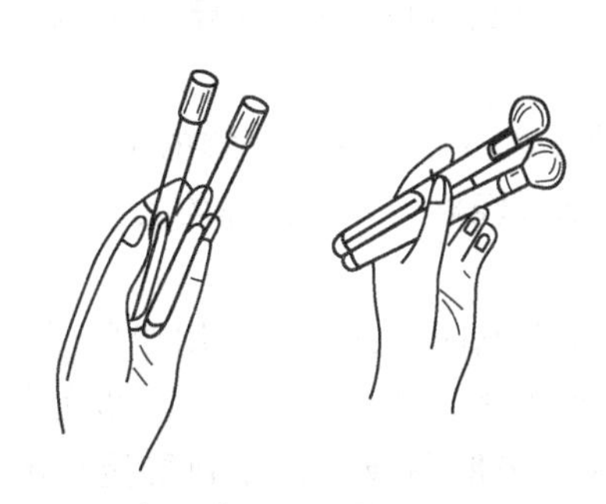

图 1-2　斜面接种时试管的两种拿法

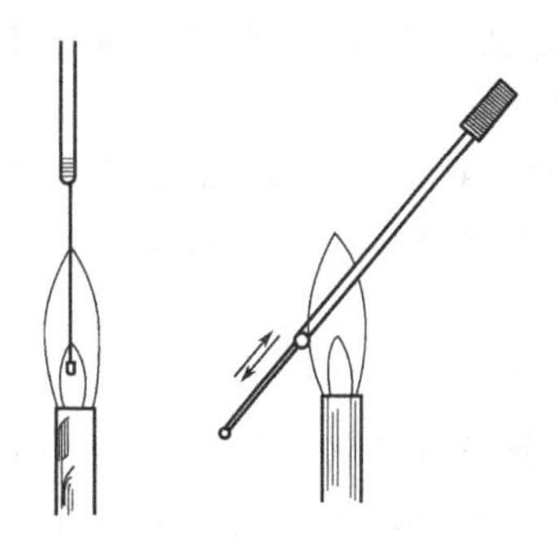

图 1-3　接种环的灭菌

④ 用右手先将试管帽或棉塞拧转松动，以利接种时拔出。

⑤ 右手拿接种环柄，使接种环直立于火焰部位，将金属环烧灼灭菌，然后斜向横持将接种环金属杆部分来回过火焰数次（图 1-3）。以下操作均要使试管口靠近火焰旁（即无菌区）进行。

⑥ 用右手小指、无名指和手掌拔下试管帽或棉塞并夹紧，棉塞下部应露在手外，勿放桌子上，以免污染。

⑦ 将试管口迅速在火焰上灼烧一周。

⑧ 将灼烧过的接种环伸入菌种管内，先将环接触一下没长菌的培养基部分，使其冷却以免烫死菌体。然后用环轻轻取菌少许，将接种环慢慢从试管中抽出。

⑨ 在火焰旁迅速将接种环伸入空白斜面，在斜面培养基上轻轻划线，将菌体接种于其上。划线时由底部划起，划成较密的波浪状线；或由底部向上划一直线，一直划到斜面的顶部。注意勿将培养基划破，不要使菌体沾污管壁。

⑩ 灼烧试管口，并在火焰旁将试管帽或棉塞塞上。

⑪ 接种完毕，接种环上的余菌必须烧灼灭菌后才能放下。斜面接种无菌操作程序见图 1-4。

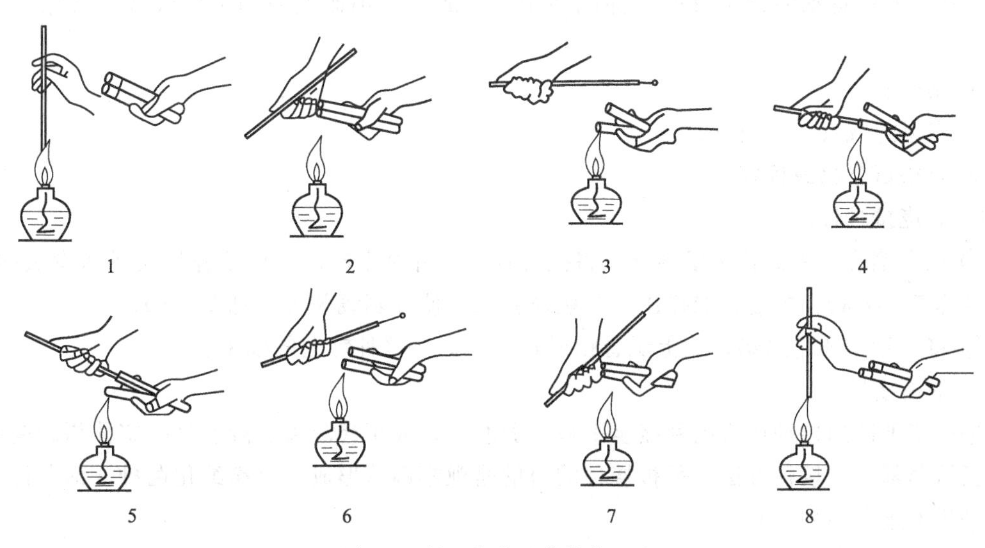

图 1-4　斜面接种无菌操作程序

2. 液体接种

这是将斜面菌种接到藏体培养基（如试管或三角瓶）中的方法。

① 灼烧接种环、试管口，拔塞等与斜面接种相同。但管口或瓶口要略向上倾斜，以免培养基流出。

② 将取有菌种的接种环送入液体培养基中，并使环在液体与管壁接触的部位轻轻摩擦，使菌体分散于液体中。接种后塞上棉塞，将液体培养基轻轻摇匀，使菌体均匀分布于培养基中，以利生长。

若菌种培养在液体培养基内，需转接到新鲜液体培养基时，此时不能用接种环，而需用无菌的移液管或滴管（图 1-5）。用时先将移液管的包裹纸稍松动，在其 2/3 长度处截开，加橡皮头，拔出移液管，在火焰旁伸入菌种管（瓶）内，吸取菌液，转接到待接种的培养基内。灼烧管（瓶）口，迅速塞好管（瓶）口，进行培养。沾有菌的移液管插入原包装移液管的纸套内，不能直接放在实验台上，以免污染桌面，经高压灭菌后再行冲洗。

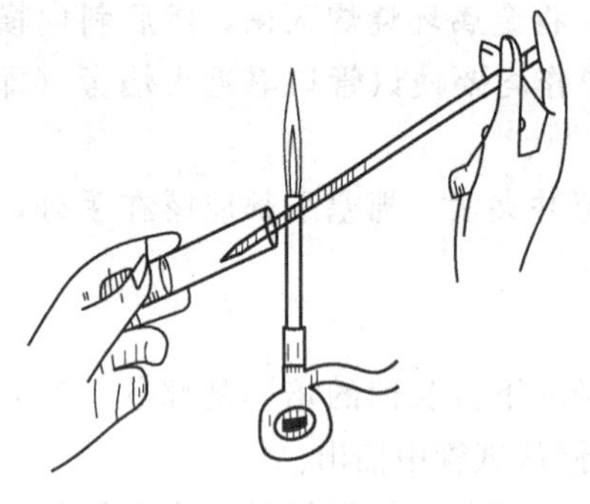

图 1-5　用移液管吸取液体

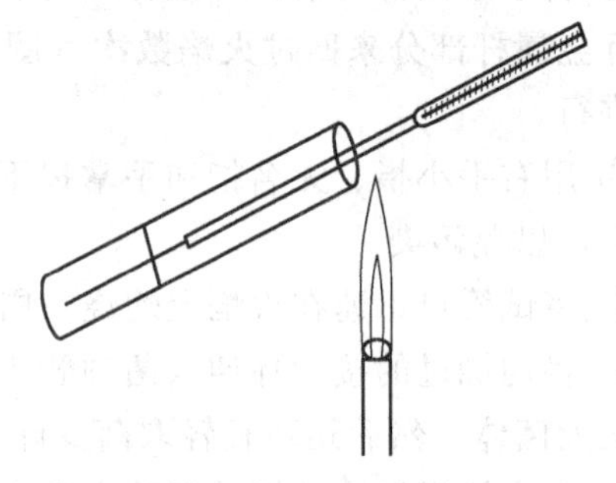

图 1-6　穿刺接种

3. 穿刺接种

用接种针从菌种斜面上挑取少量菌体并把它穿刺到固体或半固体的深层培养基中的接种方法。这是常用来接种厌氧菌，检查细菌的运动能力或保藏菌种的一种接种方法。具有运动能力的细菌，经穿刺接种培养后，能沿着穿刺线向外运动生长，故形成的菌的生长线粗且边缘不整齐；不能运动的细菌仅能沿穿刺线生长，故形成细而整齐的菌生长线。其操作步骤如下。

① 贴标签。

② 点燃煤气灯或酒精灯。

③ 转松试管帽或棉塞。

④ 灼烧接种针。

⑤ 在火焰旁拔去试管帽或棉塞。将接种针在培养基上冷却。用接种针尖挑取少量的菌，接至培养基 3/4 处，再沿原线拔出。穿刺时要求手使穿刺线整齐（见图 1-6）。

⑥ 将试管口通过火焰，盖上试管帽或棉塞，灼烧接种针上的残菌。

4. 平板接种

平板接种即用接种环将菌种接至平板培养基上，或用移液管、滴管将一定体积的菌液移至平板培养基上的接种方法。平板接种的目的是观察菌落形成、分离纯化菌种、活菌计数以及在平板上进行各种试验。

平板接种的方法有多种，根据实验的不同要求，可分为以下几种。

(1) 斜面接平板

① 划线法在无菌操作条件下，自斜面用接种环直接取出少量菌体，接种在平板边缘的

一处，烧去多余的菌体，再用接种环从接有菌种的部位在平板培养基表面自左至右轻轻连续划线或分区划线（注意：不要划破培养基），经培养后在沿划线处长出菌落，以便观察或挑取单一菌落。连续划线适用于含菌量较少的标本，分区划线则适用于含菌量较多的标本。划线的方法有很多，主要有以下两种。

方法一：用接种环先在平板的一边作第一次平行线3～4次，再转动平板约70°，并将接种环上剩余物烧掉，待冷却后通过第一次划线部分作第二次平行划线（这样第二次划线是在第一次基础上稀释的），再用同样的方法划1～2次（图1-7A）。划线完毕后，盖上皿盖，倒置于培养箱中培养。

方法二：直接连续密集划线，划线完毕后，盖上皿盖，倒置于培养箱中培养（图1-7B）。

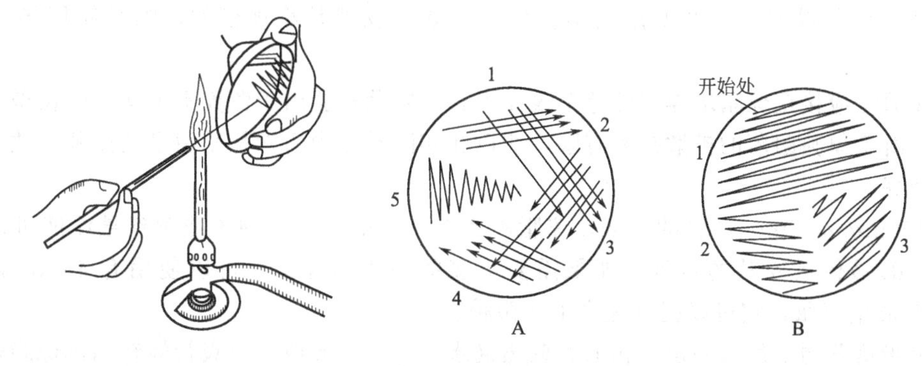

图1-7 平板划线

② 点种法一般用于观察霉菌的菌落。在无菌操作条件下，用接种针从斜面或孢子悬浮液中取少许孢子，轻轻点种于平板培养基上，一般以三点（∴）的形式接种。霉菌的孢子易飞散，用孢子悬液点种效果好。

(2) 液体接平板　用无菌移液管或者滴管吸取一定体积的菌液移至平板培养基上，然后用无菌玻璃涂棒将菌液均匀涂布在整个平板上。或者将菌液加入培养皿中，然后再倾入熔化并冷却至45～50℃的固体培养基上，轻轻摇匀，平置，凝固后倒置培养。在稀释分离菌种时常采用此操作。

(3) 平板接斜面　一般是将在平板培养基上经分离培养得到的单菌落，在无菌操作下分别接种到斜面培养基上，以便作进一步扩大培养或保存之用。接种前先选择好平板上的单菌落，并做好标记；左手拿平板，右手拿接种环，在火焰旁操作。先将接种环在空白培养基处冷却，挑取菌落，在火焰旁稍等片刻，此时左手将平板放下，拿起斜面培养基。按斜面接种法接种。注意接种过程中不要将菌烫死，接种时操作应迅速，勿污染杂菌。

(4) 其他平板接种法　根据实验的不同要求，可以有不同的接种方法。如做抗菌谱实验时，可用接种环取菌在平板上与抗生素划垂直线；做噬菌体裂解实验时可在平板上将菌藏与噬菌体悬液混合涂布于同一区域等。

二、种子扩大培养

种子扩大培养是将保存在沙土管、冷冻干燥管中处休眠状态的生产菌种接入试管斜面活化后，再经过扁瓶或摇瓶及种子罐逐级扩大培养，最终获得一定数量和质量的纯种过程。这些纯种培养物称为种子。菌种扩大培养的任务，不但要保持生产菌种的优良生产性能，得到比较纯净、健壮的种子，还要有足够的数量，以供大规模生产用。种子培养质量的好坏，关系到发酵产物的产量和质量。

发酵工业生产过程中的种子必须满足以下条件：

① 菌种细胞的生长活力强，移种发酵罐后能迅速生长，迟缓期短。

② 生理性状稳定。

③ 菌体总量及浓度能满足大容量发酵罐的要求。

④ 无杂菌污染。

⑤ 保持稳定的生产能力。

（一）种子制备

1. 生产用菌种斜面的制备

从前面所述的保藏方法所保藏菌株上接种到琼脂培养基上培养第一代培养物，然后再通过中间培养来获得大量生产所用的菌种斜面。如果发酵是小规模的，则可使用第一代培养物。

菌株通常应接至琼脂培养基的整个表面上，否则菌株会由于营养不平衡而生长得不是十分均一。由于单独菌落的扩散距离有限，所以在实际操作中通常是用菌悬液接种，效果比用干法接种好。

从 152mm×25mm 试管的 15mL 琼脂斜面上洗下的高密度孢子或菌丝悬浮液可以用于 50～100mL 液体培养基的接种。如果需要更多的孢子悬浮液，可以使用有 45mL 斜面的 260mL 茄形培养瓶，它可以提供更多生产菌种。

向琼脂培养物上加入一定体积的无菌蒸馏水，用接种环或广口吸管轻轻刮拭琼脂表面以配制菌悬液。向待接种的琼脂表面加入 0.1mm 菌悬液，琼脂体积更大时则需要更多菌悬液。培养时注意保持琼脂表面的平整以使琼脂表面吸收液体完全，保持菌种的均一生长。斜面生长良好后，仔细观察每个斜面菌种的生长和染菌情况，将生长良好且没有污染杂菌的斜面置于 4℃冰箱保藏备用。对大部分菌株而言，生产菌株每个月需要重新接种一次。

2. 孢子悬浮液配制

大部分链霉菌和许多真菌都能产孢子。孢子通常结成链状，可以通过用水振荡分离洗落，操作步骤如下：按照 15mL 琼脂斜面加 9mL 蒸馏水的比例，向琼脂斜面培养物上加入无菌蒸馏水，用接种环或广口吸管先轻轻刮琼脂表面，再稍用些力，使菌株从琼脂表面洗落。用无菌吸管将悬浊液转移至接种管中或将试管口在火焰上灼烧后将悬浊液倒入接种管中。

如果实验需要某一个菌株的多瓶种子，最好将几支生产菌株的悬浊液装入同一个无菌的三角瓶中混合后，再等分到各三角瓶中。这样操作比每个三角瓶中用不同的种子好。因为这时每个培养瓶中所接的菌种是均一的，实验结果具有可比性。如果发酵需要二级种子，需将一级种子按一定的接种比例接种到二级接种培养物中进行二级种子的培养。

3. 种子制备

适宜的种子生长条件对发酵结果很重要，发酵必须用生长良好的种子进行接种。种子的浓度和质量对最终产物的产量有很大的影响，根据需要应及时调整发酵培养基的接种量。一般可使用摇瓶发酵来考察接种量对发酵的影响，摇瓶发酵通常可在 500mL 三角瓶中装 50mL 培养基在摇床转速为 200～250r/min 下进行。通过摇瓶发酵实验可以考察种子质量的好坏。

一级、二级种子的制备。斜面种子只能为需要孢子的摇瓶培养提供种子，而摇瓶培养则可以同时为摇瓶发酵或发酵罐发酵过程提供种子。摇瓶发酵中培养基的体积通常只有几十毫升，而中小型的发酵罐中培养基的体积通常有2～5000L。每种发酵实验操作都需要有相应量的种子。为大规模发酵过程提供种子需要进行二级种子培养。一级种子的培养通常是在摇瓶中进行，2L三角瓶中种子培养基的装量为500mL，二级种子的培养可在搅拌发酵罐中进行。二级种子的体积可根据发酵罐的体积来确定，再按照二级种子的体积确定需要培养多少一级种子。在种子制备过程中，应检查种子培养基、接种前菌体悬浮液和成熟种子液及发酵培养基是否有杂菌污染。

在种子扩大培养过程中，应采用相似的培养基进行种子的培养，以保持整个过程中菌种可以旺盛生长。在进行下一步接种时，上一步所使用的培养基不能用完而且不能与下一步种子培养基成分相差太大，适宜的接种量最小比例为5%（体积分数）。在实验室发酵过程中，接种步骤一般不超过两级，而在实际工业生产中种子可以进行6级发酵培养。

（二）种子质量的控制

1. 影响种子质量的主要因素

菌种扩大培养的关键就是做好种子罐种子的扩大培养，影响种子罐种子培养的主要因素包括营养条件、培养条件、染菌的控制、种子罐的级数和接种量等。种子罐的种子培养应根据菌种特性创造一个最合理的培养条件。主要应考虑的影响因素如下。

（1）培养基 微生物在吸取营养方面有它的多样性，不同的微生物对营养要求不一样，但它们所需的基本营养大体上是一致的，其中尤以碳源、氮源、无机盐、生长素和金属离子等最为重要。不同类型的微生物所需要的培养基成分与浓度配比并不完全相同，必须按照实际情况加以选择。一般来说，种子培养过程是培养菌体的，培养基中的糖分要少而对微生物生长起主导作用的氮源要多，而且其中无机氮源所占的比例要大些。但是种子罐和发酵罐的培养基成分相同也是有益处的，这样可使处于对数生长期的菌种移植到适宜的环境中发酵，可以大大缩短其生长过程的延滞期。延滞期缩短的原因是由于参与细胞代谢活动的酶系在种子培养阶段已经形成，而不需花费时间另建适宜新环境的酶系。因此种子罐和发酵罐的培养基成分趋于一致较好，但各成分的数量（即原料配比）还需根据不同的培养目的各自确定。

总而言之，种子培养基要满足以下要求：①营养成分适合种子培养的需要；②选择有利于孢子发芽和菌体生长的培养基；③营养上要易于被菌体直接吸收利用；④营养成分要适当丰富和完全，氮源和维生素含量要高；⑤营养成分要尽可能与发酵培养基相近。

（2）种龄与接种量 种龄是指种子罐中培养的菌丝体开始移入下一级种子罐或发酵罐时的培养时间。通常种龄是以处于生命力极旺盛的对数生长期，菌体量还未达到最大值时的培养时间较为适宜。时间太长，菌种趋于老化，生产能力下降，菌体自溶；种龄太短，造成发酵前期生长缓慢。

接种量是指移入的种子液体积和接种后培养液体积的比例。接种量的大小决定于生产菌种在发酵罐中生长繁殖的速度，采用较大的接种量可以缩短发酵罐中菌体繁殖达到高峰的时间，使产物的形成提前到来，并可减少杂菌的生长机会。但接种量过大或过小，均会影响发酵。过大会引起溶氧不足，影响产物合成，且会过多移入代谢产物，也不经济；过小会延长培养时间，降低发酵罐的生产率。接种量影响延滞期的原因，是由于在大量移种过程中把微生物生长和分裂所必需的代谢物（可能是RNA即核糖核酸）一起带进了发酵培养基，从而有利于微生物立即进入对数生长阶段。但是，如果培养基内的营养物对细胞生长适宜，则接种量的影响较小。通常接种量，细菌1%～5%，酵母5%～10%，霉菌7%～15%，有时

20%～25%。

(3) 温度　任何微生物的生长都有一个最适的生长温度范围，在此温度范围内，微生物生长、繁殖最快。大多数微生物的最适生长温度范围在25～37℃。细菌的最适生长温度大多比霉菌高些。如果所培养的微生物能承受稍高一些的温度进行生长、繁殖，则可减少污染杂菌的机会和夏季培养所需降温的辅助设备和费用，对工业生产有很大的好处。

温度和微生物生长的关系，一方面在其最适温度范围内，生长速度随温度升高而增加；另一方面，不同生长阶段的微生物对温度的反应不同。处于延滞期的细菌对于温度的影响十分敏感，将其置于最适温度附近，可以缩短其生长的延滞期；将其置于较低的温度，则会使其延滞期延长，而且孢子萌发的时间在一定的温度范围内也随温度的上升而缩短。处于对数生长期的细菌，如果在略低于最适温度几度的条件下培养，即使在发酵过程中升温，升温的破坏作用也显得较弱。在最适生长温度的范围内，组成菌体的蛋白质很少变性。所以在最适温度范围内适当提高对数生长期的培养温度，既有利于菌体的生长，又避免热作用的破坏。

此外，不管微生物处于哪种生长阶段，如果培养的温度超过其最高生长温度，都会造成微生物的死亡；如果培养的温度低于其最低生长温度，则细胞生长会受到抑制。每种微生物都有其最高生长温度和最低生长温度。生产上为了使种子罐的培养温度控制在一定范围，常在种子罐上装有热交换设备，如夹套、排管或蛇管等进行温度调节，冬季还要对所通的无菌空气预先加热。

(4) pH　培养基的氢离子浓度对微生物的生命活动有显著影响。各种微生物都有自己生长和合成酶的最适pH，同一菌种合成酶的类型与酶系组成可以随pH的改变而产生不同程度的变化。如黑曲霉合成果胶酶时，培养在pH6.0以上的环境中，果胶酶活性会受到抑制，pH改变到6.0以下就会形成果胶酶，且酶系组成由pH而定；泡盛曲霉突变株在pH6.0培养时以产生α-淀粉酶为主，所产生的糖化型淀粉酶与麦芽糖酶极少，在pH2.4条件下培养，转向糖化型淀粉酶与麦芽糖酶的合成，α-淀粉酶的合成受到抑制。

由此可见，培养基的pH与微生物生命活动和酶系组成关系十分密切。培养基pH在发酵过程中能被菌体代谢所改变，阴离子（如醋酸根、磷酸根）被吸收或氮源被利用后产生NH_3，则pH上升；阳离子（NH_4^+、K^+）被吸收或有机酸的积累，则pH下降。一般来说，在微生物培养过程，含高浓度碳源的培养基倾向于向酸性pH转移，含高浓度氮源的培养基倾向于向碱性pH转移。为了达到微生物的充分繁殖和酶合成的目的，培养基必须保持适当的pH。培养基pH的调节方法有3种，即使用酸碱溶液、缓冲溶液以及各种生理性缓冲剂（如生理酸性与生理碱性的盐类）。

(5) 通气和搅拌　需氧菌或兼性厌氧菌的生长与酶的合成，都需要氧气的供给。不同微生物生长所要求的通气量不同，即使同一菌株，在不同的生理时期对通气量的要求也不相同。因此在控制通气条件时必须考虑到既能满足菌种生长与胞内酶合成的不同要求，又要节省电耗、提高经济效益。通气可以供给大量的氧，而搅拌则能使通气的效果更好。通过通气和搅拌，新鲜氧气可以更好地和培养液混合，保证氧气最大限度地溶解，搅拌有利于热交换，使整个培养液的温度一致，还有利于营养物质和代谢产物的分散。此外，发酵罐内挡板的存在有助于提高搅拌效果。

通气量与菌种、培养基性质以及培养阶段有关。在微生物培养的各个时期究竟如何选择通气量，同样要根据菌种的特性和罐的结构、培养基的性质等许多因素，通过实验确定。通气量的大小，要按氧溶解量的多少来决定。只有氧溶解的速度大于菌体的耗氧速度时，菌体才能正常地代谢活动，如果氧的溶解量比消耗量少时，发酵液中溶氧的浓度降低，当降到某一浓度（称溶解氧的临界点）时，菌体生长就会减慢。因此随着菌体的繁殖、呼吸增强，必须按菌体的耗氧量加大通气量，以增加溶解氧的量。一般来说，发酵罐的高度高、搅拌转速大、通气管开孔小或多，气泡在培养液内停留时间就长，氧的溶解速度也就大，而且当这些因素确定时，培养基的黏度越小、氧的溶解速度也就越大。因此根据罐的结构，考虑培养液的黏度，通过增加一定的通气量，就可以达到菌体所需的溶解氧，满足菌体代谢的需要。

搅拌可以提高通气效果、促进微生物的繁殖，但是过度剧烈的搅拌会使培养液产生大量的泡沫，增加污染杂菌的机会，也会增加发酵过程的能耗。另外，对于丝状微生物一般不宜采用剧烈的搅拌。

（6）泡沫 培养过程中所产生的泡沫的持久存在会影响微生物对氧的吸收及二氧化碳的排除，会破坏细胞正常的生理代谢，不利于发酵过程的进行。此外，泡沫的大量产生，会导致发酵罐的实际装液量下降，影响设备的利用率，甚至发生跑料、染菌等，造成更大的损失。

培养过程中形成泡沫的原因很多，通气和机械搅拌都会导致泡沫的产生，培养基中某些成分的变化、微生物代谢活动产生的气泡等都会形成泡沫。而培养基中某些成分（如蛋白质及其他胶体物质）的分子会在气泡表面排列形成坚固的薄膜，使气泡不易破裂，聚集形成泡沫层。

关于培养过程的消泡措施，主要偏重于化学方法和机械消泡，已取得了一系列的进展。培养过程有效地控制泡沫的形成，不仅可以增加装料量、提高设备利用率，同时也由于代谢过程发酵气体的及时排除，有利于生物合成。就微生物工业已经使用的消泡剂来说，有各种天然的动植物油以及来自石油化工生产的矿物油、改性油、表面活性剂等品种，这类消泡剂往往因培养液的 pH、温度、成分、离子浓度以及表面性质的改变，在消泡能力上呈现很大的差别，在培养液内残留量也高，给净化处理造成不同程度的麻烦。而新型的有机硅聚合物如硅油、硅树脂等，则具有效率高、用量省、无毒性、无代谢性等多种优点，是一类很有发展前途的消泡剂。泡沫的控制除了添加消泡剂外，改进培养基成分也是相辅相成的一个重要方面。例如在培养基组分中增加磷酸盐的含量，可使消泡剂添加量成倍地降低，这一措施已在某些发酵过程中收到了实效。

（7）染菌的控制 染菌是生产的大敌，一旦发现染菌，应该及时进行处理，避免造成更大的损失。染菌的原因，如果不是设备本身结构上存在“死角”，归结起来主要有：设备、管道、阀门渗漏，灭菌不彻底，空气净化不好，无菌操作不严或菌种不纯等。因此要控制染菌的继续发展，必须及时找出染菌的原因，采取措施，杜绝染菌事故再发生。菌种发生染菌将会使各个发酵罐都染菌，因此必须加强接种室的消毒管理工作，定期检查消毒效果，严格无菌操作技术。如果菌种不纯，则需反复分离，直至获得完全的纯种为止。对于已出现杂菌落或噬菌体噬菌斑的试管斜面菌种，应予废弃。在平时应经常分离试管菌种，以防菌种衰退、变异和污染杂菌。对于菌种扩大培养的工艺条件要严格控制，对种子质量更要严格掌握，必要时可将种子罐冷却、取样做无菌试验，确证种子无杂菌存在后，才能向发酵培养基中接种。

（8）种子罐级数的确定 种子罐级数愈少，愈有利于简化工艺及控制过程。级数少可减少种子罐污染杂菌的机会、减少消毒及值班工作量以及减少因种子罐生长异常而造成的发酵的波动，但是也应该考虑到如何才能最大限度地减少发酵罐中非合成代谢产物的运转周期，所以种子罐级数的确定取决于菌种的性质（如菌种传代后的稳定性）、孢子瓶中孢子数、孢子发芽及菌丝繁殖速度以及发酵罐中种子培养液的最低接种量和种子罐与发酵罐的容积比等。如果孢子瓶中的孢子数量较多，孢子在种子罐中发育较快，且对发酵罐的最低接种量的要求亦较小，显然可采用二级发酵流程。种子罐的级数可随产物的品种及生产规模而定，也可随着工艺条件的改变而作适当的调整。例如，通过加速孢子的发育或改进孢子瓶的培养工艺以增加孢子数量及改变种子罐的培养条件，就有可能使三级发酵简化为二级发酵。

2. 种子质量的控制措施

种子质量的最终指标是考察其在发酵罐中所表现出来的生产能力。首先必须保证生产菌种的稳定性，其次是提供种子培养的适宜环境，保证无杂菌侵入，以获得优良种子。因此，在生产过程中通常进行以下两项检查。

(1) 菌种稳定性的检查　生产中所用的菌种必须保持稳定的生产能力，不能有变异种，所以要定期检查和挑选稳定菌株。方法：将保藏菌株溶于无菌的生理盐水，逐级稀释，然后在琼脂固体培养基上划线培养，长出菌落，选择形态优良的菌落接入三角瓶进行液体摇瓶培养，检测出生产率高的菌种备用。这一分离方法适用于所有的保藏菌种，且需要一年左右做一次。

(2) 无杂菌检查　在种子制备过程中，每移种一次都需要进行杂菌检查。一般的方法是：显微镜观察，或平板培养试验，即将种子液涂在平板上划线培养，观察有无异常菌落，定时检查，防止漏检。此外，也可对种子液的生化特性进行分析，如取样测其营养消耗速度、pH变化、溶氧利用情况、色泽、气味是否异常等。

三、种子扩大培养的实例

谷氨酸生产的种子制备：斜面菌种→一级种子培养→二级种子培养→发酵。

1. 斜面

培养基：蛋白胨1%，牛肉膏1%，氯化钠0.5%，琼脂2%，pH7.0～7.2；

培养条件：32℃，生长18～24h；

生长斜面要求：生长良好，所使用斜面连续传代不超过3次。

2. 一级种子（摇瓶）

培养基：葡萄糖2%，尿素0.5%，玉米浆2.5%，K_2HPO_4 0.1%；

培养条件：于1000mL三角瓶中，装液200～250mL，32℃培养12h。

3. 二级种子（种子罐）

培养基：和一级种子相似，其中葡萄糖用水解糖代替，浓度为2.5%；

培养条件：在种子罐中培养（容积为发酵罐的1%），32℃培养7～10h；

培养基的特点：长菌体，更接近于发酵培养基；

种子的质量要求：10^8～10^9个/mL；大小均匀、呈单个或八字排列；pH7.0～7.2时结束，6.8→8.0→7.0～7.2；活力旺盛。

第三节　实验室无菌操作技术

一、概述

1. 无菌培养的必要性

发酵工业一般是采用特定微生物菌株进行纯种培养，从而达到生产所需产品的目的。因此，发酵过程要在没有杂菌污染的条件下进行。由于培养基中通常都含有营养比较丰富的物质，并且整个环境中存在有大量的各种微生物。因此发酵过程很容易受到杂菌的污染，进而会产生各种不良的后果，具体包括：

① 由于杂菌的污染，使生物反应中的基质或产物因杂菌的消耗而损失，造成生产能力的下降；

② 由于杂菌所产生的一些代谢产物，或在染菌后改变了培养液的某些理化性质，加大了产物提取和分离的困难，造成产品收率降低或质量下降；

③ 杂菌的大量繁殖，会改变培养介质的 pH，从而使生物反应发生异常变化；

④ 杂菌可能会分解产物，从而使生产过程失败；

⑤ 发生噬菌体侵染，微生物细胞被裂解，而使生产失败等。

由此可见，微生物无菌培养直接关系到生产过程的成败。无菌问题解决不好，轻则导致所需要的产品产量减少、质量下降、后处理困难；重则会使全部培养液变质，导致成吨的培养基报废，造成经济上的严重损失，这一点对大规模的生产过程更为突出。所以为了保证培养过程的正常进行，防止染菌的发生，对大部分微生物的培养，包括实验室操作和工业生产，均需要进行严格的灭菌。在工业规模的发酵生产中，培养基、发酵设备一般采用蒸汽灭菌，向发酵设备中提供的空气则采用过滤的方法去除杂菌。

在实验室和工业生产规模的发酵过程中为了避免染菌，通常采用以下措施来保证：

① 使用纯培养物；

② 将培养基、发酵罐、辅助管道及所有会与纯培养物接触到的材料和表面进行灭菌处理；

③ 发酵过程中保持无菌状态。

由于灭菌及保持无菌状态有时会造成培养基中营养成分的损失或降解，因此合理的灭菌方案需要同时考虑以下两个方面的因素：

① 怎样能够达到最佳的灭菌效果，并在整个发酵过程中保持这种无菌状态；

② 如何能够避免或尽量减少由于灭菌所造成的营养物质的损失。

2. 无菌的标准

虽然避免发酵系统的染菌非常重要。但是通常发酵需要的无菌条件也是相对而言的，只要达到使用要求即可，这样也能尽可能减少培养基成分的破坏并降低操作费用。所以在发酵过程中采用的无菌控制和去除污染物的程度取决于发酵的性质及其目的。

首先应该说明的是，有一些发酵所采用的培养基因为只能适合一定特性的菌株生长和积累发酵产物（如烃基质培养基），或菌株产生的物质能抑制其他微生物的生长（如酵母产生乙醇），这种采用单一菌株进行的发酵操作被称为“保护性发酵”，在这种情况下无菌要求可以较低，只需要进行一些简单的操作，如清洗反应容器和管道、使用消毒剂、将培养基煮沸或进行巴氏灭菌，这样可以杀死大部分无孢子微生物，但不能杀死孢子。

但是实验室和工业上的大部分发酵都是“无保护”的纯培养发酵。对于这些发酵过程，最基本的措施就是消除所有可能造成污染的微生物。但是很显然，在实际发酵中要完全达到无菌几乎是不可能的。一般采用的是“污染概率”的标准。发酵工业中允许的染菌概率是 10^{-3}，也就是说灭菌后 1000 批发酵中只允许有 1 次染菌。

3. 灭菌的面积

在明确了灭菌操作的重要性和严格的要求以后，在发酵系统中要清楚需要灭菌的部位。

图 1-8 是通用发酵罐示意，包括罐体、管路及相关仪器。这种发酵罐是实验室的标准通风搅拌发酵罐，可以用于有或没有 pH、消泡控制的分批、补料及连续发酵。对这种发酵罐采取的措施和原则可以适用于其他类型的发酵罐。

对发酵罐系统通常进行灭菌的部位有：

① 发酵罐罐体和相关部件；

② 发酵罐管路中的液体，如培养基、控制 pH 的酸碱、消泡剂及外加营养物或试剂；

③ 气体，即用于发酵通风的空气；

④ 管路、阀门及边缘部件，包括电极、轴封、泵及辅助/连接管。

发酵罐的上述部分都要分别灭菌，有些部分在整个发酵过程中都要保持无菌状态。

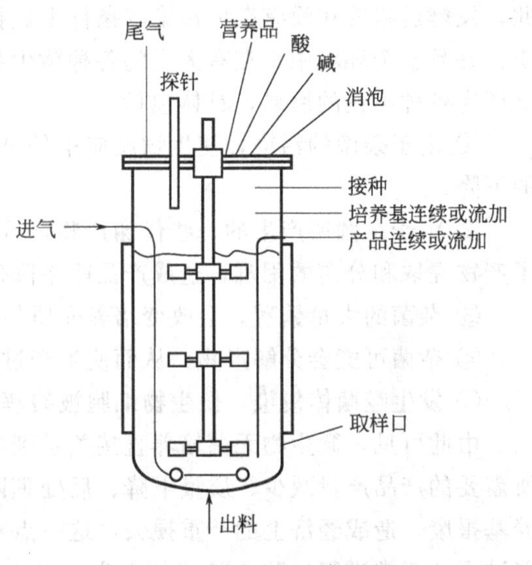

图 1-8　通用发酵罐示意

4. 灭菌与消毒的区别

灭菌与消毒是微生物学中最基本的操作技术。“消毒”的英语单词是“disinfection”，意思是“去除感染”，也就是指杀灭引起感染的微生物。在治疗学与卫生学中“消毒”指的是“杀灭病原微生物”；在工业微生物中“消毒”指的是“除去杂菌，除去会引起感染的微生物”。

“灭菌”在英语中写作“steilization”，意思是“使失去繁殖能力”。对微生物而言，失去繁殖能力就是死亡。因此，“灭菌”指的是杀死一切微生物（包括繁殖体和芽孢等），不分病原或非病原微生物、杂菌或非杂菌。

此外，消毒一般偏指用化学因素处理，灭菌一般偏指用物理因素处理。

消毒的结果并不一定是无菌状态，灭菌的结果则是无菌状态。

无菌和消毒是发酵生产（包括工业微生物实验）成败的关键。发酵罐、培养基（包括补料）、有关管道和空气等均必须进行严格灭菌；无菌室、发酵车间环境等则要经常进行不同程度的消毒。

二、实验室常用的灭菌方法及操作

灭菌和消毒的方法有很多种。可分为物理法和化学法两大类。物理法包括：加热灭菌（干热灭菌和湿热灭菌）、过滤除菌、紫外线辐射灭菌等。化学法主要利用无机或有机化学药剂进行消毒与灭菌。在具体操作中，可以根据微生物的特点、待灭菌材料以及实验目的和要求来选择灭菌和消毒方法。

（一）加热灭菌

加热灭菌主要利用高温使菌体蛋白质变性或凝固、酶失活而达到杀菌目的。根据加热方式不同，又可分为干热灭菌和湿热灭菌两类。干热灭菌主要指灼烧灭菌法和干热空气灭菌法。湿热灭菌包括：高压蒸汽灭菌法、间歇灭菌法、巴斯德消毒法和煮沸消毒法等。湿热灭菌时蒸汽穿透力大，蒸汽与较低温的物体表面接触凝结为水时可释放潜热，吸收蒸汽水分的菌体蛋白易凝固，在相同温度下湿热灭菌力比干热灭菌力强。

菌体蛋白的凝固温度与含水量密切相关，蛋白含水分多者凝固温度低（如细菌、酵母菌及霉菌的营养细胞，含水量＞50％，50～60℃、10min 即可使蛋白质凝固而达到杀菌目的）；

蛋白质含水分较少者需较高温度方可使蛋白质凝固变性（如含水较少的放线菌及霉菌孢子，蛋白质凝固温度为 80～90℃，故 80～90℃加热 30min 可杀死）。细菌的芽孢不仅含水量低，且含吡啶二羧酸钙，蛋白质的凝固温度在 160～170℃，干热灭菌需 140～160℃维持 2～3h 方可将芽孢杀死；湿热灭菌需 120℃维持 20min。因此，一般以能否杀死细菌的芽孢作为彻底灭菌的标准。

1. 干热灭菌

（1）灼烧灭菌法　此法利用火焰使微生物烧死。灭菌迅速彻底，但要焚毁物体，使用范围有限。该法的使用范围：金属小用具接种前后的灭菌（如接种环、接种针、接种铲、小刀、镊子等），试管口，锥形瓶口，接种移液管和滴管外部及无用的污染物（如称量化学诱变剂的称量纸）或实验动物的尸体等的灭菌。使用金属小镊子、小刀、玻璃涂棒、载玻片、盖玻片灭菌时，应先将其浸泡在 75%酒精溶液中，用时取出，迅速通过火焰，瞬间灼烧灭菌。

（2）干热空气灭菌法　此法适用于平皿、三角瓶、试管等玻璃器皿及保藏微生物用的沙土、石蜡油、碳酸钙等的灭菌，同时，对于新制作的试管及三角瓶的棉塞具有固定形状的作用。

由于包扎试管所用的报纸及棉塞在 180℃时会发焦，甚至着火、燃烧，所以灭菌温度一般低于 180℃。而细菌芽孢只有在 160℃下维持 2h 才能被杀死。所以目前常用的灭菌条件为 140～160℃维持 2～3h。对于难以传导热的器皿，应当延长灭菌时间。

干热灭菌具体操作过程如下。

① 将待灭菌的物品包扎好，放入烘箱内，不要紧靠四壁，不要放得过挤或太满，以免妨碍热空气流通。

② 关闭烘箱门，打开箱顶通气孔，以便排除箱内冷空气和水汽。

③ 接通电源加热，箱内温度升到 100～150℃时，关闭通气孔，继续加热，直到箱内温度达到要求时，调节温度调节器，恒温维持一定时间。

④ 关闭电源，停止加热，箱内温度下降到 60℃以下方可打开箱门，取出被灭菌物品。

⑤ 灭菌过程中，温度不能上升或下降过急。在 60℃以上时不可随意打来箱门，以免引起玻璃器皿的炸裂。箱内温度绝对不能超过 180℃，以防纸张和棉花烤焦。用纸包裹的物品，不要紧贴四壁，并严禁用油纸包装。带橡胶、塑料、焊接金属的物品及液体培养基不能用这种方法灭菌。

2. 湿热灭菌

（1）高压蒸汽灭菌　高压蒸汽灭菌是微生物学实验、发酵工业生产以及外科手术器械等方面最常用的一种灭菌方法。一般培养基、玻璃器皿、无菌水、无菌缓冲液、金属用具、接种室的实验服及传染性标本等都可以采用此法灭菌。

高压蒸汽灭菌是把待灭菌物品放在一个密闭的高压蒸汽灭菌锅中，当锅内压力为 0.1MPa 时，温度可达到 121℃，一般维持 20min，即可杀死一切微生物的营养体及其孢子。高压蒸汽灭菌是依据水的沸点随水蒸气压的增加而上升，加压是为了提高水蒸气的温度。灭菌压力与温度关系及常用灭菌时间见表 1-2。

高压蒸汽灭菌器为能耐高压、同时可以密闭的金属锅，有立式、卧式、手提式 3 种。热源可以用蒸汽、煤气或电源。灭菌器上装有表示锅内温度和压力的温度计、压力表。灭菌锅还有排气口、安全活塞，如果压力超过一定限度，活塞的阀门便自动打开，放出过多的蒸汽。

表 1-2　高压蒸汽灭菌时常用的灭菌压力、温度与时间

蒸汽压力			蒸汽温度/℃	灭菌时间/min
MPa	kgf/cm^2	lbf/in^2		
0.055	0.56	8.00	112.6	30
0.069	0.70	10.00	115.2	20
0.103	1.00	15.00	121.0	20

高压蒸汽灭菌技术关键是压力上升之前需将锅内冷空气排尽。若锅内未排除的冷空气滞留在锅中，压力表虽指示为0.1MPa，但锅内温度实际只有100℃，结果造成灭菌不彻底。

待灭菌物品中的微生物种类、数量与灭菌效果直接相关。一般在小试管、锥形瓶中小容量的培养基，用0.1MPa灭菌20min；大容量的固体培养基传热慢，灭菌时间应适当延长(灭菌时间是指达到所要求的温度开始计算到灭菌结束之间的时间)。天然培养基含杂菌和芽孢较多，较合成培养基灭菌时间略长。

高压蒸汽灭菌锅的使用方法如下。

① 使用前锅中加适量去离子水至止水线，将要灭菌的物品用纸包好，放入锅中，盖好锅盖，扣紧螺栓。

② 开启放气阀。

③ 加热使水沸腾（如果是大型卧式灭菌锅，可直接向锅内通入蒸汽），用水蒸气将锅内的冷空气排出，待空气排完后，关闭放气阀。从开始到关阀，此段时间大概3～5min。

④ 表压上升到所需压力和温度后，开始计时，使锅内压力恒定，直至达到规定的灭菌时间。

⑤ 灭菌完毕，关闭热源，当压力降到0.05MPa时，缓慢开启放气阀，以防液体培养基因骤然减压而冲湿棉塞。当压力完全降至零时，应立即启盖，取出物品，不要久放。这是因为灭菌锅为金属制品，锅盖和四壁散热较快，而锅内的培养基等灭菌物品散热较慢，水蒸气便会凝结在锅盖和四壁上形成水滴，落到被灭菌的物品上，弄湿包装纸，造成灭菌物品的染菌概率加大。

(2) 常压间歇灭菌法　此法是依据芽孢在100℃的温度下较短时间内不会失去生活力而各种微生物的营养体半小时内即杀死的特点，利用芽孢萌发成营养体后耐热特性随即消失，通过反复培养和反复灭菌而达到杀死芽孢的目的。

使用范围：不少物质在100℃以上温度灭菌较长时间会遭到破坏，如明胶、维生素、牛乳等。而用此法灭菌效果比较理想。无高压蒸汽灭菌时，用普通蒸笼即可。但手续繁琐、时间长。一般能用高压蒸汽灭菌锅的均不采用间歇灭菌方法。具体操作如下：先用100℃、30min灭菌杀死培养基中杂菌营养体，然后把这种还含有芽孢和孢子的培养基在温箱内或室温下放置24h，使它们萌发成营养体；再以100℃处理0.5h，如果还有残存的未萌发的芽孢，则为数已经很少；再放置24h，经第3次处理，就可以达到完全灭菌的目的。

(3) 巴斯德灭菌法　这是一种以杀死致病菌为主、而又能保护营养成分不被破坏的消毒方法，常用于牛乳、啤酒等一些流质食品的消毒。常用的条件为62℃，加热30min；或在71℃下，加热15min。这种方法基于结核杆菌在62℃下15min致死而规定的，对芽孢无损害，只能杀死大多数腐生菌的营养体。

(4) 煮沸消毒法　直接把需要消毒的物品放在水中煮沸15min以上，温度为100℃，可杀死细菌的所有营养细胞核部分芽孢。如延长煮沸时间，并在水中加1%碳酸钠和2%～5%

石炭酸，可加强灭菌效果，提高杀灭细菌芽孢的效率。而且碳酸钠具有防止煮沸后的金属器皿生锈的作用。这种方法适用于一般食品、器材、注射器、衣服等小型日用物品的消毒，通常不能达到完全灭菌的要求，在微生物实验室中很少用。

（二）过滤除菌

过滤除菌法是指将带菌的液体或气体通过一个称为滤器的装置，借助机械的办法，把微生物截留在过滤介质上，从而达到除菌的目的。此法适用于一些对热不稳定、体积小的液体培养基除菌及气体除菌，它的最大优点是不破坏培养基的化学成分。

按照过滤的对象和滤板的介质，滤菌器有液体滤菌器和空气滤菌器两类。此处主要讨论液体滤菌器。液体滤菌器除菌多为细菌滤器。依滤板介质区分为：硅藻土滤器（也称伯克非尔细菌过滤器）、石棉板滤器（也称蔡氏细菌过滤器）、玻璃滤菌器、素陶瓷滤器、火棉胶滤器、滤膜滤菌器。每类滤器又依过滤孔径大小分成不同型号、规格，可依据实验要求加以选择。

(1) 蔡氏细菌过滤器　这是用铝、银或不锈钢等金属制成的滤器，分为上、下两节，石棉板制成的滤板放在金属网上，灭菌后用螺栓把石棉板紧紧地夹在上、下两节滤器之间，然后将待过滤溶液置于滤器中抽滤。蔡氏滤器按孔径大小分 K、EK 和 EK-S 3 种型号，K 型孔径最大，澄清用；EK 孔径较小，滤除细菌；EK-S 型孔径最小，可阻截病毒通过。

(2) 伯克非尔细菌过滤器　滤板是由硅藻土制成的空心圆柱体，因滤板部分形状像蜡烛，又称滤烛滤菌器。其底部连接在金属托板上，中央有金属管导出圆柱体外，圆柱体外有玻璃套筒，盛待过滤液。金属导管可插以橡皮塞而安装在抽滤瓶上。滤烛滤菌器按孔径大小分为 V、N、W 3 种型号，V 为大号，滤除细小沉淀，澄清液体用；N 为中号，能阻止细菌通过，分离病毒、噬菌体用；W 为小号，能阻止大的病毒通过。

(3) 玻璃滤菌器（玻璃滤板）　整个滤菌器全由玻璃制成，它的滤板是由玻璃粉热压而成的，滤板与玻璃漏斗黏合在一起。依孔径大小分为 G_1、G_2、G_3、G_4、G_5、G_6 6 种规格，适于过滤细菌的型号是 G_5 和 G_6。在真空减压情况下，待滤液体通过滤板而细菌被截留。

(4) 滤膜滤菌器　滤膜是由火棉胶、醋酸纤维素或硝酸纤维素等物质制成的，厚度约 0.1mm。滤膜可制成与特制的滤器漏斗直径相仿的圆片放在漏斗上，将滤器安装在抽滤瓶上，抽气过滤，或将滤膜代替石棉板放在蔡氏过滤器上，抽气过滤。

液体过滤除菌具体操作（以蔡氏滤菌器为例）如下。

(1) 滤菌器检查　实验前应检查滤菌器有无裂痕。方法是玻璃滤菌器和滤烛滤菌器先用橡皮管与空压机相连，再将水放入滤菌器中，开空压机压入空气，若有大量气泡产生，表明滤器有裂痕不得使用。蔡氏滤菌器和滤膜滤菌器一般不用检查。

(2) 清洗　新滤器应在流水中彻底冲洗，玻璃制的滤菌器应先放在 1∶100 盐酸中浸泡数小时，再用流水洗涤；如滤过物是含传染性的物质，应先将滤器浸泡于 2%石炭酸溶液中，2h 后再行洗涤。

(3) 灭菌　清洗干净后晾干的蔡氏滤菌器（包括滤烛滤菌器和玻璃滤菌器）插入安装有橡皮塞的抽滤瓶内，抽滤瓶与橡皮管连接的抽气口内装上棉花，过滤杯中用纱布和牛皮纸包扎好，或滤菌器与抽滤瓶分别包装亦可。将硝酸纤维滤膜或醋酸纤维滤膜放在盛蒸馏水的锥形瓶中单独灭菌，也可灭菌前将滤膜装在蔡氏滤菌器金属筛板上，旋紧螺栓（不宜太紧）一起灭菌，收集滤液的试管、锥形瓶（均带棉塞）、小镊子单独用牛皮纸包好。采用滤膜滤菌器时，滤膜可单独灭菌，也可装在下节滤器筛板上，旋紧螺栓后与滤器一起灭菌，另外还需准备一支10mL注射器用纱布及牛皮纸包好。上述物品0.07MPa灭菌1h，烘干备用。

（4）连接　采用蔡氏滤菌器和滤膜滤菌器时，在超净工作台上以无菌操作用小镊子取出滤膜，安放在下节滤器筛板上，旋转拧紧上下节滤器，将滤器与抽滤瓶连接（滤膜滤菌器不用连接抽滤瓶），用抽滤瓶上的橡皮管与水银检压计和安全瓶上的橡皮管相连，最后将安全瓶接于电动抽气机上。

（5）抽滤　将待过滤液注入滤菌器内，再开动电动抽气机（真空泵），滤液收集瓶内压力逐渐降低，滤液渐渐流入滤液收集瓶（或抽滤瓶的无菌试管内），待过滤液快滤完时，先使安全瓶与抽滤瓶间橡皮管脱离，停止抽滤，然后关闭抽气装置。

（6）取出滤液　在超净工作台上松动抽滤瓶口的橡皮塞，迅速将瓶中滤液倒入无菌锥形瓶或无菌试管内（若抽滤瓶中已有试管，将盛有除菌滤液的试管取出，无菌操作加棉盖棉塞即可），若采用滤膜滤菌器，(5)、(6) 两步可省略。用无菌注射器直接吸取待过滤液，在超净工作台上将此溶液注入滤菌器的上导管，溶液经滤膜、下导管慢慢流入无菌试管内，过滤完毕加盖棉塞。

（7）无菌检查　将移入无菌试管或无菌锥形瓶内的除菌滤液，放37℃恒温箱中培养24h，若无菌生长，可保存备用。

（8）使用后的滤器处理　玻璃滤菌器和滤烛菌菌器使用后立即用浓硫酸-硝酸钠洗涤液抽滤一次，当抽至洗涤液尚未滤尽前，将滤器浸入上述洗涤液中48h，使滤板两面均接触到洗涤液，取出后用热蒸馏水抽滤冲洗至中性，烘干后可再用。注意不要用重铬酸钾洗涤液浸泡，因重铬酸钾可被多孔玻璃吸附。由于滤菌器造型特殊和滤板边缘与玻壳的焊接关系，加热和冷却时宜缓和进行。若使用蔡氏滤菌器和滤膜滤菌器，过滤完后的滤膜和滤器需经高压蒸汽灭菌。滤膜灭菌后弃之，下次用时再更换一片，滤器灭菌后用流水淋洗干净。

（三）紫外线灭菌

辐射是能量通过空气或外层空间传播、传递的一种物理现象。借助波动方式传播能量的称为电磁辐射，对微生物杀菌、抑菌力强的有紫外线和γ射线。借助原子或亚原子离子高速运动传播能量的称微粒辐射，其中对微生物杀菌力强的为β射线和α射线。下面以接种室、接种箱或超净工作台紫外线灭菌为代表介绍辐射灭菌作用。

紫外线杀菌力最强的波长为256～266nm，200～300nm波长的紫外线也都有杀菌能力。其杀菌作用主要是因为导致DNA分子中相邻的胸腺嘧啶间形成胸腺嘧啶二聚体和胞嘧啶水合物，抑制DNA正常复制；另外，空气在紫外线辐射下产生的O_3也有一定杀菌作用；水在紫外线辐射下被氧化生成的过氧化氢也有杀菌效果。

紫外线不能引起水分子等离子化。它的透过物质能力差，一般只适用于接种室、超净工作台、无菌培养室和手术室空气及物体表面的灭菌。紫外线灭菌是通过紫外线灭菌灯进行的，距离照射物体以不超过1.2m为宜。近年来我国已制造出各种多功率的紫外线灯管，用于大规模饮用水消毒。紫外线对人体有伤害作用，可严重灼烧眼结膜、损伤视神经。对皮肤也有刺激作用，所以不能直视开着的紫外灯光，更不能在开着的紫外灯下工作。可见光能激活微生物体内的光复活酶，使形成的胸腺嘧啶二聚体拆开复原，因此也不能在开着日光灯或钨丝灯情况下开启紫外线灯。

不同微生物对紫外线的抵抗力不同，特别是芽孢以及霉菌孢子对紫外线抵抗能力稍强。为了加强灭菌效果，在开紫外线灯前，可在接种室内喷洒石炭酸溶液，一方面使空气中附着有微生物的尘埃降落；另一方面也可杀死一部分细菌和芽孢。

操作步骤如下。

① 打开紫外线灯开关，照射30min后将灯关闭。

② 为了检查紫外线灭菌效果。在接种室的桌上、桌下、缓冲间的地下各放一套已灭过菌倾倒好的牛肉膏蛋白胨琼脂平板和麦芽汁琼脂平板，打开皿盖，肉膏蛋白胨琼脂平板倒置37℃恒温箱中培养24h，麦芽汁琼脂平板倒置28℃恒温箱中培养48h，以开紫外灯灭菌前打开皿盖15min的平板为对照，或以在接种室外打开皿盖15min的平板为对照，培养相应时间后观察平板上杂菌的生长情况。

③ 检查每个平板上生长的菌落数，若每个平板菌落不超过4个，灭菌效果较好；若超过4个，则需延长照射时间或采用紫外线与化学消毒剂联合灭菌的办法（即：先用喷雾器喷洒3%～5%石炭酸溶液，作为空气消毒剂；或用浸蘸2%～3%来苏儿溶液的抹布擦洗接种室内墙壁、桌面及凳子，然后再开紫外线灯照射15min，用同样方法检查灭菌效果）。

（四）化学药物消毒与灭菌

化学药物根据其抑菌或杀死微生物的效应分为杀菌剂、消毒剂、防腐剂三类。凡杀死一切微生物及其孢子的药物称为杀菌剂；只杀死感染性病原微生物的药剂称为消毒剂；而只能抑制微生物生长和繁殖的药剂称为防腐剂。但三者界限往往很难区分。化学药剂的效应与药剂浓度、处理时间长短和菌的敏感性等均有关系，主要仍取决于药剂浓度。大多数杀菌剂在低浓度下只起抑菌作用或消毒作用。它们的杀菌或抑菌原理基本相同。

化学药物的灭菌原理：①改变微生物细胞膜的渗透性或损伤细胞膜，影响微生物细胞正常代谢；②具有氧化作用，可使细胞内的某些物质氧化，如酶中巯基被氧化成二硫键；③改变原生质的胶体性状，使菌体发生沉淀或凝固。表1-3所列为实验室常用的化学杀菌剂和消毒剂。

表1-3 实验室常用的化学杀菌剂和消毒剂

类别	代表	常用量	用途	作用机制
醛类	甲醛	36%～40%	蒸空气(接种室、培养室)	使蛋白质和酶变性
酚类	石炭酸(来苏儿)	3%～5% 3%～5% 1%～2%	室内空气喷雾消毒，擦洗被污染的桌面、地面 浸泡用过的移液管等玻璃器皿(浸泡1h) 皮肤消毒(1～2min)	破坏细胞膜，使蛋白质变性
醇类	乙醇	70%～75%	皮肤消毒或器皿表面消毒	脱水，使蛋白质变性
有机酸	乳酸 乙酸 苯甲酸	80% 3～5mL/m³ 0.1%	熏蒸空气(接种室、培养室) 熏蒸空气 食品防腐剂(抑制真菌)	破坏细胞膜和酶类
无机酸	硫酸	0.01mol/L	适用于玻璃器皿浸泡	破坏细胞膜和酶类
碱类	烧碱 石灰水	4% 1%～3%	病毒性传染病 粪便消毒、畜舍消毒	
氧化剂	高锰酸钾 过氧化氢	0.1%～3% 3%	皮肤、水果、茶具消毒 清洗伤口	蛋白质或酶氧化变性
重金属盐	汞 硝酸银	0.05%～0.2% 0.1%～1.0%	非金属表面器皿及组织分离 新生儿眼药水	蛋白质变性、酶失活
金属螯合剂	8-羟基喹啉硫酸盐	0.1%～0.2%	生化试剂缓冲液的防腐剂	与酶的激活剂或金属活性基结合，使酶失活
染料	结晶紫	2%～4%	体表及伤口消毒	破坏细胞膜或细胞质中核酸结合，破坏其生理功能

（五）熏蒸消毒

1. 甲醛熏蒸消毒法

（1）加热熏蒸　量取一定量的甲醛溶液（以半小时蒸发完为宜），盛在小烧杯或白瓷坩埚内，用铁架支好，在酒精灯内注入酒精（估计能蒸干甲醛溶液所需的量）。将室内各种物品准备妥当后，点燃酒精灯，关闭门窗。任甲醛溶液煮沸蒸发。酒精灯最好能在甲醛蒸干后即自行熄灭。

（2）氧化熏蒸　称取高锰酸钾（相当于甲醛用量的一半）置于白瓷坩埚或玻璃烧杯内，再量取定量的甲醛溶液。室内准备妥当后。把甲醛溶液倒在盛有高锰酸钾的器皿内，立即关门。几秒钟后，甲醛溶液即沸腾挥发。高锰酸钾是一种强氧化剂，当它与一部分甲醛溶液作用时，由氧化作用产生的热可使其余的甲醛溶液挥发为气体。甲醛溶液熏蒸后关门密闭保持12h以上。

甲醛熏蒸对人的眼、鼻有强烈刺激，在相当时间内不能工作，为减弱甲醛对人的刺激作用，甲醛熏蒸后12h，再量取与甲醛等量的氨水中和，迅速放于室内。

2. 硫黄熏蒸法

利用硫黄燃烧产生的SO_2，后者遇水或水蒸气产生H_2SO_3。SO_2和H_2SO_3还原能力强，使菌体脱氧而致死，可用于接种室或培养室空气的熏蒸灭菌。硫黄用量一般为2～3g/m^3。称好硫黄粉，将其放在垫有几张废纸或火柴梗的白瓷坩埚或烧杯内，然后点火燃烧，密闭24h，硫黄燃烧前在室内墙壁、桌面、地上喷洒些水，使之产生的H_2SO_3杀菌力增强。为了防止H_2SO_3和H_2SO_4对金属腐蚀，熏蒸前将金属制品妥善处理。

在甲醛和硫黄熏蒸接种室和培养室前、后，每室桌上、桌下、摇床下、房间四角放4～6个无菌肉膏蛋白胨平板，打开皿盖15min，然后盖上。将两组平皿倒置37℃恒温培养箱中培养16～24h，检查平板上菌落生长情况，每皿少于4个菌落表明灭菌效果好。

目前，湿热灭菌是对容器、管路及液体最常用的灭菌方式；而过滤灭菌是气体和有对热高度敏感组分的培养基灭菌的优先选择。

第二章　工业微生物核酸分离纯化

核酸的分离与纯化技术是生物化学与分子生物学的一项基本技术，也是对工业微生物进行基因工程改造和优化的前提。随着分子生物学技术广泛应用于生命科学、医学及其相关领域，核酸的分离和纯化技术也得到了进一步的发展。各种新方法、经完善后的传统经典方法不断出现。同时，一些成熟的商品化试剂的出现，也极大地提高了分离和纯化核酸的效率和产物的品质。

第一节　工业微生物核酸分离纯化的基本原理

核酸在细胞中总是与各种蛋白质相互结合存在的。核酸的分离与纯化本质上就是将核酸与蛋白质、多糖、脂类等生物大分子物质分开、提纯的过程。在分离提纯的整个过程中，始终应注意保证核酸分子一级结构的完整性。从工业微生物细胞中分离纯化核酸，主要包括细胞裂解、酶处理、核酸与其他生物大分子物质分离、核酸纯化等几个主要的步骤。每个步骤可由单个或多个不同的方法单独或联合实现。

一、细胞裂解

核酸提取与纯化的前提必须先将其从微生物细胞中释放出来，所以首先要实现细胞的裂解。细胞裂解可以通过机械作用、化学作用和酶作用等手段实现。

(1) 机械作用　包括低渗裂解、超声裂解、微波裂解、冻熔裂解、颗粒破碎、研磨破碎等物理裂解手段。这一系列手段都是通过机械力使细胞破碎，但与此同时，机械力也可能会导致核酸链的断裂，因此这种机械作用一般不适于高分子量长链核酸的提取。研究表明，超声裂解法提取的核酸片段一般在500bp～20kb；颗粒破碎法提取的核酸片段一般小于10kb。

(2) 化学作用　基于微生物细胞壁和细胞膜的理化特性，使其处于一定的pH环境和变性条件下，使得细胞破裂、蛋白质变性沉淀，最后核酸释放到水相的裂解手段。其中，变性条件可以通过加热、加入表面活性剂（SDS、Triton X-100、Tween 20、NP-40、CTAB、sarcosyl、Chelex-100等）或强离子剂（异硫氰酸胍、盐酸胍、肌酸胍等）而产生。而pH环境可以通过加入强碱（NaOH）或缓冲液（TE、STE等）提供。在一定的pH条件下，表面活性剂或强离子剂可使细胞裂解、蛋白质和多糖沉淀，缓冲液中的一些金属离子螯合剂（EDTA等）可以螯合核酸酶活性所必需的金属离子（Mg^{2+}、Ca^{2+}等），从而抑制核酸酶的活性，保护核酸不被降解。

(3) 酶作用　主要是通过加入溶菌酶、溶壁酶或蛋白酶（蛋白酶K、植物蛋白酶或链酶蛋白酶）以使细胞破裂，释放核酸。蛋白酶同时还能降解与核酸结合的蛋白质，进一步促进核酸的分离。其中溶菌酶（lysozyme）能催化细菌细胞壁的蛋白多糖*N*-乙酰葡糖胺和*N*-乙酰胞壁酸残基之间的*β*-(1,4)键水解。溶壁酶（lyticase）主要用于裂解真菌细胞，如酵母细胞壁中的葡聚糖等的多聚*β*-(1,3)糖苷键。蛋白酶（proteinase K）能催化水解多种多肽键。值得一提的是，蛋白酶K在65℃及有EDTA、尿素（1～4mol/L）和去污剂（0.5%SDS或1%Triton X-100）存在时，仍能保持较好的酶活性，这有利于提高高分子量核酸的提取效率。

1. 酶处理

在从微生物细胞中提取核酸的过程中，都需要通过加入适当的酶，降解不需要的物质，以利于目的产物的分离和纯化。例如在裂解液中加入蛋白酶（蛋白酶K或链酶蛋白酶）可以达到降解蛋白质的目的；在提取DNA和RNA的过程中，会分别加入DNase和RNase，用于除去不需要的核酸，使得提取的目的核酸更加纯净。

2. 核酸的分离与纯化

核酸的高电荷磷酸骨架使其比蛋白质、多糖、脂肪等其他生物大分子物质更具亲水性，根据它们的理化性质的差异，可以用选择性沉淀、层析、密度梯度离心等方法将核酸分离、纯化。

（1）选择性沉淀　提取纯化核酸的典型方法就是酚-氯仿抽提法。细胞裂解后经离心分离可以得到含核酸的水相，加入等体积的酚-氯仿-异戊醇（25∶24∶1，体积比）混合液，然后将两相混匀（对于分离小分子量的核酸，可以采用涡旋振荡；对于分离高分子量的核酸，为防止剧烈振荡使核酸链断链，只能简单颠倒来使其混匀）。至此，疏水的蛋白质会被分配到有机相，核酸则被保留在上层水相之中。由于酚是一种有机溶剂，使用前要预先用STE缓冲液饱和，否则未饱和的酚会吸收水相而造成核酸的损失。同时，酚还十分容易被氧化发黄，氧化后的酚会引起核酸链中磷酸二酯键的断链或使核酸链发生交联影响提取效果。因此在制备酚饱和溶液的时候要在溶液中加入8-羟基喹啉，以防止酚的氧化。氯仿可去除脂肪，从而使更多的蛋白质变性，提高提取效率。异戊醇则可以减少操作过程中产生的气泡。核酸盐可以被一些有机溶剂沉淀，通过沉淀可浓缩核酸，改变核酸溶解缓冲液的种类以及去除某些杂质分子。典型的例子是在酚、氯仿抽提后用乙醇沉淀，往含核酸的水相中加入pH 5.0～5.5，终浓度为0.3mol/L的NaOAc后，钠离子会中和核酸磷酸骨架上的负电荷，在酸性环境中促进核酸的疏水复性。然后加入2～2.5倍体积的乙醇，经一定时间的孵育，可使核酸有效地沉淀。其他一些有机溶剂［丙醇、聚乙二醇（PEG）和盐类（10.0mol/L醋酸铵、8.0mol/L的氯化锂、氯化镁和低浓度的氯化锌等）］也用于核酸的沉淀。不同的离子对一些酶有抑制作用或可影响核酸的沉淀和溶解，在实际使用时应予以选择。上述得到的沉淀经离心收集后，再用70%的乙醇漂洗以除去多余的盐分，即可获得纯化的核酸。

（2）层析法　利用不同物质某些理化特性的差异而建立的分离分析方法，主要包括吸附层析、亲和层析、离子交换层析等。因分离和纯化同步进行，并且有商品化的试剂盒供应，层析法已被广泛应用于核酸的分离纯化。

① 吸附层析中，核酸会被选择性地吸附到硅土、硅胶或玻璃的表面。另外，经修饰或包被的磁珠也常作为吸附层析的固相载体。结合到固相载体的核酸可用低盐缓冲液或水洗脱，即得到纯化的核酸溶液。运用吸附层析提取纯化核酸的优点在于，其提取核酸的质量好、产量高、成本低、便捷快速，而且易于实现自动化。

② 亲和层析是利用待分离物质与它们的特异性配体间所具有的特异性亲和力来分离物质的一种层析方法。由此，可以通过制备特定能与目的核酸发生亲和作用的层析柱来进行目的核酸的分离纯化。例如，用SPG制备的亲和层析柱可以用于分离纯化RNA。SPG是一种β-(1,3)-葡聚糖，在低温下，含RNA的流动相通过层析柱，poly(C)和poly(A)与SPG通过氢键和疏水作用形成复合物而被吸附于柱上，然后通过改变缓冲液成分，将被吸附的RNA洗脱。应用亲和层析分离纯化核酸的另一个例子是用oligo (dT)-纤维素层析法从真核

细胞总 RNA 中分离带 poly(A) 尾的 mRNA。在该方法中，短链 oligo(dT) 通过其 5-磷酸与纤维素的羟基共价结合而连接至纤维素介质上。当流动相经过 oligo(dT) 柱时，mRNA 因其 ploy(A) 可与短链 oligo(dT) 形成稳定的 RNA-DNA 杂合链而被连接到纤维素介质上，从而与其他 RNA 分离。在适当的条件下（低盐、加热），ploy(A) RNA 可被水洗脱而得以纯化。

③ 离子交换层析以具有离子交换性能的物质为固定相，其与流动相中的离子能进行可逆交换，从而能分离离子型化合物。用离子交换层析纯化核酸是基于核酸为高负电荷的线型多聚阴离子，在低离子强度缓冲液中，利用目的核酸与阴离子交换柱上功能基质间的静电反应，使带负电荷的核酸结合到带正电的基质上，杂质分子被洗脱。然后提高缓冲液的离子强度，将核酸从基质上洗脱，经异丙醇或乙醇沉淀即可获得纯化的核酸。该方法适用于大规模核酸的纯化。

(3) 密度梯度离心　分离核酸是基于双链 DNA、单链 DNA、RNA 和蛋白质具有不同的密度，因而经密度梯度离心，会形成不同密度的纯样品区带，以实现分离核酸。此法适用于大量核酸样本的制备，其中氯化铯-溴化乙锭梯度平衡离心法被认为是纯化大量质粒 DNA 的首先手段。氯化铯是核酸密度梯度离心的标准介质，梯度液中的溴化乙锭可与核酸结合，离心后形成的核酸区带经紫外灯照射会产生荧光，用注射针头穿刺回收后，通过透析或乙醇沉淀除去氯化铯就能获得纯化的核酸。

随着分子生物学的不断发展，传统的核酸提取手段因操作繁琐、提取效率低、费时费力或使用有毒化学试剂且不利于实现自动化等缺陷，会逐步被毛细管电泳等其他一些更加高效、快速的技术方法所取代。相信通过世界范围内众多学者的不断努力，更加先进的核酸提取手段会不断被开发，从而不断地推动分子生物学的发展，同时也能更好地为工业微生物基因操作服务。

二、大肠杆菌基因组 DNA 的分离纯化

大肠杆菌由于其培养简单易于操作、繁殖能力强、繁殖时间短、遗传背景清晰等优点，是基础研究和工业生产过程中最常用的微生物之一。大肠杆菌是一种革兰阴性菌，其细胞壁的主要成分是肽聚糖，易于破碎。因此，在从大肠杆菌中分离核酸物质时，破壁的一步相对简单，只需用 SDS 和蛋白酶 K 就能充分破碎细胞消化分解蛋白质，而后用酚-氯仿-异戊醇抽提得到含核酸溶液，最后经乙醇沉淀使核酸从溶液中析出。下面介绍一种简便的从大肠杆菌中提取基因组 DNA 的流程。

1. 材料

① LB 培养基：胰蛋白胨 10g/L；酵母提取物 5g/L；NaCl 5g/L。

② 异丙醇。

③ 70%乙醇。

④ TE 缓冲液：10mmol/L Tris-HCl，pH 7.4、7.5 或 8.0；1mmol/L EDTA，pH 8.0。

⑤ 10% SDS：称取 10g SDS 溶于 50mL 水中，再定容至 100mL。

⑥ 20mg/mL 蛋白酶 K：将 200mg 蛋白酶 K 粉末加入到 9.5mL 水中，轻轻摇动，直至蛋白酶 K 完全溶解。不要涡旋混合，加水定容到 10mL，然后分装成小份贮存于−20℃。

⑦ 5mol/L NaCl：称取 29.25g NaCl 固体，溶于 20mL 水中，定容至 100mL。

⑧ CTAB/NaCl 溶液：1.4mol/L NaCl；20g/L CTAB；100mmol/L Tris-HCl；

20mmol/L EDTA；0.2%巯基乙醇。先将除巯基乙醇之外的药品配好，高压蒸汽灭菌之后加入巯基乙醇。

⑨ 酚-氯仿-异戊醇：将25份酚［在150mmol/L NaCl；50mmol/L Tris-HCl（pH 7.5）；1mmol/L EDTA中平衡］和24份氯仿及1份异戊醇混合。加入8-羟基喹啉，使其终浓度为0.1%。分装并储存于－20℃，超过6个月则废弃不用。

2. 步骤

① 将2mL培养至对数期的大肠杆菌菌液5000r/min冷冻离心10r/min弃上清液；

② 加190μL TE缓冲液悬浮沉淀，并加10μL 10% SDS、1μL 20mg/mL蛋白酶K，混匀，37℃保温1h；

③ 加30μL 5mol/L NaCl，混匀；

④ 加30μL CTAB/NaCl溶液，混匀，65℃保温20min；

⑤ 加入300μL酚-氯仿-异戊醇（25∶24∶1）抽提，5000r/min离心10min，将上清液移至干净离心管；

⑥ 加入300μL氯仿-异戊醇（24∶1）抽提，取上清液移至干净管中；

⑦ 加300μL异丙醇，颠倒混合，室温下静置10min，沉淀DNA；

⑧ 5000r/min离心10min，沉淀DNA，加入500μL 70%乙醇，5000r/min离心10min，弃乙醇，吸干；

⑨ 溶解于20μL TE培养基，取3μL用于琼脂糖凝胶电泳验证，其余－20℃保存。

上述方法显著的优点是经济实惠，可以批量提取，但相对目前众多商品化试剂盒来说，其操作过程略显繁琐。目前小批量大肠杆菌的DNA分离纯化普遍采用试剂盒提取，其优点在于方便、快捷、高效。对于用传统手段还是用商品化的试剂盒来完成实验目的，还要结合实际条件和要求来选择。

三、大肠杆菌质粒DNA的分离纯化

质粒是携带外源基因进入细菌细胞中扩增和表达的重要媒介，这种基因运载工具对大肠杆菌有着极为重要的应用前景，而质粒DNA的分离提取是其中最常使用和最基本的工作。已经有许多方法可以用于质粒DNA的提取，目前常用的有羟基磷灰石柱层析法、煮沸法、SDS法、碱裂解法等。由于碱裂解法具有效果好、成本低的优点，故此处主要介绍该方法。

碱裂解法提取质粒是根据共价闭合环状质粒DNA与线形染色体DNA拓扑学上的差异来分离它们。在pH介于12.0～12.5这个狭窄的范围内，线形的DNA双螺旋结构解开而变性，尽管在这样的条件下，共价闭环质粒的氢键也会被打断，但两条互补的双链彼此相互缠绕紧紧结合在一起。当加入醋酸钾高盐缓冲液恢复pH至中性时，共价闭合环状的质粒DNA的两条互补链迅速准确地复性，而染色体DNA的双链此前已经完全打开不会准确迅速地复性而缠绕成网状结构，通过离心，染色体DNA与不稳定的大分子RNA、蛋白质-SDS-复合物等一起沉淀下来而被去除。

1. 材料

① 乙醇：无水乙醇；70%乙醇。

② 溶液Ⅰ：50mmol/L葡萄糖；25mmol/L Tris-HCl；10mmol/L EDTA，pH8.0；4℃保存。（50mmol/L葡萄糖使悬浮后的大肠杆菌不会快速沉积到管子的底部；EDTA是Ca^{2+}和Mg^{2+}等二价金属离子的螯合剂，在分子生物学试剂中的主要作用是抑制DNase的活性和微生物生长。在溶液Ⅰ中加入高达10mmol/L的EDTA就是要把大肠杆菌细胞中的所有二

价金属离子都螯合掉。如果缺了溶液Ⅰ，完全可用等体积的水或LB培养基来悬浮菌体但是菌体一定要悬浮均匀，不能有结块）

③ 溶液Ⅱ：0.2g/L NaOH；1% SDS。（NaOH是最佳的溶解细胞的试剂，不管是大肠杆菌还是哺乳动物细胞，碰到了碱都会几乎在瞬间就溶解，这是由于细胞膜发生了从双层膜结构向微囊结构的相变化所导致。线形的DNA双螺旋结构解开而变性，但是共价闭环质粒的氢键也会被打断，两条互补的双链彼此相互缠绕紧紧结合在一起。这一步要记住两点：第一，时间不能过长，因为在这样的碱性条件下基因组DNA片断会慢慢断裂；第二，必须温柔混合，不然基因组DNA也会断裂）

④ 溶液Ⅲ：3mol/L醋酸钾；2mol/L醋酸。（加入醋酸钾高盐缓冲液恢复pH至中性时，共价闭合环状的质粒DNA的两条互补链迅速准确地复性，而染色体DNA的双链此前已经完全打开不会准确迅速地复性而缠绕成网状结构，通过离心，染色体DNA与不稳定的大分子RNA、蛋白质-SDS-复合物等一起沉淀下来而被去除）

⑤ 酚-氯仿-异戊醇：将25份酚［在150mmol/L NaCl；50mmol/L Tris-HCl(pH7.5)；1mmol/L EDTA中平衡］和24份氯仿及1份异戊醇混合。加入8-羟基喹啉，使其终浓度为0.1%。分装并储存于−20℃，超过6个月则废弃不用。

⑥ TE缓冲液：10mmol/L Tris-HCl，pH7.4、7.5或8.0；1mmol/L EDTA，pH8.0。

2. 步骤

① 吸取1.5mL菌液至1.5mL离心管中，12000r/min离心1min，弃上清液。

② 加入1.5mL菌液，重复操作①。

③ 用移液器尽可能除去上清液，加入150μL溶液Ⅰ，用旋涡振荡器充分悬浮菌体。

④ 加入250μL溶液Ⅱ，缓慢地上下翻转离心管约10次，混合均匀，室温下放置5min。

⑤ 加入200μL溶液Ⅲ，上下翻转离心管约10次，混合均匀，冰浴10min，4℃，14000r/min离心5min。

⑥ 用移液器将上清液转移到新的1.5mL离心管中，加入等体积酚-氯仿-异戊醇抽提，12000r/min离心5min。

⑦ 重复步骤⑥1次。

⑧ 移取上清液（400～500μL），加入2倍体积无水乙醇、0.1倍体积3mol/L醋酸钠，置于0℃冰箱30min。

⑨ 14000r/min离心10min，尽量去掉乙醇。

⑩ 用0.5mL 70%乙醇洗DNA沉淀1次，离心2min，尽量去掉乙醇，风干10min。

⑪ 加50μL含有40μg/mL RNase的TE缓冲液溶解DNA沉淀，65℃消化30min，电泳鉴定，−20℃保存。

此法与商品化试剂盒的提取过程基本相似，主要区别就在于破壁后质粒DNA的抽提手法。这里是用传统的酚-氯仿-异戊醇抽提，然后用乙醇沉淀的手段，而商品化试剂盒运用的是柱吸附的方法。由于试剂盒中柱子吸附面积的局限，其不能用于大批量提取操作，而传统的酚-氯仿-异戊醇抽提法则不受此限制。

四、酿酒酵母基因组DNA的分离纯化

利用酿酒酵母进行工业生产时，常常需要对其进行基因工程、代谢工程等分子生物学改造，在分子改造过程中，提取纯化基因组DNA是不可避免的操作之一。现在提取纯化酿酒酵母基因组DNA的方法繁多，区别仅在于它们使用的细胞破碎和核酸纯化的手段不同。下面介绍一种最典型常用的玻璃珠破碎-酚氯仿抽提法提取基因组 DNA 的流程。

1. 材料

① YPD（酵母提取物 10g/L；蛋白胨 20g/L；葡萄糖 20g/L）或相应选择性培养基。

② 20mmol/L Tris-HCl（pH7.5）：在 400mL H_2O 中溶解 1.21g Tris 碱，用浓盐酸调节至要求的 pH，混合加水至 1L。

③ TE 缓冲液：10mmol/L Tris-HCl，pH7.4、7.5 或 8.0；1mmol/L EDTA，pH8.0。

④ 1mg/mL 无 DNA 酶的 RNA 酶 A：溶解 1mg RNase 于 900μL 10mmol/L 乙酸钠，pH5.2。加热溶液至 100℃ 15min，慢慢冷却至室温。加 100μL 1mol/L Tris-HCl，pH7.4，混匀。分装，−20℃可长期保存。

⑤ 4mol/L 乙酸铵溶液。

⑥ 100％乙醇。

⑦ 1mmol/L EDTA：在 350mL 水中溶解 186.1g Na_2 EDTA · $2H_2O$，用 NaOH 调至要求的 pH，加水至 1L。

⑧ 1×蛋白酶抑制剂混合物：0.1g/mL 胰凝乳蛋白酶抑制剂；2g/mL 抑蛋白酶肽；1g/mL抑胃肽酶 A；1.1g/mL 膦酰二肽；7.2g/mL E-64；0.5g/mL 亮抑酶肽；2.5g/mL 抗蛋白酶；0.1mmol/L 苯甲脒；0.1mmol/L 焦亚硫酸钠。

⑨ 1mmol/L PMSF：用异丙醇溶解 PMSF 成 0.174mg/mL。

⑩ 破壁缓冲液：20mmol/L Tris-HCl，pH7.5；10mmol/L $MgCl_2$；1mmol/L EDTA；5％（体积分数）甘油；1mmol/L DTT；0.3mol/L$(NH_4)_2SO_4$；1×蛋白酶抑制剂混合物；1mmol/L PMSF（在缓冲液中硫酸铵的浓度可在 0.1～1.0mol/L 之间改变。终浓度达到 0.25mol/L 以上时将特异性 DNA 结合蛋白和组蛋白与染色质剥离，而且这个浓度有助于获得与核酸相互作用的因子。在缓冲液中 KCl 和 NaCl 的终浓度也可加至 0.1～0.2mol/L）。

⑪ 酚-氯仿-异戊醇：将 25 份酚［在 150mmol/L NaCl；50mmol/L Tris-HCl（pH7.5）；1mmol/L EDTA 中平衡］和 24 份氯仿及 1 份异戊醇混合。加入 8-羟基喹啉，使其终浓度为 0.1％。分装并储存于−20℃，超过 6 个月则废弃不用。

⑫ 0.45～0.55mm 酸洗玻璃珠：用浓硝酸浸泡 1h 洗涤玻璃珠，然后用水充分冲洗，接着置于烤箱中干燥玻璃珠，冷却至室温，4℃保存留用。

2. 步骤

① 往盛有 20mL YPD 液体培养基的摇瓶中接种酿酒酵母单菌落，在摇床上 30℃过夜培养至静止期。

② 取 10mL 培养物室温下在台式离心机上 1200*g* 离心 5min，倒掉上清液，细胞用 0.5mL 水重悬。

③ 将重悬细胞转移至离心管中，室温下离心 5s，倒掉上清液，在涡旋混合器上快速振荡分散菌体沉淀。

④ 细胞用 200μL TE 缓冲液重悬，加 0.3g 酸洗玻璃珠（约 200μL）及 200μL 酚-氯仿-异戊醇，高速振荡 3min 以破碎 80％～90％的细胞。

⑤ 加入 200μL TE 缓冲液，快速振荡。

⑥ 室温下高速离心 5min，将水相转移到一个干净的离心管中，加 1mL 100％乙醇，颠倒混匀。

⑦ 室温下高速离心 3min，去上清液，沉淀用 0.4mL TE 缓冲液重悬。

⑧ 加 30μL 的 1mg/mL 无 DNA 酶的 RNA 酶 A，混合，37℃温育 5min。

⑨ 加 10μL 4mol/L 乙酸铵及 1mL 100%乙醇，颠倒混匀。

⑩ 室温下高速离心 3min，弃上清液，干燥沉淀，DNA 用 100μL TE 缓冲液重悬。

这种方法一次可以得到大约 20μg 纯净的基因组 DNA。另外，溶壁酶（lyticase）酶解、液氮研磨等方法也常用来破碎酿酒酵母细胞；磁珠吸附法用于酿酒酵母 DNA 纯化也很常见、方便。

现在有越来越多的试剂厂商出售商品化提取试剂盒，大大降低了传统提取方法的劳动强度，提高了效率，同时大多都避免了有机溶剂等有害试剂的使用，更加安全。虽然商品化试剂盒有种种优点，但是其价格昂贵和不能大批量提取等缺点，使我们还不能完全抛弃传统的提取手段。

五、酿酒酵母质粒 DNA 的分离纯化

酵母-大肠穿梭质粒在分子改造中常作为克隆载体用于重组 DNA 研究。从大肠杆菌中提取的质粒能够较为方便地转化到酵母细胞中。相对于转化的易于实现，从酵母细胞中提取质粒 DNA 就相对困难。因为酵母有较厚的细胞壁的存在，使得从酵母中提取质粒 DNA 要比从大肠杆菌中困难许多。而且，在从酵母细胞中提取质粒 DNA 时，很容易带入染色体 DNA，得不到纯净的质粒 DNA。针对这个问题，Brozmanova 等通过改进 Birnboim 等的方法，提出了运用选择性碱变性的方法，使得大分子量的染色体 DNA 变性被去除，而小分子量的质粒 DNA 仍维持双链状态被分离。其具体过程如下。

1. 材料

① YPD（酵母提取物 10g/L；蛋白胨 20g/L；葡萄糖 20g/L）或相应选择性培养基。

② 重悬液：1mol/L 山梨醇和 0.1mol/L EDTA，调节 pH 至 7.5。

③ Zymolase-100T：2.5g/L。

④ 溶液Ⅰ：葡萄糖 50mmol/L；EDTA 10mmol/L；Tris-HCl 25mmol/L，调节 pH 至 5.0。

⑤ 溶液Ⅱ：NaOH 0.2mol/L；SDS 1%。

⑥ 溶液Ⅲ：醋酸钾 3mol/L，调节 pH 至 4.8。

⑦ TE 缓冲液：10mmol/L Tris-HCl，pH7.4、7.5 或 8.0；1mmol/L EDTA，pH8.0。

⑧ 96%和 70%的乙醇。

⑨ 1mmol/L EDTA：在 350mL 水中溶解 186.1g Na_2 EDTA · $2H_2O$，用 NaOH 调至要求的 pH，加水至 1L。

⑩ 酚-氯仿-异戊醇：将 25 份酚［在 150mmol/L NaCl；50mmol/L Tris-HCl（pH7.5）；1mmol/L EDTA 中平衡］和 24 份氯仿及 1 份异戊醇混合。加入 8-羟基喹啉，使其终浓度为 0.1%。分装并储存于－20℃，超过 6 个月则废弃不用。

2. 步骤

① 往盛有 20mL YPD 的摇瓶中接种酿酒酵母单菌落，在摇床上 30℃过夜培养至静止期。

② 取 1.5mL 培养物至离心管中，室温下在台式离心机上 1200*g* 离心 1min，倒掉上清液。

③ 用加入 150μL 重悬液重悬细胞。

④ 加入 10μL Zymolase-100T，37℃孵育 1h。

⑤ 1200*g* 离心 1min，弃上清液。

⑥ 将沉淀在 100μL 溶液Ⅰ中充分重悬，室温静置 5min。

⑦ 加入 200μL 溶液Ⅱ，轻轻混匀，0℃孵育 5min。

⑧ 加入 150μL 溶液Ⅲ，轻轻混匀，0℃孵育 5min（至此，绝大部分的蛋白和大分子量的染色质 DNA、RNA 都已被沉淀）。

⑨ 0℃低温 1200g 离心 5min，将上层清液转移至新的离心管中。

⑩ 室温下，加入 0.9mL 96%的乙醇，混匀，静置 2min。

⑪ 室温下，1200g 离心 1.5min，弃上清液。

⑫ 室温下，用 500μL 70%的乙醇清洗沉淀，1200g 离心 1.5min，弃上清液。

⑬ 烘干沉淀，用 100μL TE 缓冲液溶解。

⑭ 再用等体积的酚-氯仿-异戊醇溶液抽提，转移水相到新的离心管中。

⑮ 加入 1/10 体积的醋酸钠和 2.2 倍体积的乙醇，−70℃孵育 30min。

⑯ 0℃ 1200g 离心 7min。

⑰ 烘干沉淀，用 20μL TE 缓冲液重悬。

六、酿酒酵母 RNA 的分离纯化

一般的生物细胞中同时含有 DNA 和 RNA，在酵母中 RNA 比 DNA 的含量高得多，RNA 为 2.67%～10.0%，DNA 则少于 2%（0.03%～0.516%），在实验室常用酵母作为 RNA 提取的材料，因为培养酵母菌体收率高，且易于提取 RNA。若要制备具有生物活性的 RNA，可采用苯酚法、去污剂法和盐酸胍法等，最常用的是苯酚法提取 RNA。组织匀浆用苯酚处理并离心后，RNA 即溶于上层被酚饱和的水相中，DNA 和蛋白质则留在酚层中，向水层加入乙醇后，RNA 即以白色絮状沉淀析出，此法能较好地除去 DNA 和蛋白质。目前采用 Trizol 法提取 RNA 也与此类似，其使用的 Trizol 试剂是一种酚与异硫氰胍的混合物，可以把组织和细胞中的总 RNA 提取出来。在加入氯仿离心后，RNA 保留在水相中，与 DNA 和蛋白质分离开来（保留在有机相中）。吸取水相，加入异丙醇沉淀 RNA，从而得到完整、纯度高的总 RNA。

若对提取的 RNA 生物活性没有要求，则可使用浓盐法、稀碱法等。浓盐法是在加热的条件下（95℃提取 6h），利用高浓度的盐改变细胞膜的透性，使 RNA 释放出来，再利用等电点（pH 为 2.0～2.5）沉淀。此法易掌握，产品颜色较好。盐浓度需要控制，太低，RNA 不易从细胞中释放出来；太高，细胞急剧收缩不利于抽提，一般 80～120g/L 为宜。稀碱法利用细胞壁在稀碱条件下溶解，使 RNA 释放出来，这种方法提取时间短，但 RNA 在稀碱条件下不稳定，容易被碱分解。当碱被中和后，可用乙醇（或者异丙醇）将 RNA 沉淀，或用等电点沉淀 RNA（应严格控制 pH，缓慢调节），此为 RNA 的粗品。RNA 的验证可以用水解法，由于核糖核酸含有核糖、嘌呤碱、嘧啶碱和磷酸各组分。加硫酸煮沸可使其水解，从水解液中可以测出上述组分的存在。

（一）苯酚法

细胞内大部分 RNA 均与蛋白质结合在一起，以核蛋白的形式存在。因此，提取 RNA 时要把 RNA 与蛋白质分离并除去。将细胞置于含有十二烷基磺酸钠（SDS）的缓冲液中，加等体积水饱和酚，通过剧烈振荡，然后离心形成上层水相和下层酚相。核酸溶于水相，被苯酚变性的蛋白质或者溶于酚相，或者在两相界面处形成凝胶层。

实验中采用 0.15mol/L 缓冲液系统即可使大部分 RNA-蛋白复合物解离，而 DNA-蛋白复合物只有极少部分解离；用酚处理时 DNA-蛋白复合物变性，在低温条件下从水相中除去，这样得到的 RNA 制品中混杂的 DNA 极少。用氯仿-异戊醇继续处理 RNA 制品，可进一步除去其中少量的蛋白质。最后用乙醇使 RNA 从水溶液中沉淀出来。本法得到的 RNA 不仅纯度高，而且多呈自然状态，可供继续研究之用。

1. 材料

① 无水乙醇。

② 乙醚。

③ 溶菌酶（BR）：1mg/mL。

④ SDS-缓冲液：0.3% SDS,；0.1mol/L NaCl；0.05mol/L 醋酸钠；用醋酸调到 pH5.0。

⑤ 含 2%醋酸钾的 95%乙醇溶液。

⑥ 酚-氯仿-异戊醇：将 25 份酚 [在 150mmol/L NaCl；50mmol/L Tris-HCl（pH7.5）；1mmol/LEDTA 中平衡] 和 24 份氯仿及 1 份异戊醇混合。加入 8-羟基喹啉，使其终浓度为 0.1%。分装并储存于－20℃，超过 6 个月则废弃不用。

2. 步骤

（1）RNA 的提取

① 取 1g 活性干酵母在研钵中研碎，加 10mL SDS-缓冲液使成匀浆，洗入各离心管（1.5mL）（略少于管容积的一半），加溶菌酶 0.1mL，混匀，室温静置 10min，再加等体积饱和酚液，室温下剧烈振荡 5min。

② 置冰浴中分层，在 0～4℃低温环境下，10000r/min 离心 10min 吸出上层清液，转入新的离心管，加等体积酚-氯仿-异戊醇，室温下剧烈振荡 2.5min，然后 10000r/min 离心 5min。

③ 吸出上层清液，转入另一新离心管，加 2 倍体积 95%乙醇（含 2%醋酸钾），在冰浴中放置 30min，使 RNA 沉淀。

④ 再以 10000r/min 离心 5min，弃上清液，沉淀用少许无水乙醇和乙醚各洗一次，即加乙醇或乙醚，迅速离心各 1min，保留沉淀。

⑤ 倾去乙醚后，减压真空干燥，准确称重，记录。

（2）RNA 含量测定　将干燥后的 RNA 产品配制成浓度为 10～50μg/mL 的溶液，在 751 型分光光度计上测定 260nm 处的吸光度，按下式计算 RNA 含量（%）：

$$\text{RNA 含量}=\frac{A_{260}}{0.024L}\times\frac{\text{RNA 溶液体积(mL)}}{\text{RNA 称取量}(\mu g)}\times 100$$

式中，A_{260} 为 260nm 处的吸光度；L 为比色杯光径，cm；0.024 为 1mL 溶液含 1μg RNA 的吸光度。

（3）计算 RNA 提取率（%）

$$\text{RNA 提取率}=\frac{\text{RNA 含量(\%)}\times\text{RNA 制品质量(g)}}{\text{酵母重(g)}}\times 100$$

3. 注意事项

① 利用等电点控制核蛋白析出时，应严格控制 pH。

② 用苯酚法制备 RNA 过程中，用乙醇沉淀得到的 RNA 中，除 RNA 外还含有部分多糖，本实验用 2%醋酸钾去溶解非解离的多糖以达到纯化 RNA 的目的。

（二）稀碱法

1. 材料

① 乙酸（AR）。

② 95%乙醇。

③ 无水乙醚（CP）。

④ 氨水（CP）。

⑤ 0.2%氢氧化钠溶液：2g NaOH 溶于蒸馏水并稀释至 1000mL。

2. 步骤

① 称 5g 干酵母粉于 150mL 三角烧瓶中，加 25mL0.2%的 NaOH，沸水浴中搅拌提取 20min。冷却后滴加乙酸使其略偏酸性，pH 调节 5～6，去除蛋白质。

② 离心（4000r/min，13min），去除沉淀。上清液冰浴。

③ 向上清液中加入 20mL（约上清液的 2 倍体积）95%乙醇，稍搅拌后静置（冰浴 10min）。待完全沉淀后离心（4000r/min，15min），去上清液。

④ 沉淀用 95%乙醇洗两次（如沉淀浮起需再次离心），每次约 10mL；用乙醚洗两次，每次 10mL。目的是去除脂溶性物质和水，乙醚的沸点比乙醇的低，所以最后加乙醚有利于沉淀的干燥。

3. 注意事项

① 避开磷酸二酯酶和磷酸单酯酶作用的温度范围 20～70℃，防止 RNA 降解。在 90～100℃条件下加热可使蛋白质变性，破坏磷酸二酯酶和磷酸单酯酶，有利于 RNA 的提取。

② 在调 pH 值时，一定要缓慢小心，且要在低温下进行。

③ 在洗涤时，要用乙醇洗涤，不可用水洗，否则将导致 RNA 部分溶解而造成损失，降低 RNA 提取率。

④ 提取 RNA 时必须用沸水浴，并经常搅拌，NaOH 溶液必须事先预热。

⑤ 用乙酸调 pH5～6 这一步骤不可缺少，目的可以除去一些杂质。

⑥ 最后过滤前必须将乙醇沥干，不能带水，否则 RNA 会粘在滤纸上，无法取下。也可以采用离心的方法。

⑦ 所得 RNA 粗品应是浅黄色粉末状。

七、黑曲霉 DNA 的分离纯化

CTAB（hexadecyl trimethyl ammonium bromide，十六烷基三甲基溴化铵）是一种阳离子去污剂，具有从低离子强度溶液中沉淀核酸与酸性多聚糖的特性。在高离子强度的溶液中（>0.7mol/L NaCl），CTAB 与蛋白质和多聚糖形成复合物，只是不能沉淀核酸。通过有机溶剂抽提，去除蛋白、多糖、酚类等杂质后加入乙醇沉淀即可使核酸分离出来。

1. 材料

（1）CTAB 缓冲液

① CTAB：4g。

② NaCl：16.364g（NaCl 提供一个高盐环境，使 DNP 充分溶解，存在于液相中）。

③ 0.1%β-巯基乙醇（β-巯基乙醇是抗氧化剂，有效地防止酚氧化成醌，避免褐变，使酚容易去除基因组 DNA）。

④ 1mol/L Tris-HCl：20mL（pH8.0）（Tris-HCl pH8.0 提供一个缓冲环境，防止核酸被破坏）。

⑤ 0.5mol/L EDTA：先用 70mL 重蒸水溶解，再定容至 200mL 灭菌，冷却后加 0.1%（体积分数）β-巯基乙醇（EDTA 螯合 Mg^{2+} 或 Mn^{2+}，抑制 DNase 活性）。

（2）酚-氯仿-异戊醇：将 25 份酚［在 150mmol/L NaCl；50mmol/L Tris · HCl（pH

7.5)；1mmol/L EDTA 中平衡] 和 24 份氯仿及 1 份异戊醇混合。加入 8-羟基喹啉，使其终浓度为 0.1%。分装并储存于－20℃，超过 6 个月则废弃不用。

(3) 氯仿-异戊醇（24∶1)：先加 96mL 氯仿，再加 4mL 异戊醇，摇匀即可。

2. 步骤

① 取材料，加液氮研磨成粉末状，迅速移入 1.5mL 离心管中；

② 加入 800μL 的 CTAB 提取缓冲液，混匀（CTAB 在 65℃水浴预热)，每 5min 轻轻振荡几次，20min 后 12000r/min 离心 15min；

③ 小心吸取上清液，加入等体积的酚-氯仿-异戊醇溶液（各 400μL)，混匀，4℃、12000r/min 离心 10min；

④ 小心吸取上清液，加入等体积的氯仿，混匀，4℃、12000r/min 离心 10min。

⑤ 重复步骤④1～2 次，以蛋白层不出现为止。

⑥ 取上清液，－20℃沉淀 1h，4℃、12000r/min 离心 10min。

⑦ 弃去上清液，用 70%乙醇洗涤沉淀 2 次。

⑧ 室温下干燥后（一般干燥 5～15min)，溶于 30～50μL 无 RNA 酶的去离子水中，于－20℃或者－70℃下保存备用。

八、黑曲霉 RNA 的分离纯化

1. 材料

① 10mol/L LiCl。

② 70%乙醇。

③ 3mol/L 醋酸钠（pH5.2)。

④ RNA 提取液：20g/L CTAB，20g/L PVPK25，100mmol/L Tris-HCl（pH8.0)，25mmol/L EDTA（pH8.0)，2.0mol/L NaCl，混匀灭菌，用前加入终体积为 2%的 β-巯基乙醇。

⑤ 氯仿-异戊醇（24∶1）缓冲液：先加 96mL 氯仿，再加 4mL 异戊醇，摇匀即可。

所有溶液的配制均需保证无 RNA 酶污染。

2. 步骤

① 700μL RNA 提取液加入 2%终体积的巯基乙醇后，65℃温育。

② 100mg 组织在液氮中研磨后，置于 65℃抽提液中，剧烈振荡。

③ 等体积氯仿-异丙醇抽提 1～2 次，离心（10000r/min，4℃，10min)。

④ 上清液加入 1/4 体积的 10mol/L LiCl，混匀，4℃过夜沉淀。

⑤ 离心（10000r/min，4℃，10min)，溶于 50μL RNase-free 水。

⑥ 加入 1/10 体积的 3mol/L 醋酸钠（pH5.2)、2.5 倍体积的乙醇，－70℃，沉淀 10～30min。

⑦ 离心（10000r/min，4℃，10min)，70%乙醇洗沉淀。

⑧ 溶于 15μL 水，－70℃保存，检测备用。

第二节 引物设计与 PCR 实验操作

一、引物设计原理

引物设计是整个 PCR 技术中非常重要的一个环节，因为 PCR 反应的目的是扩增特异的

DNA 片段，而引物的设计限定了 PCR 扩增产物的大小以及扩增靶序列的位置，直接关系到 PCR 的特异性。引物设计不好可能引起非特异性的扩增、引物二聚体的形成等问题，导致 PCR 产物较少或根本没有产物。

一般在 PCR 体系中有一对引物，即 5′端引物和 3′端引物。在扩增基因片段或 cDNA 片段时，通常以有意义链为基准，5′端引物与位于待增片段 5′端上游的一小段 DNA 序列相同，引导有意义链的合成；3′端引物与位于待增片段 3′端的一小段 DNA 序列相同，引导反义链的合成，PCR 反应的扩增产物就是这一对引物之间的双链 DNA 片段。当需要同时扩增目标 DNA 上的许多片段，即多重 PCR 时，需要在反应体系中加入一对以上的引物。

不同的 PCR 体系，由于模板的组成、待扩增片段的长度及其使用目的的不同，对引物的要求也不相同。引物设计的基本原则是最大限度地提高 PCR 反应的扩增效率和特异性，同时尽可能地抑制非特异扩增。引物设计需要考虑到各种参数，具体如下。

1. 引物长度

引物长度对于反应的特异性、解链温度、退火时间都有较大的影响，最终影响到 PCR 反应是否成功。引物的长度越长，获得的特定靶序列的特异性就越好，但是出现二级结构的概率会增大；引物过短，则会导致非特异性扩增。引物的长度一般为 15～30bp，常用的是 18～25bp，但不应大于 38bp，因为引物长度大于 38bp 时，最适延伸温度会超过 *Taq* DNA 聚合酶的最适温度（74℃），不能保证产物的特异性。此外，一对引物中两条引物长度差异应小于 3bp。

2. 引物的解链温度

PCR 反应的特异性很大程度上依赖于引物的解链温度（T_m 值），多数 PCR 反应最优的解链温度应在 55～60℃。如果没有其他不稳定因素，引物的 T_m 值取决于它的长度、序列组成以及浓度。离子强度的影响可以忽略不计，因为不同的 PCR 反应盐浓度变化不大。

一个反应中所有引物的解链温度应当尽可能接近。对于大多数的 PCR 反应而言，引物之间的 T_m 值相差应小于 5℃。T_m 差值增大，反应效率会降低，甚至直接导致反应失败。因为 T_m 值高的引物在低于退火温度的条件下容易错配，而 T_m 值低的引物在高于退火温度的情况下与模板只有低浓度的结合。

对于由较少的碱基构成的短序列。可以用 Wallace 原理计算其 T_m 的近似值，该公式假定盐的浓度为 0.9mol/L：

$$T_m = 2℃ \times (A+T) + 4℃ \times (G+C)$$

一般来说，退火温度比引物解链温度低 5℃。但是，根据这一原则得出的退火温度常常不是最优的，必须通过实验获得最优温度。利用梯度热循环仪很容易实现这一目的。另外，可以利用更精确的公式计算最优退火温度（T_a 值）(Rychlik et al. 1990)。

$$T_a = 0.3 \times 引物\ T_m 值 + 0.7 \times 产物\ T_m 值 - 25$$

3. 引物的 G+C 含量

引物的 G+C 含量一般为 40%～60%，以 45%～55%为宜，过高或过低都不利于引发反应。有一些模板本身的 G+C 含量偏低或偏高，导致引物的 G+C 含量不能在上述范围内，这时应尽量使上下游引物的 G+C 含量以及 T_m 值保持接近（上下游引物的 G+C 含量不能相差太大），以有利于退火温度的选择。引物中四种碱基应尽量随机分布，避免碱基堆积现象。

4. 引物的3′端

引物的3′端是引发延伸的起点，因此一定要与模板准确配对。引物3′端的末位碱基对*Taq*酶的DNA合成效率有较大的影响。不同的末位碱基在错配位置导致不同的扩增效率，末位碱基为A的错配效率明显高于其他3个碱基，因此应当避免在引物的3′端使用碱基A。引物3′端最佳碱基的选择是G和C，因为它们形成的碱基对比较稳定。不过，在引物的3′端不应有连续的3个G或C，这样会使引物与G+C富集序列区互补，从而影响PCR的特异性。

5. 引物的5′端

引物的5′端限定着PCR产物的长度，它对扩增特异性影响不大。在与模板结合的引物长度足够的前提下，其5′端可以不与模板DNA互补而成游离状态。因此，引物的5′端可以被修饰而不影响扩增的特异性。引物5′端修饰包括：添加限制酶酶切位点；标记生物素、荧光、地高辛、Eu^{3+}等；引入蛋白质结合DNA序列；引入突变位点、插入与缺失突变序列和引入启动子序列等。在后续的扩增循环中，这些与模板未配对的序列将被带到PCR产物的双链中，故在PCR产物中，既含有目的扩增片段，又含有两侧引入的核苷酸序列。

6. 避开产物的二级结构区

某些引物无效的主要原因是引物重复区DNA二级结构的影响，选择扩增片段时最好避开二级结构区域。用有关计算机软件可以预测估计mRNA的稳定二级结构，有助于选择模板。实验表明，待扩增区域自由能小于58.61kJ/mol时，扩增往往不能成功。若不能避开这一区域时，用7-deaza-2′-脱氧GTP取代dGTP对扩增的成功是有帮助的。

7. 引物特异性

引物与非特异扩增序列的同源性不要超过70%或有连续8个互补碱基同源。对于从基因组中扩增的目标序列，可以通过BLAST程序对引物序列进行检索，查询是否有竞争性序列与其交叉同源或基因组中是否有别的位点与其同源，这种同源序列将导致错配，产生非特异性的扩增产物。

8. 发卡结构

发卡结构的形成是由于引物自身的互补碱基分子内配对造成引物折叠形成的二级结构。由于发卡结构的形成是分子内的反应，仅仅需要三个连续碱基配对就可以形成。发卡结构的稳定性可以用自由能衡量，自由能大小取决于碱基配对释放的能量以及折叠DNA形成发卡环所需要的能量，如果自由能值大于0则该结构不稳定从而不会干扰反应，如果自由能值小于0则该结构可以干扰反应。发卡结构的能量一般不要小于−4.5kcal/mol，否则容易产生发卡结构而且会降低引物浓度从而导致PCR正常反应不能进行。若用人工判断，引物自身连续互补碱基不能大于3bp。

9. 引物二聚体

引物之间不应存在互补序列，尤其应当避免3′端的互补重叠，以免形成引物二聚体。由于PCR反应体系中含有较高浓度的引物，即使引物之间存在极为微弱的互补作用，也会使引物相互杂交，最终得到引物二聚体的扩增产物。若引物二聚体在PCR的早期形成，它们将通过竞争DNA聚合酶、引物及四种核苷酸从而抑制目标DNA的扩增。同样的，引物二聚体的能量一般不要小于−4.5kcal/mol，否则容易产生引物二聚体而且会降低引物浓度从而导致PCR正常反应不能进行。

10. 引物的简并性

引物的 3′端应为保守的氨基酸序列，即采用简并密码较少的氨基酸，如 Met、Trp，并且要避免三联体密码第三个碱基的摆动位置位于引物的 3′端。

引物的设计要考虑多方面的综合因素，依据实际情况具体分析，尽量遵循以上提到的几点，综合利用计算机软件，设计出合适的引物。

二、引物设计的常用软件（Primer Premier）介绍

由于引物设计时需要同时考虑诸多因素，我们可以借助计算机程序，利用引物设计软件来帮助我们快速、准确地选择合适的引物。目前可以设计引物的软件有很多，如 Beacon Designer，Primer Express，Primer Premier，Primer Designer，Vector NTI 以及 Oligo 等。每一种软件都有其特点，目前比较常用的是 Primer Premier 和 Oligo 两种。Primer Premier 有着快速方便的引物搜索功能，而 Oligo 则有着强大的引物分析评价功能。在这里，我们主要介绍一下如何使用 Primer Premier 来设计一对合适的引物。

首先，启动 Primer Premier，启动界面如图 2-1 所示。

然后，点击 File，可以选择打开一个“Sequence”文件，或是直接新建一个“DNA Sequence”文件，将已知的 DNA 序列粘贴进去，“Paste”选项有四个（图 2-2），可以选择直

图 2-1 Primer Premier 5 启动界面

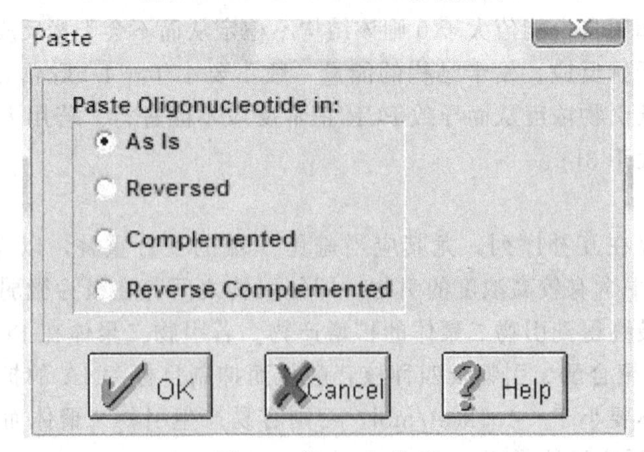

图 2-2 “Paste”选项

接粘贴，也可以选择粘贴其倒序链、互补链或者倒序互补链。

成功导入序列后界面如图 2-3 所示。

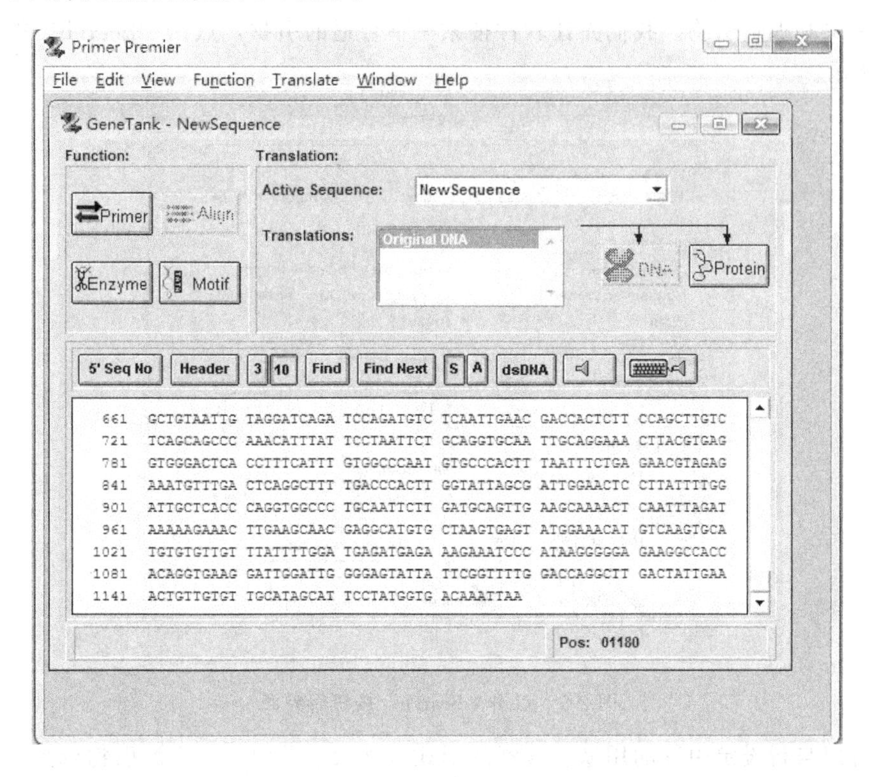

图 2-3　导入序列后界面

此时，我们可以清楚地看出 Primer Premier 的主要功能，“Primer”用于设计引物，“Align”用于序列比对，“Enzyme”用于查找序列中存在的酶切位点，“Motif”用于基元查找。我们需要进行引物设计时，点击“Primer”按钮，界面如图 2-4 所示。

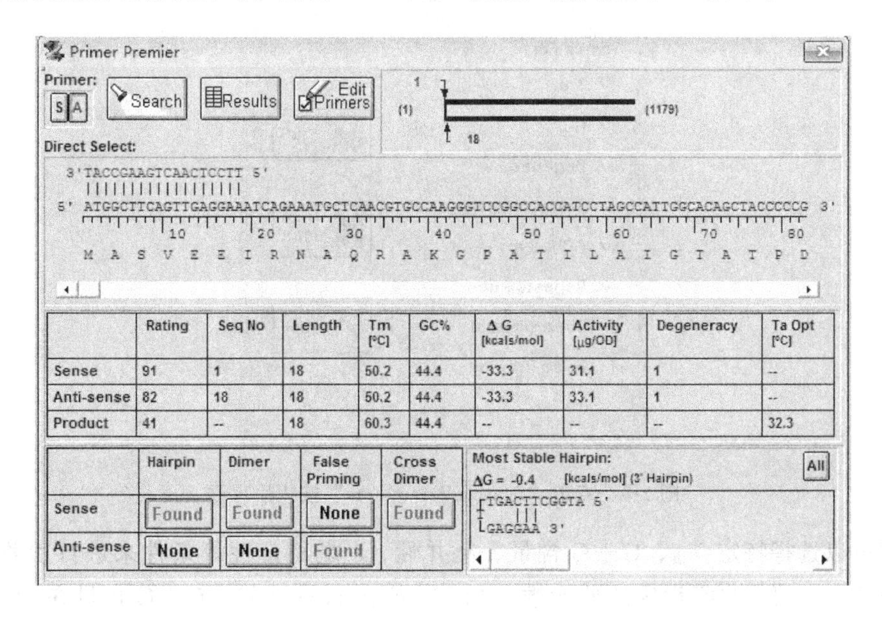

	Rating	Seq No	Length	Tm [°C]	GC%	ΔG [kcals/mol]	Activity [μg/OD]	Degeneracy	Ta Opt [°C]
Sense	91	1	18	50.2	44.4	-33.3	31.1	1	--
Anti-sense	82	18	18	50.2	44.4	-33.3	33.1	1	--
Product	41	--	18	60.3	44.4	--	--	--	32.3

	Hairpin	Dimer	False Priming	Cross Dimer
Sense	Found	Found	None	Found
Anti-sense	None	None	Found	

图 2-4　点击“Primer”按钮界面

图 2-4 中左上角的“S”和“A”是用于选择有意义链（Sense strand）和反义链（Antisense strand）的，旁边的“Search”、“Results”、“Edit Primer”分别用于搜索引物，显示搜索引物结果和编辑引物。我们先让软件搜索一下合适的引物，点击“Search”按钮，界面如图 2-5 所示。

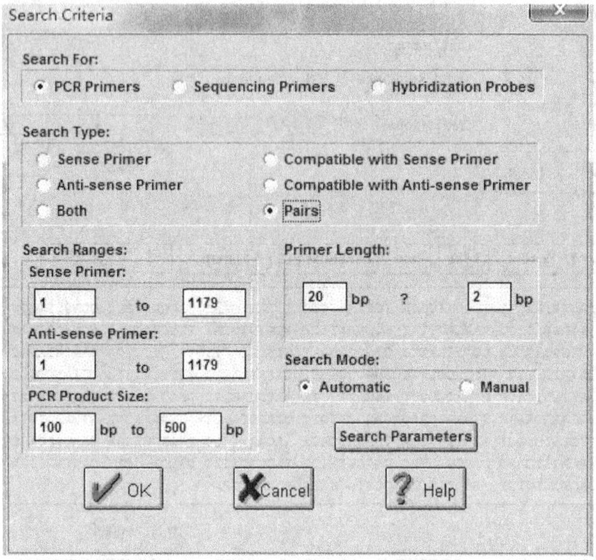

图 2-5　点击“Search”按钮后界面

我们可以自行设定引物的用途、搜索的形式（搜索上游引物、下游引物或是上下游引物等），用于搜索引物序列的范围、目标片段的大小、引物的长度，以及自动或是手动搜索模式。在这儿我们选择自动搜索模式，点击“Search Parameters”按钮设置搜索参数界面如图 2-6 所示。

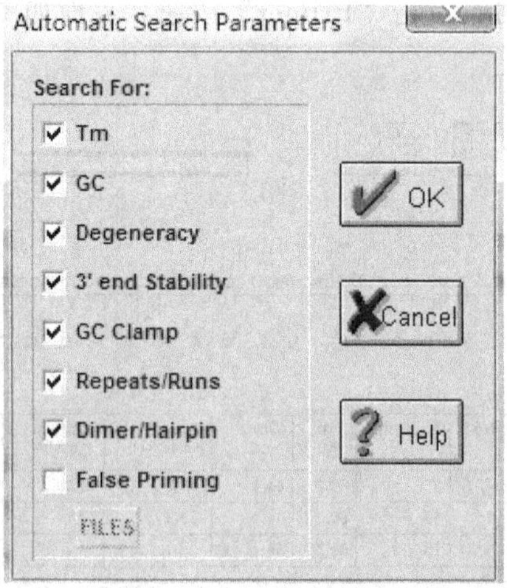

图 2-6　点击“Search Parameters”按钮后界面

我们可以选择特定 T_m、G+C 含量、简并性、3′端稳定性等条件来进行引物的搜索。在手动模式中，可以自行设定这些参数，如 T_m 值在 55～60℃，G+C 含量在 40%～60%等；而在自动模式中，只需要将我们需要的参数勾选即可，参数由 Primer Premier 软件自动设定。然后点击 OK，Primer Premier 就开始按照设定进行引物的搜索了，搜索结果如图 2-7 所示。

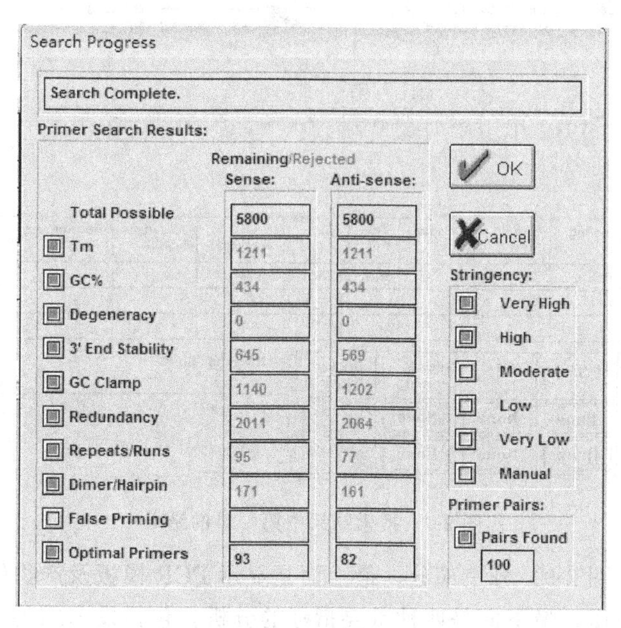

图 2-7　引物搜索结果

可以看到有意义链和反义链各有 5800 条可能的引物，经过我们设定的参数筛选后，有意义链和反义链分别有 93 条和 82 条引物符合搜索条件，搜索到合适的引物 100 对。继续点击 OK，显示搜索结果如图 2-8 所示。

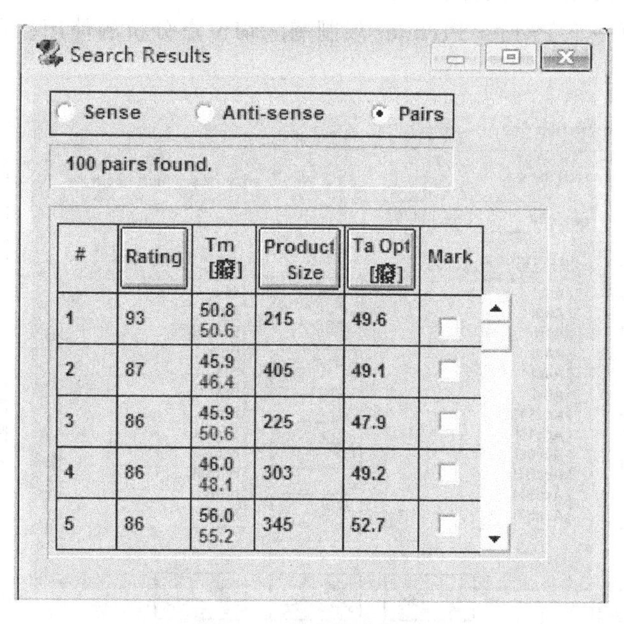

图 2-8　再次搜索结果

我们可以查看搜索到的有意义链引物、反义链引物，以及成对的引物，搜索结果按照引物对评分（Rating）排序，并列出了它们各自的 T_m 值、扩增片段的长度以及最优退火温度（T_a）。我们点选第一对结果如图 2-9 所示。

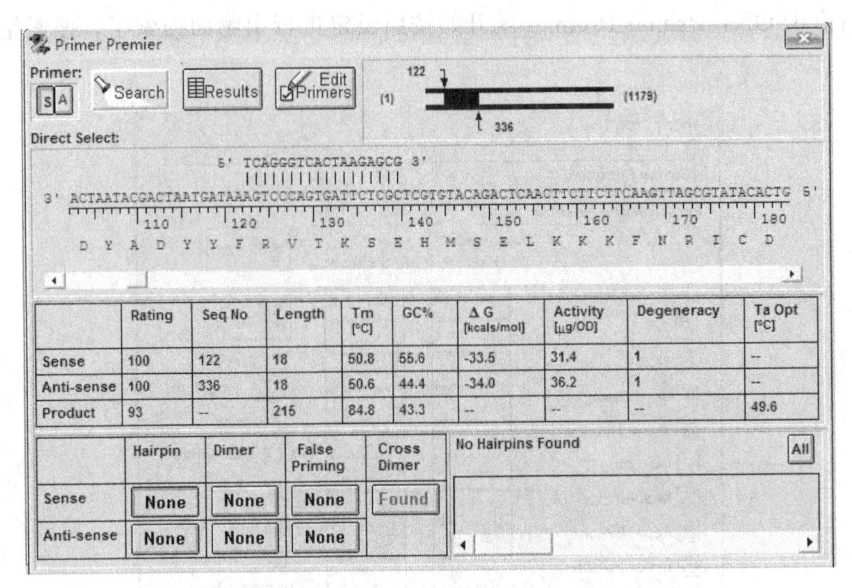

图 2-9 搜索结果中第一对的结果

可以看到该图（图 2-9）分三部分，最上面是显示 PCR 模板及产物位置，中间是所选的上下游引物的一些性质，最下面是四种重要指标的分析，包括发卡结构（Hairpin）、二聚体（Dimer）、错配（False Priming）及上下游引物之间二聚体形成情况（Cross Dimer）。当所分析的引物有这四种结构的形成可能时，按钮由“None”变成“Found”，点击该按钮，在左下角的窗口中就会出现该结构的形成情况。一对理想的引物应当不存在任何一种上述结构，因此最好的情况是最下面的分析栏没有“Found”，只有“None”。

接下来我们介绍一下 Primer Premier 限制酶酶切位点分析的使用。点击“Enzyme”，界面如图 2-10 所示。

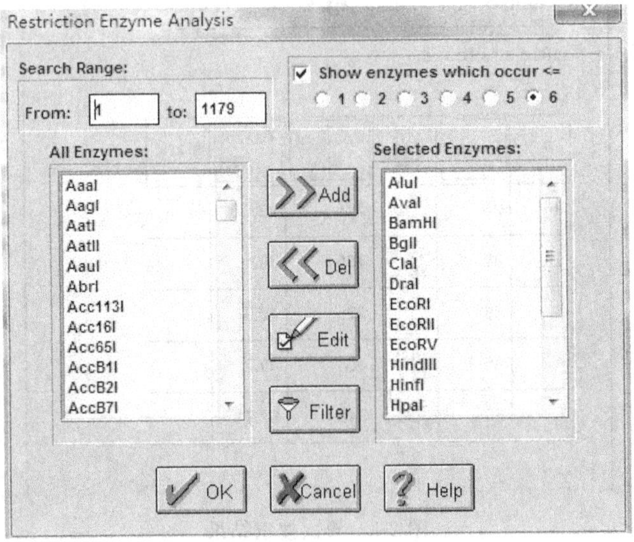

图 2-10 点击“Enzyme”后界面

我们可以在列表里选择需要检测的酶切位点，通过“Add”和“Del”可以进行酶切位点的添加和删除，选择好之后点击 OK，得到检测结果，如图 2-11 所示。

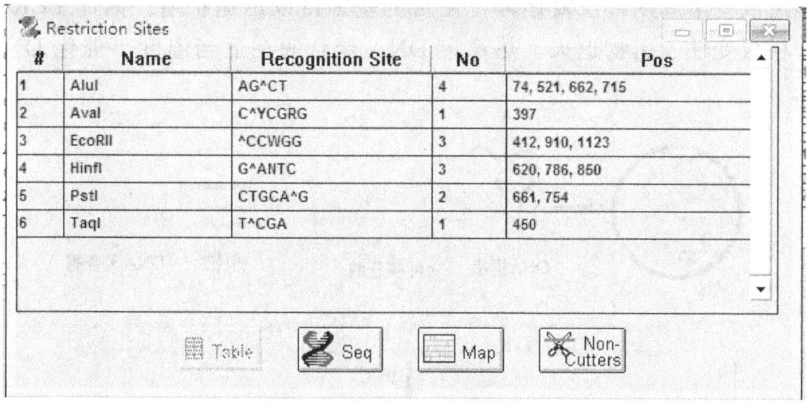

Restriction Sites

#	Name	Recognition Site	No	Pos
1	AluI	AG^CT	4	74, 521, 662, 715
2	AvaI	C^YCGRG	1	397
3	EcoRII	^CCWGG	3	412, 910, 1123
4	HinfI	G^ANTC	3	620, 786, 850
5	PstI	CTGCA^G	2	661, 754
6	TaqI	T^CGA	1	450

图 2-11　选择需要检测的酶切位点

从结果可以看出所选的序列中存在的酶切位点，它们的出现位置以及出现次数。结果可以以表格、序列或是图的形式来显示，点击“Non-Cutters”，则能显示出不会切断目标序列的酶切位点，方便我们在设计引物的时候添加。

设计好了酶切位点之后，我们就能通过前面的“Edit Primer”按钮对搜索结果进行修改，在 5′端添加酶切位点以及保护碱基等，最后通过“File-Print-Current Pair”来输出我们设计好的引物。

当然，以上只是利用 Primer Premier 软件的自动搜索功能来设计引物。我们还能自行设定各项搜索参数，手动搜索和修改引物，来获得最佳的结果。

三、从大肠杆菌基因组 DNA 中扩增得到己糖激酶基因

己糖激酶（hexokinase）是别构酶，专一性不强，受葡萄糖-6-磷酸和 ADP 的抑制，K_m 小，亲和性强，可以针对多种六碳糖进行作用。本实验采用 PCR 方法，从大肠杆菌基因组中扩增获得己糖激酶基因，通过凝胶电泳检测 PCR 产物。

（一）实验目的

通过本实验使大家了解用 PCR 进行基因扩增的原理、影响因素以及注意事项，为大家今后在科研中运用 PCR 技术扩增目的基因打下基础。

（二）实验原理

PCR 是聚合酶链式反应的简称，指在引物指导下由酶催化的对特定模板（克隆或基因组 DNA）的扩增反应，是模拟体内 DNA 复制过程、在体外特异性扩增 DNA 片段的一种技术，在分子生物学中有广泛的应用，包括用于 DNA 作图、DNA 测序、分子系统遗传学等。

PCR 基本原理是以单链 DNA 为模板，4 种 dNTP 为底物，在模板 3′末端有引物存在的情况下，用酶进行互补链的延伸，多次反复的循环能使微量的模板 DNA 得到极大程度的扩增。在微量离心管中，加入与待扩增的 DNA 片段两端已知序列分别互补的两个引物、适量的缓冲液、微量的 DNA 模板、4 种 dNTP 溶液、耐热 *Taq* DNA 聚合酶、Mg^{2+} 等。反应时先将上述溶液加热，使模板 DNA 在高温下变性，双链解开为单链状态；然后降低溶液温度，使合成引物在低温下与其靶序列配对，形成部分双链，称为退火；再将温度升至合适温度，在 *Taq* DNA 聚合酶的催化下，以 dNTP 为原料，引物沿 5′→3′方向延伸，形成新的 DNA 片段，该片段又可作为下一轮反应的模板，如此重复改变温度，由高温变性、低温复性和适温延伸组成一个周期，反复循环，使目的基因得以迅速扩增。因此 PCR 循环过程为三部分构成：模板变性、引物退火、热稳定 DNA 聚合酶在适当温度下催化 DNA 链延伸合成（图 2-12）。

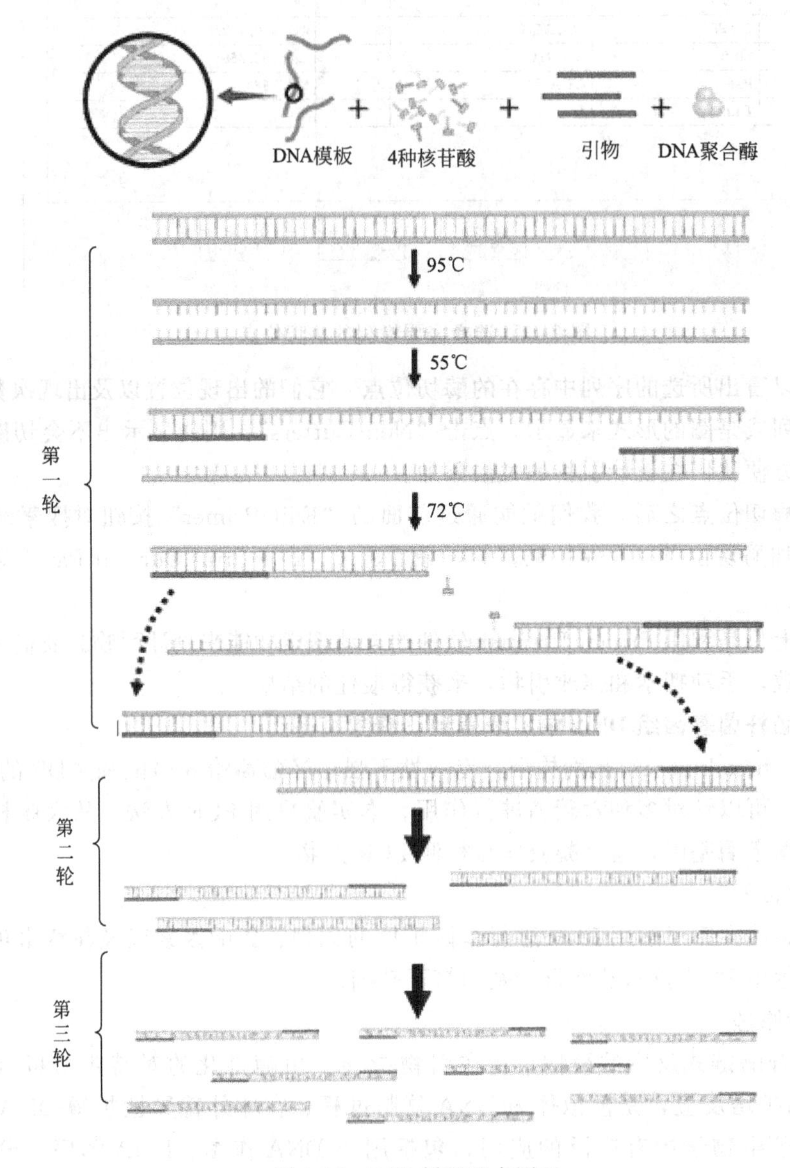

图 2-12 PCR 循环基本原理

1. 模板 DNA 的变性

模板 DNA 加热到 90～95℃时，双螺旋结构的氢键断裂，双链解开成为单链，称为 DNA 的变性，以便它与引物结合，为下轮反应作准备。变性温度与 DNA 中 G+C 含量有关，GC 间由三个氢键连接，而 AT 间只有两个氢键相连，所以 G+C 含量较高的模板，其解链温度相对要高些。故 PCR 中 DNA 变性需要的温度和时间与模板 DNA 的二级结构的复杂性、G+C 含量高低等均有关。对于高 G+C 含量的模板 DNA 在实验中需添加一定量二甲基亚砜（DMSO），并且在 PCR 循环中起始阶段热变性温度可以采用 97℃，时间适当延长，即所谓的热启动。

2. 模板DNA与引物的退火

将反应混合物温度降低至37～65℃时，寡核苷酸引物与单链模板杂交，形成DNA模板-引物复合物。退火所需要的温度和时间取决于引物与靶序列的同源性程度及寡核苷酸的碱基组成。一般要求引物的浓度大大高于模板DNA的浓度，并由于引物的长度显著短于模板的长度，因此在退火时，引物与模板中的互补序列的配对速度比模板之间重新配对成双链的速度要快得多，退火时间一般为1～2min。

3. 引物的延伸

DNA模板-引物复合物在*Taq* DNA聚合酶的作用下，以dNTP为反应原料，靶序列为模板，按碱基配对与半保留复制原理，合成一条与模板DNA链互补的新链。重复循环变性-退火-延伸三过程，就可获得更多的“半保留复制链”，而且这种新链又可成为下次循环的模板。延伸所需要的时间取决于模板DNA的长度。在72℃条件下，*Taq* DNA聚合酶催化的合成速度大约为40～60个碱基/s。经过一轮“变性-退火-延伸”循环，模板拷贝数增加了一倍。在以后的循环中，新合成的DNA都可以起模板作用，因此每一轮循环以后，DNA拷贝数就增加一倍。每完成一个循环需2～4min，一次PCR经过30～40次循环，约2～3h。扩增初期，扩增的量呈直线上升，但是当引物、模板、聚合酶达到一定比值时，酶的催化反应趋于饱和，便出现所谓的“平台效应”，即目标DNA产物的浓度不再增加。

（三）实验仪器

PCR扩增仪，台式高速离心机，微量移液器，琼脂糖平板电泳装置及电泳仪，凝胶成像系统，PCR反应管等。

（四）实验材料及试剂

（1）DNA模板　利用前一节提到的提取大肠杆菌DNA的方法提取大肠杆菌基因组作为模板。

（2）引物　在NCBI（美国国立生物技术信息中心，http://www.ncbi.nlm.nih.gov/）上查找大肠杆菌中编码己糖激酶的基因序列，根据其序列设计上下游引物：

上游引物　5′-TCAGTCAGCGTCTTCCAG-3′

下游引物　5′-CCGTACTTTTGCTCTGTG-3′

（3）PCR相关试剂　10×PCR缓冲液，$MgCl_2$（25mmol/L），dNTP，*Taq*酶，双蒸水。

（五）实验步骤

（1）PCR反应液的配制　照表2-1所列配方配制PCR反应液。

表2-1　PCR反应液配方

试剂	体积/μL	试剂	体积/μL	试剂	体积/μL
10×PCR缓冲液(Mg^{2+} free)	5	10μmol/L上游引物	1	*Taq*酶	0.25
$MgCl_2$(25mmol/L)	3	10μmol/L下游引物	1	双蒸水	添加到50
2.5mmol/L dNTP (mix)	4	DNA模板	1		

（2）PCR扩增过程　照表2-2所列步骤进行PCR扩增。

（3）琼脂糖电泳检测PCR结果。

（4）利用胶回收试剂盒回收PCR产物（具体步骤见本章第四节）。

表 2-2　PCR 扩增步骤

步　骤	温度/℃	时间/min	循环数
起始变性	94	1～3	1
变性	94	0.5	30
退火	55.4	1	
延伸	72	1	
最终延伸	72	10	1

第三节　感受态制备与转化

在自然条件下，很多质粒都可通过接合作用转移到新的宿主内，但在人工构建的质粒载体中，一般缺乏此种转移所必需的 mob 基因，因此不能自行完成从一个细胞到另一个细胞的接合转移。如需将质粒载体转移进受体菌，需诱导受体菌产生一种短暂的感受态，以摄取外源 DNA。

转化（transformation）是将外源 DNA 分子引入受体细胞，使之获得新的遗传性状的一种手段，它是微生物遗传、分子遗传、基因工程等研究领域的基本实验技术。转化过程所用的受体细胞一般是限制修饰系统缺陷的变异株，即不含限制性内切酶和甲基化酶的突变体，它可以容忍外源 DNA 分子进入体内并稳定地遗传给后代。受体细胞经过一些特殊方法的处理后，细胞膜的通透性发生了暂时性的改变，成为能允许外源 DNA 分子进入的感受态细胞（compenent cells）。进入受体细胞的 DNA 分子通过复制、表达实现遗传信息的转移，使受体细胞出现新的遗传性状。将经过转化后的细胞在筛选培养基中培养，即可筛选出转化子（transformant，即带有异源 DNA 分子的受体细胞）。

一、大肠杆菌氯化钙法感受态制备与转化

细菌转化的方法多以 Mendel 和 Higa（1970）的发现为基础，其基本方法是用冰预冷 $CaCl_2$ 或多种二价阳离子等处理细菌，使之进入感受态得以转化。用 $CaCl_2$ 制备新鲜或冷冻的大肠杆菌感受态细胞，常用于成批制备感受态细菌。本法适用于大多数大肠杆菌菌株，且迅速、重复性好。

1. 受体菌的培养

① 从 LB 平板上挑取新活化的大肠杆菌（*Escherichia coli*）单菌落，接种于 3～5mL LB 液体培养基中，37℃下振荡培养过夜（12h 左右）。

② 将该菌种悬液以 1∶100 的比例接种，取 250μL 菌液转接到 25mL LB 液体培养基中，37℃振荡培养 2～3h，待菌体达到对数生长期，OD_{600}＝0.3～0.5（培养 1h 后每 30min 测定一次）。

2. 感受态细胞的制备

注意：以下操作在超净工作台完成。

① 将菌液转入 50mL 离心管中，冰上放置 10min。

② 4℃、4000r/min 离心 10min，弃去上清液，将管倒置 1min 以便培养液流尽。

③ 用冰上预冷的 0.1mol/L $CaCl_2$ 溶液 10mL 轻轻悬浮细胞，冰上放置 30min。

④ 4℃、4000r/min 离心 10min，弃去上清液，加入 2mL 预冷的 0.1mol/L $CaCl_2$ 溶液，轻轻悬浮细胞，冰上放置。

注意：以上操作完成了新鲜感受态细胞的制备。

⑤ 在 2mL 制备好的感受态细胞中加入 2mL 30%甘油（即 1∶1 体积比，甘油终浓度 15%）。

⑥ 将此感受态细胞分装成每份 100μL（1.5mL dorf 管），置于－80℃冰箱保存。

3. 转化

① 取出感受态细胞，在冰浴中熔化。

② 加入待转化的 DNA，用粗口吸头轻柔混合，不可用涡旋混合仪。

③ 置于冰上 30min。

④ 将离心管置于 42℃循环水浴中热激 90s。

⑤ 快速将离心管转移到冰浴中，使细胞冷却 1～2min。

⑥ 每管加 600μL LB 液体培养基，37℃培养 1h，使菌体复苏并表达质粒编码的抗生素抗性标志基因。

⑦ 将适当体积已转化的感受态细胞涂布在含有相应抗生素的 LB 平板上。

⑧ 将平板置于室温至液体被吸收。

⑨ 倒置平板，37℃培养，观察菌落。

4. 注意事项

① 细胞的生长状态和密度。最好接种平板活化的菌落，不要用已经过多次转接及贮存在 4℃的培养菌液接种。细胞生长密度以每毫升培养液中的细胞数在 5×10^7 个左右为佳。即应用对数期或对数生长前期的细菌，可通过测定培养液的 OD_{600} 控制。对 TG1 菌株，OD_{600} 为 0.5 时，细胞密度在 5×10^7 个/mL 左右（应注意 OD_{600} 值与细胞数之间的关系随菌株的不同而不同）。密度过高或不足均会使转化率下降。此外，受体细胞一般应是限制-修饰系统缺陷的突变株，即不含限制性内切酶和甲基化酶的突变株。并且受体细胞还应与所转化的载体性质相匹配。

② 试剂的质量。所用的 $CaCl_2$ 等试剂均需是最高纯度的，并用超纯水配制，最好分装保存于 4℃。

③ 防止杂菌和杂 DNA 的污染。整个操作过程均应在无菌条件下进行，所用器皿，如离心管、移液枪头等最好是新的，并经高压灭菌处理。所有的试剂都要灭菌，且注意防止被其他试剂、DNA 酶或杂 DNA 所污染，否则均会影响转化效率或杂 DNA 的转入。

④ 整个操作均需在冰上进行，不能离开冰浴，否则细胞转化率将会降低。

二、大肠杆菌高效化学法感受态制备与转化（TSS 法）

常规 $CaCl_2$ 法制备的感受态细胞维持其感受态时间往往较短，而 TSS 法较常规 $CaCl_2$ 法为优。一般认为能保留少量水分的结晶化合物与一种胶态物质结合作为保护剂对菌体细胞长期储存的存活是必要的。此外，由于保护剂对菌体细胞和水均有很强的亲和力，故在复苏过程中它可代替结合水而稳定细胞构型。储存液中含有一定浓度的镁离子可以增强转化。此外，聚乙二醇为多糖类物质，这里可能有促使质粒 DNA 与感受态细胞膜结合的作用，与镁离子及葡萄糖共同促进质粒转化。

1. TSS 缓冲液的配制

配制 1mol/L 的氯化镁：20.3g $MgCl_2\cdot6H_2O$ 定容于 100mL 去离子水。

用量筒量取 100mL 去离子水，加入至烧杯中，取 1g 蛋白胨、0.5g 酵母抽提物、0.5g NaCl、10g PEG 3350、5mL DMSO、5mL 的 1mol/L $MgCl_2$，溶解后用 HCl 或者 NaOH 调

整 pH 为 6.5，混匀后用 0.22μm 滤器过滤除菌。储存于 4℃，保质期约 6 个月。

2. 受体菌的培养

① 从 LB 平板上挑取新活化的 *E. coli* 单菌落，接种于 3～5mL LB 液体培养基中，37℃下振荡培养过夜（12h 左右）。

② 将该菌种悬液以 1∶100 的比例接种，取 250μL 菌液转接到 25mL LB 液体培养基中，37℃振荡培养 2～3h，待菌体达到对数生长期，OD_{600}＝0.3～0.5。

3. 感受态细胞的制备

① 将菌液转入 50mL 离心管中，冰上放置 30min。

② 在 4℃下、4000r/min 离心 10min，弃去上清液，将管倒置 1min 以便培养液流尽。

③ 加入原体积 1/10 的 TSS 缓冲液（冰预冷）悬浮细胞，冰上放置。

④ 将此感受态细胞分装成每份 100μL（1.5mL EP 管），全部冰上操作，置于－80℃冰箱保存。

4. 转化

① 取出感受态细胞，在冰浴中熔化。

② 加入待转化的 DNA，用粗口吸头轻柔混合，不可用涡旋混合仪。

③ 置于冰上 30min。

④ 加入 900μL 含 20mmol/L 葡萄糖的 LB 培养液，37℃培养 1h。

⑤ 将适当体积已转化的感受态细胞涂布在含有相应抗生素的 LB 平板上。

⑥ 将平板置于室温至液体被吸收。

⑦ 倒置平板，37℃培养，观察菌落。

5. 注意事项

① 器具清洁干净。

② 水的质量。最好是超纯水。

③ 试剂纯度要高。

三、大肠杆菌电转化法感受态制备与转化

化学法转化效率一般最高达到 10^6～10^7 cfu/μg DNA，只能满足一般常规克隆的需求。对于涉及构建基因文库、抗体库和突变库等研究，这样的转化效率就不能满足试验要求。研究发现电转化方法是有效提高转化效率的途径之一。

电转化感受态细胞制备步骤介绍如下。

1. 受体菌的培养

① 从 LB 平板上挑取新活化的 *E. coli* 单菌落，接种于 3～5mL LB 液体培养基中，37℃下振荡培养过夜（12h 左右）。

② 将该菌种悬液以 1∶100 的比例接种，取 250μL 菌液转接到 25mL LB 液体培养基中，37℃振荡培养 2～3h，待菌体达到对数生长期，OD_{600}＝0.3～0.5。

2. 感受态细胞的制备

① 将菌液转入 50mL 离心管中，置于冰上冷却至少 15min。

② 4℃、4000r/min 离心 10min，去上清液，收集菌体。

③ 加 1/2 体积的灭菌超纯水（预冷至 4℃），悬浮沉淀，洗涤菌体后，4℃、4000r/min 离心 10min，去上清液，再重复一次。

④ 加 1/2 体积的灭菌 10%甘油（预冷至 4℃），悬浮沉淀，洗涤菌体后，4℃、4000r/min

离心 10min，去上清液，再重复一次。

⑤ 用 10%甘油（预冷至 4℃）重新悬浮细胞至最终体积为 2～3mL。

⑥ 将细胞按 80μL 等份装入 EP 管，直接用于电转化。

⑦ 如果需要，在冰浴下分装为每管 80μL，于−80℃保存。

3. 电转化

① 在冰上解冻电感受态细胞添加 1～10μL DNA，冰上培育约 5min。

② 电转杯预冷至 4℃，置于冰浴中；转移 DNA/细胞混合物至冷却后的 2mm 电转杯（不要产生气泡）中，冰浴 10min。

③ 电击条件：电压 2.5kV，电阻 200Ω，脉冲 3s 以上。

④ 立即添加 900μL 的 LB 至电转杯中，置于冰上，再转移至 EP 管中，37℃培养 1h 复原（电转化完成后加入无抗性培养基的速度也较重要，一般不能超过 1min，否则效率大大降低）。

⑤ 转移细胞至适当的选择培养基上培养。

4. 注意事项

① 任何有关物品都要干净，保证没有离子。

② 水与甘油的质量要有保证。

③ 在以冰冷 10%甘油等量、半量、1/4 量洗涤时一定要低温，重悬时应轻轻振荡，弃洗涤液时应倒干净。

④ 电转化时质粒或连接物尽可能少，以减少离子。实际上离子含量高，电流直接通过，没有场强，质粒是转不进去的。

四、枯草杆菌感受态细胞的制备与转化

（一）实验材料

1. SP 盐

① 6g/L KH_2PO_4。

② 14g/L K_2HPO_4。

③ 1g/L 柠檬酸钠。

④ 0.2g/L $MgSO_4 \cdot 7H_2O$。

⑤ 2g/L $(NH_4)_2SO_4$。

2. 100×CAYE

① 20g/L 蛋白胨。

② 10g/L 酵母粉。

3. SPⅠ培养基

① SP 盐（1×）。

② 1%（体积分数）100×CAYE 溶液。

③ 50%（体积分数）葡萄糖溶液。

4. SPⅡ培养基

① SPⅠ培养基。

② 1%（体积分数）50mmol/L $CaCl_2$ 溶液。

③ 1%（体积分数）250mmol/L $MgCl_2$ 溶液。

（二）转化

① 挑单菌落接种至 10mL 的 LB 培养基，37℃摇床培养过夜。

② 从过夜培养物中取100μL，接种至5mL SPⅠ培养基中，37℃摇床培养2～3h后开始测OD_{600}，当OD_{600}约为1.1时，快速取100μL菌液接种至1mL的SPⅡ培养基中，于37℃、100r/min摇床培养1.5h。

③ 向管中加入20μL 100×EGTA溶液，于37℃、100r/min摇床培养10min后分装每1.5mL离心管100μL。

④ 向感受态中加入适量质粒，吹吸混匀放置于37℃、100r/min的摇床中培养2h。

⑤ 培养结束后3600r/min离心1.5min，吸去适量的上清液，重悬剩余的菌液，约100μL均匀涂相应的选择性平板，37℃过夜培养。

五、化学转化酿酒酵母感受态的制备

1. 感受态酿酒酵母的制备

① 将酿酒酵母宿主菌培养于10mL YPD培养基，30℃、200r/min振摇过夜。使菌浓度达OD_{600}=1.5。

② 取该菌液用新鲜的YPD稀释到OD_{600}=0.1，30℃、200r/min培养约3～5h，直至OD_{600}=0.5，使产生3～4次分裂（至少产生两次分裂）。

③ 用50mL离心管，2500r/min离心10min，收集菌体，25mL无菌水重悬，再次离心收集菌体，或10mL无菌水重悬两次，离心收集菌体。

④ 用1mL 0.1mol/L的TE/LiAc重悬，转移到1.5mL的离心管，10000r/min离心15s，除去LiAc液体，再用400μL的0.1mol/L的LiAc重悬（终体积约500μL），约2×10^{9}个/mL，轻轻混匀细胞。30℃静置孵育5min。

2. 酿酒酵母的转染

取1mL SS-DNA用开水煮5min，并迅速在冰水中冷却，与上述菌液涡旋混匀，取50μL到标记好的离心管，离心，去除LiAc后，立即按以下顺序加入基础转染混合物转染：

40% PEG	240μL
1mol/L LiAc	36μL
SS-DNA	5μL(50ng)
Target DNA	5μL(50ng)
ddH_2O	74μL
总体积	360μL

注意：PEG要先加，因PEG能保护细胞，减少高浓度LiAc的有害作用。强烈涡旋混匀1min，直到细胞完全悬浮。在30℃静置孵育30min。加入20μL DMSO混合，于42℃水浴热休克20～30min，6000～8000r/min离心15s，去除转染混合液。再次离心，用移液器小心移去上层液体。细胞在1mL无菌水中重悬，用水稀释，轻轻混匀（为提高得率，轻轻混匀成单细胞很重要，因为单细胞是选择单克隆的条件）。取200μL菌液（少于200μL时，用无菌水补足200μL），用玻璃棒涂布于含抗生素G418的培养基平板或SD选择性培养基，30℃孵育2～4d，至转化子出现。

六、电转化酿酒酵母感受态的制备

除化学法转化外，还有电击转化法，电击法不需要预先诱导细胞的感受态，依靠短暂的电击，促使DNA进入细胞，转化率最高能达到10^{9}～10^{10}转化子/μg闭环DNA。因操作简便，愈来愈为人们所接受。

1. 感受态酿酒酵母的制备

① 挑一环酵母菌接种于 5mL YEPD 培养基中，30℃、250～300r/min 培养过夜。

② 取 1mL 一级种子分别接种于两瓶 50mL YEPD 培养基中，30℃下 200～220r/min 培养约 12～14h（OD=1.0～1.2）。

③ 于 4℃离心收集菌体，用 25mL 冰无菌水洗涤一次后，细胞用 10mL 冰无菌水重悬，可换成较小的离心管。

④ 加入 1mL（pH 7.5）10×TE 缓冲液，振摇均匀，再加入 1mL 的 10×LiAc，旋转摇匀，于 30℃轻轻摇动 45min。

⑤ 再加入 0.4mL 1mol/L DTT，并同时旋转摇动，于 30℃轻轻摇动 15min。

⑥ 于 4℃离心，弃上清液（用枪吸），再用 25mL 冰无菌水洗涤。

⑦ 2.5mL 冰冷的 1mol/L 山梨醇溶液洗涤，离心收集菌体，弃上清液（用枪吸）。

⑧ 每管用 100μL 山梨醇溶液溶解，分装于 EP 管中（80μL/管），于－70℃冰箱保存。

2. 电转化

① 向感受态细胞中加入约 5～10μg（体积小于 10μL）的 DNA，用枪吹吸均匀，转移至预冷的电转杯中，静置 5min。

② 擦干电转杯，电击。电击参数：1.5kV，25μF，200Ω。

③ 立即加入 1mL 预冷的山梨醇，转移至 EP 管中，于 30℃静置 1h。

④ 离心，弃上清液，加入 1mL YEPD 后，于 30℃、200r/min 培养 2h。

⑤ 离心得菌体后，吸除 550μL 上清液，然后按 150μL/板进行涂板。

说明：该方法可直接采用 50mL 或 100mL 体系的一步法，即直接挑单菌落于 YEPD 中培养至预定菌浓，也可采用试管摇菌收集菌体制备感受态。

第四节　载体的构建与验证

一、TA 克隆

（一）简介

TA 克隆（TA-cloning）又称为 T-载体克隆。是目前克隆 PCR 产物最简便、快捷的方法。随着基因组测序技术的成熟以及分子生物学技术、基因芯片技术在生命科学研究、生物工程和医学等领域的应用，TA 克隆的应用也越来越广泛。

TA 克隆技术最早出现于 1994 年，几位学者研究发现，*Taq* DNA 聚合酶在四种 dNTP 存在下可以向非特性的 PCR 产物的 3′末端特异性地添加一个 A，而且这种特性与模板无关。这也成为 *Taq* 酶催化的 PCR 产物不能高效连接至平末端载体的主要原因。相反地，如果此时有一个线形的带有黏性 T 末端的载体 DNA（T 载体），那么带有 A 黏性末端的 PCR 产物就可以高效地插入载体 DNA 中。之后，Invitrogen 公司发明了 TA 克隆技术，并拥有了全球 TA cloning 商标的专利权（至 2013 年）。

TA 克隆的原理比较简单（如图 2-13 所示），其需要用到的材料有 DNA 聚合酶扩增得到的 PCR 产物（末端加 A）、T 载体和 DNA 连接酶。

1. PCR 产物（末端加 A）

进行 TA 克隆的 PCR 产物需要在 3′末端加上 A，大部分耐热性 DNA 聚合酶进行 PCR 反应时都有在 PCR 产物（双链 DNA 分子）的 3′末端添加一个“A”的特性，如常用的 *Taq*

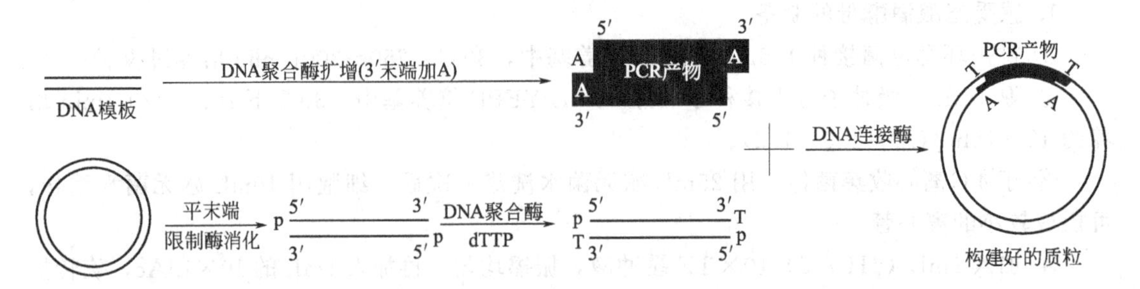

图 2-13 TA 克隆实验流程

DNA 聚合酶，在 PCR 扩增循环结束后，加上 72℃、10min 一个过程，*Taq* 酶可以在扩增产物的 3′末端加上 A，因此 PCR 产物回收纯化后可以和 T 载体直接连接。但也不是所有的 DNA 聚合酶都会在 PCR 产物末端加 A，具有 3′到 5′外切酶活性的高保真酶（如 *Pfu* 酶）就不会产生 A 尾巴。当使用高保真酶时，需要在 PCR 完成后再用 *Taq* 酶在产物末端加上 A。步骤也很简单，可得到的 DNA 序列为钝端，因此，需要在回收纯化后进行加 A 的过程，通常是以 PCR 回收产物为模板，加上一定量的普通 *Taq* 酶和反应液，加入 dATP 或 dNTP（东洋纺公司），72℃、10min，然后将加 A 产物直接用于 TA 连接。

TA 克隆对 PCR 产物的纯度也是有要求的，务必使用 PCR 产物纯化试剂盒对 PCR 产物进行纯化，否则白色菌落中的插入片段有可能是引物二聚体。如果 PCR 产物的非特异条带很多，最好对 PCR 反应条件进行优化，让非特异条带消失。PCR 产物的保存时间也不宜过长，为了保证连接效率，PCR 产物保存最好不要超过一天（因为 A 尾巴会随时间而被逐渐降解，导致连接效率下降）。

2. T 载体

TA 克隆系统都需要一个线形含 3′-T 突出端的载体，如 pMD™ 18-T Vector（TaKaRa 公司）、T-Essay（Promega 公司）等。T 载体可以用以下三种方法构建：可以用限制性内切酶如 *Xcm* Ⅰ，*Hph* Ⅰ与 *Mob* Ⅱ对一种载体酶切消解产生 3′末端未配对的 T；应用末端转移酶与双脱氧 TTP 加入一个突出的 T 残基到线形化载体的 3′末端；应用不依赖末端的 *Taq* DNA 聚合酶的末端转移酶活性在线形化载体的 3′末端处的羟基基团上催化连接上一个 T 碱基。下面以实验室常用 T 载体 pMD™ 18-T Vector（TaKaRa 公司）为例说明（图 2-14）。

pMD 18-T Vector 是一种高效克隆 PCR 产物（TA Cloning）的专用载体。它是 TaKaRa 独自研究开发，由 pUC18 载体改建而成的。在 pUC18 载体的多克隆位点处的 *Xba* Ⅰ和 *Sal* Ⅰ识别位点之间插入了 *Eco*R Ⅴ识别位点，用 *Eco*R Ⅴ进行酶切反应后，再在两侧的 3′端添加 “T” 而成。pMD 18-T 是以最为常用的 pUC18 载体为基础研制而成，所以它具有同 pUC18 载体完全相同的功能，如具有氨苄青霉素抗性基因及 M13 通用引物序列等。克隆后的 PCR 产物可以用 M13 通用引物方便地进行 DNA 测序。

3. DNA 连接酶

用于 TA 克隆的 DNA 连接酶主要有两种：T4 噬菌体 DNA 连接酶和大肠杆菌 DNA 连接酶。实验室常用的连接酶是 T4 噬菌体 DNA 连接酶，T4 噬菌体 DNA 连接酶有一种大肠杆菌 DNA 连接酶没有的特性，即能使两个平末端的双链 DNA 分子连接起来。在 T4 DNA 连接酶的作用下，有 Mg^{2+}、ATP 存在的连接缓冲系统中，可以将线形的载体分子与外源 DNA 分子进行连接，形成环状 DNA 分子。

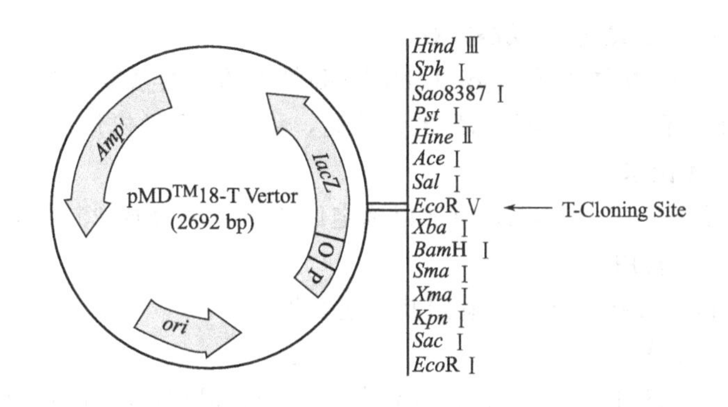

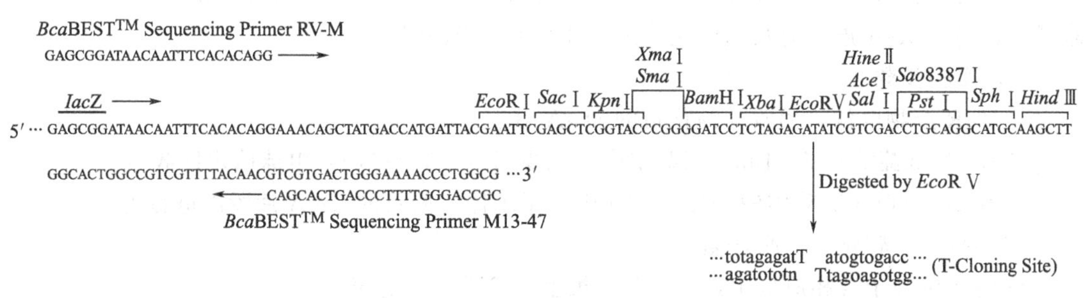

图 2-14　pMD™ 18-T Vector（质粒图谱下载自 TaKaRa 公司）

（二）实验步骤

1. T 载体的制备

（1）实验材料　琼脂糖凝胶电泳装置、凝胶回收 DNA 片段试剂、酚抽提和乙醇沉淀的相关器械和试剂、37℃和 72℃恒温水浴锅、具有平齐切点的质粒、产生平齐切割的限制酶及相应缓冲液、10mmol/L dTTP、*Taq* DNA 聚合酶及相应缓冲液、DNA 连接酶及相应缓冲液、转化所需感受态细胞及相关试剂。

（2）实验步骤

① 用产生平末端的限制酶消化 5～10μg 载体 DNA，电泳检测切割情况，并回收线形条带。

② 回收的 DNA 溶于 100～400μL 双蒸水中，加入等量苯酚-氯仿-异戊醇后，用涡旋振荡仪充分混匀，室温下 15000r/min 离心。

③ 离心后的上清液加入 1/10 体积的 3mol/L NaAc 和 2.5 倍体积的预冷乙醇，4℃、15000r/min 离心 5～10min。离心后用 70%乙醇漂洗沉淀，用离心干燥机使沉淀干燥。将干燥的线形 DNA 溶于 79μL 无菌水中。

④ 按以下体系配制 *Taq* DNA 聚合酶反应液：

线性质粒	79μL
10×*Taq* DNA 聚合酶缓冲液	10μL
10mmol/L dTTP	10μL
Taq DNA 聚合酶(5U/μL)	1μL
总体积	100μL

⑤ 在反应液表面铺一层石蜡油，70℃温育 2h。

⑥ 加入 100μL 苯酚-氯仿-异戊醇，混匀后，室温下 15000r/min 离心 3min。所得上清液

再进行一次苯酚-氯仿-异戊醇抽提。

⑦ 加入 1/10 体积的 3mol/L NaAc 和等倍体积的预冷乙醇，4℃、15000r/min 离心 5～10min。弃上清液，用 70%乙醇漂洗沉淀，用离心干燥机使沉淀干燥。将干燥的 DNA 片段溶于 50μL 无菌水中。

⑧ 取少量（0.5～1μL）电泳以确定回收量。稀释成 20～50μg/μL，分装成每管 10μL，－20℃保存，备用。

⑨ 载体自连接、转化，确定其自连背景。

2. TA 克隆

（1）实验材料　琼脂糖凝胶电泳装置、酚抽提和乙醇沉淀的相关器械和试剂、转化相关器械和试剂、DNA 连接酶及相应缓冲液、纯化的 PCR 产物。

（2）实验步骤

① PCR 产物电泳，回收并纯化目的 DNA 带。

② DNA 沉淀溶于 5～10μL 双蒸水中，取少量（1/10～1/5）电泳确定回收量。

③ 在 20～50ng T 载体中添加 3～10 倍（摩尔比）回收的 DNA 片段以进行连接。

④ 连接后，转化至大肠杆菌。

⑤ 转化菌铺于含相应抗生素的 LA 平板上，筛选阳性克隆。

（三）TA 克隆常见问题及解决方案

1. 转化后无克隆产生

可能原因：转化过程有问题或感受态细胞失活。

解决方案：一般在购买 TA 克隆试剂盒时，都会附带阳性对照。可以在第一次实验时，按照说明书上对照反应的步骤同时进行阳性对照，以检验 PCR 和连接反应是否有问题。此后，每一次转化实验都应该设立对照，可通过转化 pUC18/19 等未切割的可用于抗性筛选的质粒，检测感受态细胞的转化效率和转化操作是否正确。此外，TA 克隆的效率还与片段长短有关，片段越长效率越低。一般的 TA 克隆试剂盒适用于 3kb 以下的片段。如果片段很长，最好选择一些特别的长片段克隆试剂盒。

2. 插入对照 DNA 片段的阳性率低

可能原因：连接反应效率低；T 突出端丢失；连接温度太高；抗生素失效。

解决方案：

① 连接缓冲液只有低的活性。10×快速连接缓冲液含有 ATP，温度波动 ATP 易降解，使用一次性分装的缓冲液，避免其反复冻化。

② 避免核酸外切酶的引入，降解 T 突出端。只使用无外源核酸酶的 T4 连接酶。

③ 降低连接温度可以提高白斑率。

④ 检查抗生素平板是否正确制备并在近期（不超过 1 个月）内使用。

3. PCR 产物连接时阳性克隆很少或根本没有

可能原因：PCR 产物中含有抑制连接的成分；PCR 产物没有 3′A 突出端，不能连接；PCR 产物存在嘧啶二聚体，不能连接；插入片段与载体连接比例不理想。

解决方案：

① 将 PCR 产物和连接反应对照混合，观察是否存在抑制效应。如怀疑有抑制成分存在，应重新纯化 PCR 产物。

② 平端 PCR 产物可先通过聚合酶及 dATP 进行加尾反应产生 3′A 突出端，再与 T 载体

连接。

③ 尽量缩短 DNA 在紫外灯下照射的时间。

④ 凝胶电泳检测 PCR 产物的完整性及浓度，优化插入片段与载体的比例。

二、质粒载体的酶切与纯化

（一）简介

1. 质粒载体的种类

（1）克隆载体（Cloning vector） 大多是高拷贝的载体，一般是原核细菌，将需要克隆的基因与克隆载体的质粒相连接，再导入原核细菌内，质粒会在原核细菌内大量复制，形成大量的基因克隆，被克隆的基因不一定会表达，但一定会被大量复制。克隆载体只是为了保存基因片段，这样细胞内不会有很多表达的蛋白质而影响菌体生长。凡经改建而适于作为克隆载体的所有质粒 DNA 都必须包括以下三种共同的组成部分，即复制基因、多克隆位点和选择性标记。实验室常用的克隆载体主要有 pBR322 质粒和 pUC18/19 质粒等。

（2）表达载体（Expression vectors） 在克隆载体基础上增加表达元件（如启动子、RBS、终止子等），是目的基因能够表达的载体。是否含有表达系统元件，即启动子-核糖体结合位点-克隆位点-转录终止信号，这是用来区别克隆载体和表达载体的标志。表达载体有高拷贝的也有低拷贝的，一般具有强的启动子，因此有着较高的蛋白质表达效率。如表达载体 pKK223-3 是一个具有典型表达结构的大肠杆菌表达载体。其基本骨架为来自 pBR322 和 pUC 的质粒复制起点和氨苄青霉素抗性基因。在表达元件中，有一个杂合 tac 强启动子和终止子，在启动子下游有 RBS 位点（如果利用这个位点，要求与 ATG 之间间隔 5～13bp），其后的多克隆位点可装载要表达的目标基因。

2. 质粒载体的酶切

（1）限制性内切酶 无论是克隆载体还是表达载体，要想和目的基因连接转化至细菌中，首先必须用限制性内切酶对其进行酶切。商业化的限制性内切酶是Ⅱ型酶，可以在其识别位点之中或临近的确定位点特异地切开 DNA 链产生确定的限制片段和跑胶条带，因此是三类限制性内切酶中唯一用于 DNA 分析和克隆的一类。

实验室常见的Ⅱ型限制性内切酶主要有三种，第一种最普遍的是可以在识别序列中进行切割的酶。这一类酶是构成商业化酶的主要部分。大部分这类酶都以同二聚体的形式结合到 DNA 上，因而识别的是对称序列；但有极少的酶作为单聚体结合到 DNA 上，识别非对称序列。限制性内切酶的切割后会产生一个 3′羟基端和一个 5′磷酸基团。它们的活性要求镁离子。第二种比较常见的Ⅱ型限制性内切酶是ⅡS 型酶，可以在识别位点之外切开 DNA。它们识别连续的非对称序列，有一个结合识别位点的域和一个专门切割 DNA 的功能域。一般认为这些酶主要以单体的形式结合到 DNA 上，但与临近的酶结合成二聚体，协同切开 DNA 链。因此一些ⅡS 型的酶在切割有多个识别位点的 DNA 分子时，活性可能更高。第三种Ⅱ型限制性内切酶是一类较大的、集限制和修饰功能于一体的酶，在同一条多肽链上可以同时具有限制和修饰酶活性。有些酶识别连续序列，并在识别位点的一端切开 DNA 链；而另一些酶识别不连续的序列，并在识别位点的两端切开 DNA 链，产生一小段含识别序列的片段。

（2）酶切反应 用于酶切反应的限制性内切酶所需用量一般遵循一条规则，即 10 个单位的内切酶可以切割 1μg 不同来源和纯度的 DNA。如果加入更多的酶，则可相应缩短反应时间；如果减少酶的用量，对许多酶来说，相应延长反应时间也可完全反应。限制性内切酶一旦拿出冰箱后应当立即置于冰上，且应当是最后一个被加入到反应体系中。待酶切的质粒载体应当已去除酚、氯仿、乙醇、EDTA、去污剂或过多盐离子的污染，以免干扰酶的活性。配制好的酶切体系如果想要反应完全，必须用枪反复吸取混合，或是用手指轻弹管壁使反应液充分混合，但不可振荡。酶切完成后如果不进行下一步酶切反应，可用终止液来终止反应。常用的反应终止液：50%的甘油，50mmol/L EDTA（pH8.0）和0.05%溴酚蓝（10μL/50μL反应液）。如果要进行下一步酶切反应，可用热失活法终止反应（65℃或85℃，20min）。

3. 酶切片段的纯化

经过酶切过后的质粒载体片段需要经过纯化之后才能进行连接以及转化等步骤，常用的纯化方法如下。

（1）低熔点胶法　向普通琼脂糖的多糖链上引入羟乙基会使凝胶的熔化点与凝固点均降低。低熔点胶在30℃时凝结、65℃时熔化，这一温度尚不足以使DNA分子变性。操作时可先配制一块普通的胶，然后用低熔点胶取代其中的回收部分。切割下的胶加入TE缓冲液后于65℃保温促使凝胶熔化，再加入等体积的酚抽提去除凝胶。低熔点胶的另一个特点是电泳回收后可以立即进行酶切连接、标记等酶反应，因为这类胶中不含有普通琼脂糖中抑制酶活性的硫酸盐等杂质，并且收集的胶条能在酶反应的合适温度（37℃）始终保持液体状态。

（2）玻璃粉（乳）法　将胶条割下加入NaI溶液浸泡，剧烈振荡数分钟促使溶胶。向胶液中加入经酸净化处理的极细玻璃粉（乳），室温反复颠倒离心管使DNA吸附于其上。离心收集玻璃粉后加入TE缓冲液并于37℃保温，洗脱吸附于玻璃粉上的DNA，再次离心收集含DNA的上清液即可。玻璃粉法适用于回收0.4～1kb的小分子片段，均有80%的回收率。

（3）胶回收试剂盒法　基本原理是，由于凝胶溶于含NaI的溶胶液，在高盐状态下，DNA能专一地与离心柱中纤维素结合。结合后的DNA经洗涤除去杂质，最后在低盐缓冲液中经离心从纤维素上洗脱下来。此法简便快捷，可在十几分钟内从酶切反应液回收高纯度的酶切产物。

4. 酶切片段的去磷酸化

经单酶切的质粒载体，若想用于连接反应，为了防止载体的自我连接，还需要对其进行5′端的磷酸基团的去磷酸化处理。进行去磷酸化的酶是小牛肠碱性磷酸酶（CIAP），它能将5′端突出的磷酸基团消化掉，使质粒载体自身不能形成闭合的环状结构。质粒载体经单酶切后，65℃失活，直接加CIAP去磷酸化。用酚、氯仿抽提或者用胶回收纯化去磷酸化的片段之后再做连接反应。

（二）实验步骤

1. 质粒载体的酶切

（1）实验材料　限制性内切酶（以Takara公司的*Bam*HⅠ和*Xho*Ⅰ双酶切为例）、酶切缓冲液、质粒载体片段、PCR反应管、恒温水浴锅等。

（2）实验步骤　在PCR反应管中建立20μL反应体系，依次加入如下试剂：

环状质粒载体	4μL
10×酶切缓冲液	2μL
*Bam*HⅠ	1μL
*Xho*Ⅰ	1μL
水	12μL
总体积	20μL

加入各成分后，瞬时离心混匀，37℃反应1～2h，1.2%琼脂糖电泳检查，能切出目的片段大小的质粒鉴定为阳性。

2. 酶切片段的纯化（胶回收试剂盒法）

（1）实验材料　质粒载体酶切片段、胶回收试剂盒（天根公司TIANgel Midi Purification Kit试剂盒）、EP管、恒温水浴锅、离心机等。

（2）实验步骤

① 柱平衡步骤：向吸附柱CA2中（吸附柱放入收集管中）加入500μL平衡液BL，12000r/min（约13400g）离心1min，倒掉收集管中的废液，将吸附柱重新放回收集管中。

② 将单一的目的质粒载体酶切条带从琼脂糖凝胶中切下放入干净的离心管中，称其重量。

③ 向胶块中加入3倍体积溶胶液PN（如凝胶重0.1g，其体积可视为100μL，依此类推）。50℃水浴放置10min，其间不断温和地上下翻转离心管，以确保胶块充分溶解。

④ 将上一步所得溶液加入一个吸附柱CA2中，室温放置2min，12000r/min（约13400g）离心30～60s，倒掉收集管中的废液，将吸附柱CA2放入收集管中。

⑤ 向吸附柱CA2中加入600μL漂洗液PW，12000r/min（约13400g）离心30～60s，倒掉收集管中的废液，将吸附柱CA2放入收集管中。

⑥ 向吸附柱CA2中加入600μL漂洗液PW，12000r/min（约13400g）离心30～60s，倒掉废液。

⑦ 将吸附柱CA2放回收集管中，12000r/min（约13400g）离心2min，尽量除尽漂洗液。将吸附柱CA2置于室温放置数分钟，彻底地晾干，以防止残留的漂洗液影响下一步的实验。

⑧ 将吸附柱CA2放到一个干净离心管中，向吸附膜中间位置悬空滴加适量洗脱缓冲液EB（或水），室温放置2min。12000r/min（约13400g）离心2min收集质粒载体的酶切片段溶液。

3. 酶切片段的去磷酸化

（1）实验材料　CIAP；CIAP缓冲液；单酶切后的质粒载体；酚氯仿纯化DNA试剂；EP管、恒温水浴锅、离心机等。

（2）实验步骤

① 去磷酸化体系的确定：20μL体系：

单酶切后的质粒载体	4μL
CIAP缓冲液	2μL
CIAP	1μL
水	13μL
总体积	20μL

② 反应条件：37℃反应30～60min，65反应15～30min（灭活CIAP）。

③ 用1×TE缓冲液将去磷酸化后的载体补足300μL。

④ 载体纯化（建议使用酚氯仿纯化DNA的方法纯化载体）：补足后的体系中加入300μL的酚-氯仿-异丙醇（25∶24∶1）混合液，充分混匀10min左右；8000r/min离心5min，分层后小心吸取上清液于新离心管；加入300μL异丙醇于上清液中，充分混匀；8000r/min离心5min，小心倒去上清液；加入300μL 70%乙醇洗涤沉淀；8000r/min离心

5min，小心倒去沉淀，室温晾干 5min，加 20～50μL 1×TE 缓冲液溶解载体。最后测浓度准备下一步连接体系的建立。

（三）常见问题及解决方案

1. 酶切反应

（1）酶切不开或不完全

可能原因：质粒问题（纯度差或残留酶切抑制物最为常见）；酶的问题（酶已失活）；缓冲液问题（没有完全熔化时浓度不均一）；酶切位点的甲基化影响。

解决方案：重新提 DNA；更换新酶；等缓冲液完全熔化，混匀后再加入；从甲基化酶缺失的菌株中提取相关质粒载体再进行酶切。

（2）质粒酶切时出现星号活性

可能原因：酶切体系中的酶含量过高；酶切反应条件不合适；酶切体系可能被污染。

解决方法：将酶切体系中的酶含量控制在酶切体系的 10%以下；使用内切酶说明书上推荐的最适离子浓度、反应温度、酶含量和反应时间；重新配制新的酶切体系。

2. 酶切片段的纯化

（1）琼脂糖凝胶块不溶

可能原因：琼脂糖质量不好；含目的片断的凝胶在空气中放置过久，使胶块失水干燥。

解决方法：更换质量较好的琼脂糖；切胶后立即进行回收或将胶块保存于 4℃或 －20℃。

（2）回收 DNA 得率低

可能原因：胶块溶解不完全；胶块体积太大；紫外灯下切胶时间过长，导致 DNA 部分降解；洗涤液使用后未及时盖严瓶盖，乙醇挥发，影响回收效率；回收前的样品量太少；洗脱液未预先预热。

解决方法：可适当延长水浴时间和上下颠倒的次数以及增加溶胶液的比例；应使用枪头捣碎，还不能充分溶解则先将其切为小块，分多次回收；应尽量把切胶时间控制在 30s 以内；使用完洗涤液后应及时盖严瓶盖；加大点样量；预先 65℃预热洗脱液可以有效提高回收率。

三、PCR 片段的酶切与回收

（一）简介

首先在进行 PCR 反应时，给引物两端设计好酶切位点，并在酶切位点外侧添加几个保护碱基。保护碱基的添加对 PCR 反应虽然没什么影响，但对接下来的酶切反应至关重要，保护碱基可以保证内切酶的酶切效率，不添加的话绝大多数内切酶都无法将 PCR 产物切开。如果不涉及保护碱基，则需要借助 TA 克隆的方式才能连接到载体上。PCR 扩增所得目的基因片段需要经过回收纯化之后（建议使用胶回收才能避免非特异性扩增条带的残留），才能进行酶切反应。经酶切所得 PCR 的产物，再经过纯化回收（可采用柱式纯化方法以提高纯化效率），就可以用于接下来的连接反应。

（二）实验步骤

1. PCR 产物的回收纯化

具体操作步骤同本节二、（二）的“2. 酶切片段的纯化（胶回收试剂盒法）”。

2. PCR 产物的酶切

具体操作步骤同本节二、（二）的“1. 质粒载体的酶切”。

3. PCR 产物酶切片段的纯化（柱式纯化）

（1）实验材料　PCR 产物酶切片段、柱纯化试剂盒（TaKaRa 公司 MiniBEST DNA Fragment Purification Kit Ver. 3.0 试剂盒）、EP 管、恒温水浴锅、离心机等。

（2）实验步骤

① 向 PCR 产物酶切反应液中加入 5 倍量的 DC 缓冲液，然后混合均匀。

② 将所得溶液转移至纯化柱中，室温 12000r/min 离心 1min，弃滤液（如将滤液再加入纯化柱中离心一次，可以提高 DNA 的回收率）。

③ 将 700μL 的 WB 缓冲液加入纯化柱中，室温 12000r/min 离心 30s，弃滤液。

④ 重复上一步操作。

⑤ 将纯化柱安置于收集管上，室温 12000r/min 离心 1min。

⑥ 将纯化柱安置于新的 1.5mL 的离心管上，在纯化柱膜的中央处加入 30μL 的灭菌水或洗脱缓冲液（将灭菌水或洗脱缓冲液加热至 60℃使用时有利于提高洗脱效率），室温静置 1min，室温 12000r/min 离心 1min 洗脱得 PCR 酶切片段。

四、载体与 PCR 片段的连接与转化

（一）简介

质粒载体和 PCR 片段经过相同的限制性内切酶酶切和纯化之后，可以得到互相匹配的黏性末端或平末端，在 DNA 连接酶的作用下就会形成磷酸二酯键，完成目的基因的亚克隆。对于黏性末端和平末端 DNA 的连接方法并不相同。黏性末端的序列相同，所以彼此之间可以相互配对，通过氢键形成较弱的双链 DNA。之后在连接酶的作用下，封闭了单链上的缺口，就可以形成共价结合的磷酸二酯键，产生稳定的重组 DNA 分子。而具有平末端的 DNA，彼此之间没有可以自然配对的碱基，无法形成暂时的氢键结合，因此连接效率对黏性末端 DNA 要低很多，所以对连接反应的条件也有较高的要求：需要较高的 DNA 浓度；连接酶的用量较高；需要较低浓度的 ATP（0.5mmol/L）；不能有亚精胺一类的多胺。

连接反应所需的 DNA 连接酶是 1967 年三个实验室同时发现的，是一种封闭 DNA 链上缺口的酶，借助 ATP 或 NAD 水解提供的能量催化 DNA 链 5′端的磷酸基团与另一 DNA 链 3′端的羟基基团生成磷酸二酯键。常用的连接酶主要有两种：大肠杆菌 DNA 连接酶和 T4 噬菌体 DNA 连接酶。大肠杆菌 DNA 连接酶是一条分子质量为 75kD 的多肽链，对胰蛋白酶敏感，可被其水解。水解后形成的小片段仍具有部分活性，可以催化酶与 NAD 反应形成酶—AMP 中间物，但不能继续将 AMP 转移到 DNA 上促进磷酸二酯键的形成。T4 噬菌体 DNA 连接酶分子也是一条多肽链，分子质量为 60kD，其活性很容易被 0.2mol/L 的 KCl 和精胺所抑制。此酶的催化过程需要 ATP 辅助。T4 噬菌体 DNA 连接酶可连接 DNA-DNA，DNA-RNA，RNA-RNA 和双链 DNA 黏性末端或平末端，而大肠杆菌 DNA 连接酶无法连接平末端的 DNA，因此平末端 DNA 的连接只能采用 T4 噬菌体 DNA 连接酶。此外，NH_4Cl 可以提高大肠杆菌 DNA 连接酶的催化速率，而对 T4 噬菌体 DNA 连接酶无效。

DNA 连接反应的影响因素主要如下。

（1）连接缓冲液的影响　缓冲液基本上都含有以下组分：20～100mmol/L 的 Tris-HCl，较多用 50mmol/L，pH 的范围在 7.4～7.8（常用 7.8），目的是提供合适酸碱度的连接体系；10mmol/L 的 $MgCl_2$，作用是激活酶反应；1～20mmol/L 的 DTT（常用 10mmol/L），作用是维持还原性环境，稳定酶活性；25～50μg/mL 的 BSA，作用是增加蛋白质的浓度，防止因蛋白浓度过稀而造成酶的失活。与限制性内切酶缓冲液不同的是连接酶缓冲液还含有

ATP，是连接酶反应所必需。

（2）pH 的影响　一般将缓冲液的 pH 调节到 7.8。有实验表明，若把 pH 为 7.5～8.0 时的酶活力定为 100%，当 pH 为 8.3 时仅为全部活力的 65%；而 pH 为 6.9 时仅为全部活力的 40%。

（3）ATP 浓度的影响　连接缓冲液中 ATP 的浓度在 0.5～4mmol/L（常用 1mmol/L），研究发现，ATP 的最适浓度为 0.5～1mmol/L，过浓会抑制反应。例如，5mmol/L 的 ATP 会完全抑制平末端连接，黏端的连接也有 10% 被抑制；还有报道，当 ATP 的浓度为 0.1mmol/L 时，去磷酸载体的自环比例最大。由于 ATP 极易分解，因此含有 ATP 的缓冲液应于－20℃保存，熔化取用后立即放回。

（4）连接温度与时间的影响　因为黏性末端的 DNA 双链间有氢键的作用，所以温度过高会使氢键不稳定，但连接酶的最适温度又正好是 37℃。为了解决这一矛盾，经过综合考虑后，传统上将连接温度定为 16℃，时间为 4～16h。现经实验发现，对于一般的黏性末端来说，20℃、30min 就足以取得相当好的连接效果，当然如果时间充裕的话，20℃、60min 能使连接反应进行得更完全一些。对于平末端是不用考虑氢键问题的，可使用较高的温度，使酶活力得到更好的发挥。

（5）酶浓度的影响　日常使用的 DNA 浓度比酶单位定义状态低 10～20 倍，连接平末端时酶用量要比连接黏端大 10～100 倍。进行黏末端连接时需先行稀释，稀释液的成分与酶保存缓冲液相同或类似，稀释液中的酶能在长时间保持活力，也便于随时取用。

（6）DNA 浓度的影响　要求得到环化的有效连接产物，DNA 浓度不可过高，一般不应超过 20nmol/L。要求线形化的连接产物，DNA 的浓度可以适当提高。在用质粒载体进行大片段克隆时，以及在双酶切片段的连接反应中，DNA 浓度还应降低，甚至将 DNA 的总浓度降低至几个 nmol/L。另据研究，T4 噬菌体 DNA 连接酶对 DNA 末端的表观 K_m 值为 1.5nmol/L，所以，连接时 DNA 浓度也不应低于 1nmol/L，应具有 2nmol/L 的末端浓度。

（7）目的基因与载体的比例　载体与目的基因的比例对连接效率的影响也是很大的，低浓度的 DNA 分子间相互碰撞的机会较少，易于出现自身连接、环化。但当底物浓度过高、反应体系太小时，连接效果也较差，可能是由于 DNA 分子运动受到了阻碍。因此综合考虑，在实际连接过程中，一般采用较高浓度的目的基因片段，目的基因与载体物质的量比控制在（1～10）∶1 范围内。

目的基因与载体经过连接后，必须导入合适的受体细胞才能实现目的基因的扩增和表达。实验室中最常用的受体菌是大肠杆菌、枯草芽孢杆菌、酿酒酵母等。这些菌株在转化重组质粒时有以下优势：易于重组 DNA 的导入；能使重组 DNA 稳定存在；遗传稳定性高；安全性高，无致病性。但由于 DNA 进入细胞的效率很低，在分子生物学和基因工程工作中可采取一些方法处理细胞，经处理后的细胞就容易接受外界 DNA（称为感受态细胞），再与外源 DNA 接触，就能提高转化效率。例如大肠杆菌经冰冷 $CaCl_2$ 的处理，就成为感受态细胞，当加入重组质粒并突然由 4℃转入 42℃作短时间处理，质粒 DNA 就能进入细胞；用高电压脉冲短暂作用于细胞也能显著提高转化效率，这称为电穿孔转化法。

（二）实验步骤

1. 质粒载体和 PCR 片段的连接

（1）实验材料　经过酶切并纯化后的质粒载体和 PCR 片段、T4 噬菌体 DNA 连接酶、连接酶缓冲液、EP 管、恒温水浴锅、离心机等。

（2）实验步骤

① 在EP管中按以下体系配制连接反应体系：

10×连接缓冲液	1μL
PCR片段	4μL
质粒载体	1μL
T4噬菌体DNA连接酶	0.5μL
水	3.5μL
总体积	10μL

② 混匀，16℃反应数小时（5～12h）。

2. 重组质粒的转化

具体步骤请参照本章第三节“二、大肠杆菌高效化学法感受态制备与转化（TSS法）”。

（三）常见问题及解决方案

1. 连接反应效率不高

解决方法：调整连接反应体系中两种DNA的浓度及比例；用CIAP处理载体。去除其5′末端的磷酸基团以防止载体的自身连接；可适度延长连接时间（过夜连接），也有人采用4～5℃进行一周的连接反应，也可取得良好的连接效果；尽可能缩小连接反应体系的体积，最好不超过10μL。

2. 平末端DNA分子无法连接

解决方法：可以在反应体系中加入一些可促进大分子群聚作用并可导致DNA分子凝聚成集团的物质，如聚乙二醇或氯化六氨合高钴。

五、转化子的检测

（一）简介

重组DNA转化受体细胞后，须在不同水平上进行筛选，以区别转化子与非转化子、重组子与非重组子以及鉴定所需的特异性重组子。在转化过程中，并非每个受体细胞都被转化；即使获得转化细胞，也并非都含有目的基因，因此需采用有效方法进行筛选。筛选的方法主要有：抗性筛选、营养缺陷型筛选、插入失活筛选、菌落PCR检测、限制性内切酶酶切分析筛选、DNA测序等。

1. 抗性筛选

如果质粒载体带有抗生素抗性基因（如*Amp*、*Ter*、*Kan*等），而受体细胞本身不具有抗生素的抗性，将转化细胞涂布至含有相应抗生素的平板上，只有阳性重组子才能生长。但有些单酶切的情况下，连接时有可能出现反向连接或自身环化，所以还需要进行进一步的酶切鉴定。

2. 营养缺陷型筛选

如果质粒载体上带有编码某种合成菌体生长所必需营养成分的基因，而受体细胞本身是不能合成此种营养成分的营养缺陷型菌株，将转化细胞涂布至不含此种营养成分的基础培养基上，只有阳性重组子才能生长。

3. 插入失活筛选（蓝白筛选）

蓝白筛选是通过插入失活*lacZ*基因，破坏重组子与宿主之间的α-互补作用来鉴别重组子与非重组子的筛选方法，是携带*lacZ*基因的许多载体的筛选优势。这些载体包括M13噬菌体，pUC质粒系列，pEGM质粒系列等。它们的共同特点是载体上携带一段细菌*lacZ*基

因的 α 肽编码序列，其编码产物为 β-半乳糖苷酶的 α 肽。当无外源 DNA 插入时，质粒表达 α 肽。突变型的 *Lac-E. Coli* 可表达该酶的 ω 肽。单独存在的 α 及 ω 肽均无 β-半乳糖苷酶活性，只有宿主细胞与克隆载体同时共表达这两个肽时，宿主细胞内才有 β-半乳糖苷酶活性，在含有底物 X-gal（5-溴-4-氯-3-吲哚-β-D-半乳糖苷）的诱导剂 IPTG（异丙基硫代-β-D-半乳糖苷）条件下，菌落呈蓝色，这就是 α-互补。如果 *lacZ* 基因由于插入外源基因而失活，结果无 α 肽表达，转化菌落无 α-互补，缺乏 β-半乳糖苷酶活性，在含有 X-gal 培养板上为白色菌落。但载体自身环化后转化的细菌也是蓝色菌落，所以还需要进行进一步的酶切鉴定。

4. 菌落 PCR 检测

菌落 PCR（Colony PCR）检测可不必提取转化子的基因组 DNA，不必酶切鉴定，而是直接以菌体热解后暴露的 DNA 为模板进行 PCR 扩增，是一种可以快速鉴定菌落是否为含目的质粒的阳性菌落。操作简单、快捷，阳性率较高，在转化鉴定中较常见。菌落 PCR 建议使用载体上的通用引物。通常利用此方法进行重组体的筛选或者 DNA 测序分析。最后的 PCR 产物大小是载体通用引物之间的插入片断大小。

5. 限制性内切酶酶切分析筛选

对初步筛选得到的转化子进行增殖培养后，从中分离提取重组质粒 DNA，采用能将外源 DNA 完整切下或在特定位点切开的限制性内切酶，对质粒进行酶切，然后酶切产物经过凝胶电泳分析之后可以确定转化子的类型。在电泳检测时，需要设置空载体作为对照，对其进行与重组 DNA 相同的酶切方式。酶切鉴定的方法是最直接、最准确的检测方法，但操作较为复杂，一般用作初步筛选之后的进一步确定。

6. DNA 测序

重组 DNA 经过酶切或者 PCR 扩增检测之后，可以确定载体上插入的外源基因的片段与目的基因片段的大小是否一致，但还不能确定目的基因是否发生了突变以及目的基因是以什么方向插入载体的。这些问题可以通过对重组质粒 DNA 进行核苷酸测序来解决。可以将经过转化子检测初筛得到的菌株以提取的质粒 DNA 方式或菌液的方式交予专业的生物公司进一步对重组 DNA 进行测序分析。

（二）实验步骤（菌落 PCR 法）

（1）实验材料　转化所得菌落、*Taq* DNA 聚合酶及相应缓冲液、dNTP（2.5mmol/L）、正向和反向检测引物、PCR 管、PCR 仪、琼脂糖凝胶电泳装置等。

（2）实验步骤

① 在 PCR 管中按以下体系配制 PCR 体系：

10×*Taq* DNA 聚合酶缓冲液	2μL
dNTP(2.5mM)	2μL
正向引物	1μL
反向引物	1μL
Taq DNA 聚合酶(5U/μL)	1μL
水	13μL
总体积	20μL

② 将上述溶液混匀后，常温下随机挑选转化板上的转化子，用灭菌的牙签或枪头挑取少量菌体，在新的平板上轻点，做一拷贝；然后将沾有菌体的牙签或枪头置于相应的装有 PCR 混合物的 PCR 管中洗涤数下（PCR 管要与拷贝的菌落一一对应），盖紧 PCR 管。

③ 将混有菌体的 PCR 混合物置于 PCR 仪中，按常规条件扩增。电泳检测是否得到目的片断。如有则为阳性克隆。

④ 将已经接种有菌落的平板置 37℃培养箱培养过夜，使菌落扩增；次日挑选阳性克隆做进一步筛选或培养。

（三）常见问题与解决方法

1. 菌落 PCR 出现假阳性

解决方法：

① 用载体引物来测定一般可以降低假阳性。

② 菌落 PCR 的假阳性和引物本身有很大的关系，所以建议菌落 PCR 鉴定之后再用酶切进行验证。

2. 菌落 PCR 无法扩增得到目的基因

解决方法：

① 挑取转化子菌落的量不能过大，加入的菌量过大会影响 PCR 体系，导致扩增不出来。

② 对于挑取大量转化子都无法获得阳性克隆的情况，可以考虑直接挑选转化子进行扩增培养提取质粒后，进行酶切检测。在 PCR 条件不合适时，不排除菌落 PCR 检测阴性、但酶切阳性的可能。

第五节　基于同源重组的基因敲除技术

一、基因敲除技术的原理

（一）概述

基因敲除是自 20 世纪 80 年代末以来发展起来的一种新型分子生物学技术，是通过一定的途径使机体特定的基因失活或缺失的技术。通常意义上的基因敲除主要是应用 DNA 同源重组原理，用设计的同源片段替代靶基因片段，从而达到基因敲除的目的。随着基因敲除技术的发展，除了同源重组外，新的原理和技术也逐渐被应用，比较成功的有基因的插入突变和 iRNA，它们同样可以达到基因敲除的目的。

2007 年的诺贝尔生理学或医学奖被授予给 Capecchi、Evans、Smithies，以表彰他们在涉及胚胎干细胞和哺乳动物 DNA 重组方面的一系列突破性发现。这些发现来自于他们建立的如今被称为基因打靶（基因敲除、基因敲入）的强大技术。他们于 1987 年在小鼠胚胎干细胞内实现了次黄嘌呤-鸟嘌呤磷酸核糖转移酶基因（*Hprt*）的定位敲除。

（二）实现基因敲除的多种原理和方法

1. 利用基因同源重组进行基因敲除

基因敲除是 20 世纪 80 年代后半期应用 DNA 同源重组原理发展起来的。80 年代初，胚胎干细胞（ES 细胞）分离和体外培养的成功奠定了基因敲除的技术基础。1985 年，首次证实的哺乳动物细胞中同源重组的存在奠定了基因敲除的理论基础。到 1987 年，Thompsson 首次建立了完整的 ES 细胞基因敲除的小鼠模型。

（1）利用同源重组构建基因敲除动物模型的基本步骤

① 基因载体的构建：把目的基因和与细胞内靶基因特异片段同源的 DNA 分子都重组到带有标记基因（如 *neo* 基因，*TK* 基因等）的载体上，成为重组载体。基因敲除是为了使某

一基因失去其生理功能，所以一般设计为替换型载体。

② ES细胞的获得：现在基因敲除一般采用的是胚胎干细胞，最常用的是鼠，而兔、猪、鸡等的胚胎干细胞也有使用。常用的鼠的种系是129及其杂合体，因为这类小鼠具有自发突变形成畸胎瘤和畸胎肉瘤的倾向，是基因敲除的理想实验动物。而其他遗传背景的胚胎干细胞系也逐渐被发展应用。

③ 同源重组：将重组载体通过一定的方式（电穿孔法或显微注射）导入同源的胚胎干细胞（ES cell）中，使外源DNA与胚胎干细胞基因组中相应部分发生同源重组，将重组载体中的DNA序列整合到内源基因组中，从而得以表达。一般，显微注射命中率较高，但技术难度较大；电穿孔命中率比显微注射低，但便于使用。

④ 选择筛选已击中的细胞：由于基因转移的同源重组自然发生率极低，动物的重组概率为10^{-2}～10^{-5}，植物的概率为10^{-4}～10^{-5}。因此如何从众多细胞中筛出真正发生了同源重组的胚胎干细胞非常重要。目前常用的方法是正负筛选法（PNS法），标记基因的特异位点表达法以及PCR法。其中应用最多的是PNS法。

⑤ 表型研究：通过观察嵌和体小鼠的生物学形状的变化进而了解目的基因变化前后对小鼠的生物学形状的改变，达到研究目的基因的目的。

⑥ 得到纯合体：由于同源重组常常发生在一对染色体其中一条染色体上，所以如果要得到稳定遗传的纯合体基因敲除模型，需要进行至少两代遗传。

（2）条件性基因敲除法　条件性基因敲除法可定义为将某个基因的修饰限制于小鼠某些特定类型的细胞或发育的某一特定阶段的一种特殊的基因敲除方法。它实际上是在常规的基因敲除的基础上，利用重组酶Cre介导的位点特异性重组技术，在对小鼠基因修饰的时空范围上设置一个可调控的“按钮”，从而使对小鼠基因组的修饰的范围和时间处于一种可控状态。

利用Cre/loxP和来自酵母的FLP-frt系统可以研究特定组织器官或特定细胞中靶基因灭活所导致的表型。通过常规基因打靶在基因组的靶位点上装上两个同向排列的loxP，并以此两侧装接上loxP的（“loxP floxed”）ES细胞产生“loxP floxed”小鼠，然后，通过将“loxP floxed”小鼠与Cre转基因鼠杂交（也可以其他方式向小鼠中引入Cre重组酶），产生靶基因发生特定方式（如特定的组织特异性）修饰的条件性突变小鼠。在“loxP floxed”小鼠，虽然靶基因的两侧已各装上了一个loxP，但靶基因并没有发生其他的变化，故“loxP noxed”小鼠表型仍同野生型的一样。但当它与Cre转基因小鼠杂交时，产生的子代中将同时带有“loxP floxed”靶基因和*Cre*基因。*Cre*基因表达产生的Cre重组酶就会介导靶基因两侧的loxP间发生切除反应，结果将一个loxP和靶基因切除。这样，靶基因的修饰（切除）是以Cre的表达为前提的。Cre的表达特性决定了靶基因的修饰（切除）持性：即Cre在哪一种组织细胞中表达，靶基因的修饰（切除）就发生在哪种组织细胞；而Cre的表达水平将影响靶基因在此种组织细胞中进行修饰的效率。所以只要控制Cre的表达特异性和表达水平就可实现对小鼠中靶基因修饰的特异性和程度。

（3）诱导性基因敲除法　诱导性基因敲除也是以Cre/loxP系统为基础，但却是利用控制Cre表达的启动子的活性或所表达的Cre酶活性具有可诱导的特点，通过对诱导剂给予时间的控制或利用*Cre*基因定位表达系统中载体的宿主细胞特异性和将该表达系统转移到动物体内的过程在时间上的可控性，从而在loxP动物的一定发育阶段和一定组织细胞中实现对特定基因进行遗传修饰之目的的基因敲除技术。人们可以通过对诱导剂给予时间预先设计的方式来对动物基因突变的时空特异性进行人为控制，以避免出现死胎或动物出生后不久即死亡的现象。常见的几种诱导性类型如下：四环素诱导型；干扰素诱导型；激素诱导型；腺病毒介导型。

2. 利用随机插入突变进行基因敲除

此法利用某些能随机插入基因序列的病毒、细菌或其他基因载体，在目标细胞基因组中进行随机插入突变，建立一个携带随机插入突变的细胞库，然后通过相应的标记进行筛选获得相应的基因敲除细胞。根据细胞的不同，插入载体的选择也有所不同。逆转录病毒可用于动植物细胞的插入；对于植物细胞而言脓杆菌介导的 T-DNA 转化和转座子比较常用；噬菌体可用于细菌基因敲除。

3. RNAi 引起的基因敲除

由于少量的双链 RNA 就能阻断基因的表达，并且这种效应可以传递到子代细胞中，所以 RNAi 的反应过程也可以用于基因敲除。近年来，越来越多的基因敲除采用了 RNAi 这种更为简单方便的方法。双链 RNA 进入细胞后，能够在 Dicer 酶的作用下被裂解成 siRNA，而另一方面双链 RNA 还能在 RdRP（以 RNA 为模板指导 RNA 合成的聚合酶 RNA-directed RNA polymerase，RdRP）的作用下自身扩增后，再被 Dicer 酶裂解成 siRNA。SiRNA 的双链解开变成单链，并和某些蛋白形成复合物，Argonaute2 是目前唯一已知的参与复合物形成的蛋白。此复合物同与 siRNA 互补的 mRNA 结合，一方面使 mRNA 被 RNA 酶裂解，另一方面以 siRNA 作为引物，以 mRNA 为模板，在 RdRP 作用下合成出 mRNA 的互补链。结果 mRNA 也变成了双链 RNA，它在 Dicer 酶的作用下也被裂解成 siRNA。这些新生成的 siRNA 也具有诱发 RNAi 的作用，通过这个聚合酶链式反应，细胞内的 siRNA 大大增加，显著增加了对基因表达的抑制。从 21～23 个核苷酸的 siRNA 到几百个核苷酸的双链 RNA 都能诱发 RNAi，但长的双链 RNA 阻断基因表达的效果明显强于短的双链 RNA。

二、敲除大肠杆菌中的蛋白酶基因 *lon*

（一）敲除原理

lon 蛋白酶，也叫蛋白酶 *la*，是一种同质寡聚环状的 ATP 依赖的蛋白酶，在古生菌、原核生物和真核生物中高度保守。*lon* 蛋白酶属于 AAA＋超家族（与多种细胞活性相关的 ATP 酶）。自 *lon* 蛋白酶被发现以来，许多研究表明 *lon* 的蛋白酶活性对于维持细胞体内平衡、蛋白质量控制和代谢调控起着重要作用。目前发现，敲除大肠杆菌中 *lon* 基因可以增加外源蛋白的表达继而增加目标产物的产量。

Red 同源重组敲除技术是一种近年来兴起的基于 λ 噬菌体 Red 重组酶和体内同源重组反应的新型遗传工程技术。该技术主要利用 λ 噬菌体的 3 个重组蛋白酶 Exo、Bet 和 Gam 来完成体外 DNA 片段与染色体基因的同源重组。其原理主要是：在重组过程中，Gam 抑制大肠杆菌的 RecBCD 核酸外切酶Ⅴ活性使外源线形 DNA 不致立即被降解，从外源线性 DNA 的双链末端启动 Red 介导的重组；然后外切核酸酶 Exo 结合到外源线形 DNA 片段的双链末端，连续降解 5′末端链，留下 3′单链尾巴；接着 RecA 和 RecB 蛋白引导 3′单链尾巴与细胞染色体的靶基因同源序列配对，置换靶基因。利用 Datsenko 等构建的辅助质粒 pKD46 完成的重组又称 Wanner 重组。pKD46 是在阿拉伯糖启动子 P_{BAD} 控制下表达 3 个蛋白酶在内的整套 Red 系统的低拷贝、温度敏感型质粒。Wanner 重组方案：①合成与靶基因有同源的引物，模板 PCR 扩增获得抗生素抗性基因作为替换序列片段，例如 pKD13 为模板 PCR 的含有 FRT 位点的 Kan 抗性的片段；②把含有 pKD46 的细胞制备成感受态细胞，电转化抗生素抗性基因片段；③抗性基因与靶基因同源重组；④利用一个表达 FLP 重组酶的辅助质粒 pCP20 去除抗生素抗性基因。因为 pKD46 和 pCP20 辅助质粒都是温度敏感型复制子，所以当细胞在 42℃生长时就能轻易地去除。*lon* 基因敲除示意图见图 2-15。

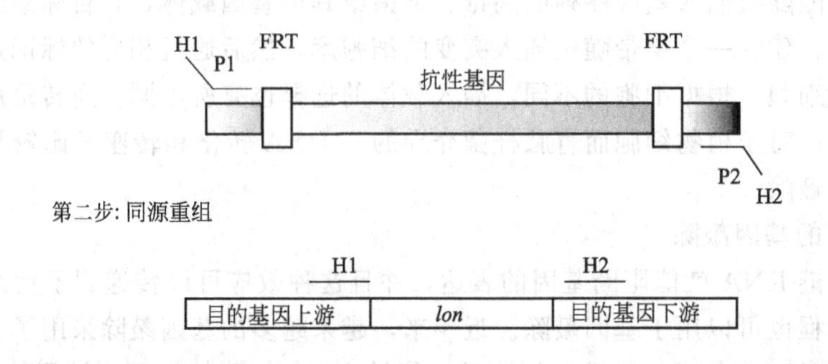

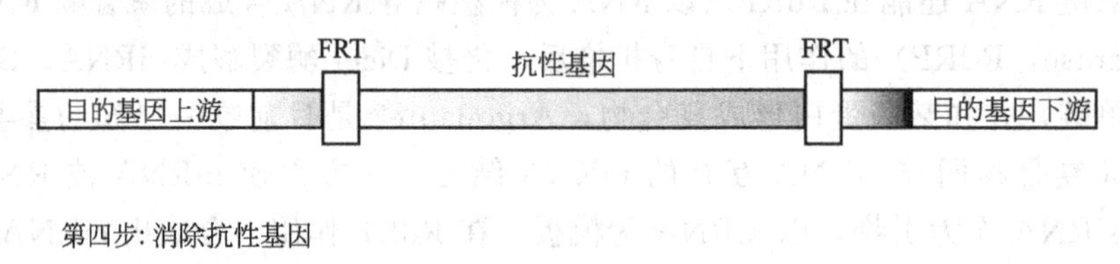

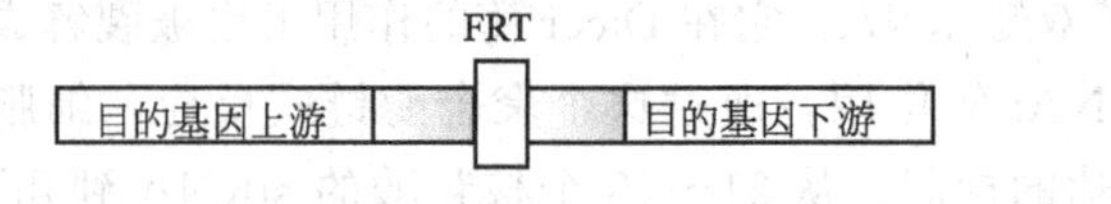

图 2-15　*lon* 基因敲除示意图（P1，P2 按照带有 FRT 位点的抗性基因设计；H1，H2 作为同源重组的同源臂，按照目的基因 *lon* 上下游设计）

（二）基因敲除

1. 菌株和质粒

Escherichia coli BL21（DE3）；pKD46 *bla*（Amp^r），pKD13 Kan^r，pCP20 *bla cat*。

2. 试剂

胰蛋白胨和酵母粉均购自 Oxoid 公司；

PCR 试剂盒、PCR 产物回收试剂盒均购自 Takara 公司（上海）；

抗生素、引物、质粒提取、片段纯化试剂盒和高效制备感受态细胞试剂盒均购于上海生工生物工程技术服务有限公司；

其余试剂均为国产分析纯。

3. 仪器

电转化仪（GenePulser Xcell），Bio-Rad 公司。

4. 敲除操作

(1) 引物设计

① 根据 pKD13 设计 P1，P2：

P1　5′ATTCCGGGGATCCGTCG3′

P2　5′TGTAGGCTGGAGCTGCTTCG3′

② 根据 *lon* 上下游序列设计同源臂 H1，H2：

H1　5′CAGTCGTGTCATCTGATTACCTGGCGGAAATTAAACTAAGAGAGAGCTCT　3′

H2　5′CGAATTAGCCTGCCAGCCCTGTTTTTATTAGTGCATTTTGCGCGAGGTCA　3′

（2）PCR 抗性同源片段

① 模板：pKD13；

② 引物：H1＋P1；P2＋H2。

（3）抗性片段纯化　试剂盒纯化。

（4）Red 重组系统的诱导和电转化感受态细胞的制备

① 将转化有 pKD46 的大肠杆菌菌株接种到含有 100mg/L Amp 的 LB 培养基中，30℃、200r/min 培养至对数期；

② 以 1%的接种量转入装有 100mL 含有 100mg/L Amp 的 LB 培养基的 500mL 三角瓶中，30℃、200r/min 培养至 OD_{600}＝0.2～0.4 时，加入 1mmol/L L-阿拉伯糖继续培养至 OD_{600}＝0.6 左右以诱导 pKD46 上的 Exo、Bet 和 Gam 三个重组酶充分表达；

③ 将三角瓶置于冰中预冷 30min，于超净台内将培养液转移到预冷的 50mL 无菌离心管中，在冰上放置 10min；

④ 4℃，4000r/min 离心 10min；

⑤ 弃上清液，加入少量预冷的无菌水重悬菌体，然后加水至离心管体积的 2/3 处，4℃、4000r/min 离心 10min；

⑥ 重复一次操作⑤；

⑦ 用预冷的 10%甘油洗涤一次，4℃、4000r/min 离心 10min，弃上清液，将菌体悬浮于 0.8mL10%的甘油中（即浓缩 100 倍），按每管 50μL 感受态细胞分装于 1.5mL 离心管中，直接用于电转化或保存于－80℃中以备用。

（5）PCR 片段的电转化

① 取出制备好的电转化感受态细胞，在冰浴中熔化；

② 加入待转化的 DNA（2～5μL），用粗口吸头轻柔混合；

③ 将上述混合物转入预冷的 0.2cm 电转杯中，冰浴中预冷 10min；

④ 打开电转仪，将参数设定为 2.5kV、25μF、200Ω，电击时间为 4～5ms；

⑤ 从冰中取出电转杯，用纸巾吸去表面的水分，放入样品槽中；

⑥ 电击，立即加入 1mL LB 培养基，30℃、200r/min 条件下培养 2h；

⑦ 将适当体积的转化后的感受态细胞涂布在含有 Kan 的 LB 平板上，30℃培养 12～16h，挑取转化子，进行验证。

（6）成功敲除鉴定　抗性平板上挑取单菌落，使用 P1、P2 作为引物 PCR 鉴定。既能抗性平板上长出又能 PCR 得到片段证明敲除成功。

（7）Kan 抗性消除　将鉴定成功敲除的菌落制作感受态，转化 pCP20，30℃培养 2h。

（8）温控消除 pKD46，pCP20　pKD46，pCP20 都是温度敏感型复制子，所以当细胞在 37℃生长时就能轻易地去除。因此将敲除的大肠杆菌菌株升温至 42℃培养 2～4h 即可消除质粒 pKD46 或 pCP20。

三、敲除酿酒酵母中的精氨酸转运基因 *CAN1*

（一）敲除原理

酿酒酵母的基因敲除技术是基于酿酒酵母的同源重组特性，利用 DNA 转化技术将与目的基因或靶基因具有同源片段的重组载体导入靶细胞，载体与靶细胞染色体上同源序列间发生重组，外源基因则被整合到内源基因组内，外源基因得以表达，目的基因则被沉默。然后通过研究靶细胞或个体在外源基因插入前后遗传特性的改变，达到研究靶基因功能的目的。

20世纪80年代初，Rothstein R J提出一步基因敲除法。该方法借助限制性内切酶，在克隆质粒上将靶基因编码区部分用报告基因替代，只保留靶基因5′和3′端的一部分同源区域，从质粒上切下来即得到基因敲除序列组件，将该组件转化酵母细胞，通过体内同源重组把染色体上的靶基因替换掉，这样就得到一个靶基因完全或部分缺失、相应位置则被报告基因取代的突变株。

同源重组效率很大程度上依赖于基因敲除组件提供的同源区域两侧的片段长度。而且不同物种发生同源重组所需同源序列的长度也有所不同，在酿酒酵母同源重组试验中用过的最小同源重组片段为35bp，一般使用的同源重组序列为30～45bp。但部分基因要求60～90bp的重组片段才能有效地介导同源重组。

随着聚合酶链式反应技术的应用和发展，为基因敲除技术的改进提供了技术支持。1993年，BaudinA等提出了短侧翼同源区PCR介导的基因敲除方法，只需一步PCR即可完成。大约有10%的基因需要更长的侧翼同原序列引发同源重组，由于引物合成随着引物长度的增加难度也随之增加。为了解决长引物难以合成的问题，在短侧翼同源区PCR的基础上，Wach等提出了长侧翼同源区PCR介导的敲除方法，它通过两轮PCR也构建基因敲除序列，以这种方法构建的基因敲除序列中酵母同源部分可长达几百碱基，能有效提高敲除效率。以PCR的方法介导的敲除技术与传统的敲除方法相比，最大的优点是不需要克隆目的基因，只需要知道该基因的序列信息，即可实现精确的敲除。

（二）基因敲除

下面将以loxP-marker-loxP系统来介绍酿酒酵母转运基因*CAN1*的敲除（图2-16）。

Can1蛋白是精氨酸由胞外转移到胞内的特异性透性酶，目前已知其只参与精氨酸的转运。Can1蛋白表达受到NCR（氮代谢阻遏）和氨基酸合成的影响，它能有效调节进入细胞的精氨酸含量，调节胞内精氨酸合成、降解以及液泡和细胞质中的分布进而维持细胞内精氨酸的平衡。

敲除策略：利用PCR技术构建包含靶基因两侧同源臂的重组片段。

① 利用短侧翼同源PCR引物P1、P2从marker质粒（如pUG6）扩增出包含*CAN1*基因短侧翼同源臂的marker片段。

② 利用P1、P3和P2、P4以基因组DNA为模板分别扩增出包含P1、P2短臂的*CAN1*基因上下游同源臂。

③ 利用P3、P4引物或设计新引物用融合PCR技术以一扩增出的marker基因片段、上下游同源臂片段为模板获得包含*CAN1*基因上下游较长同源臂和marker基因片段的融合敲除片段。

④ 将融合敲除片段利用酵母化学转化或者电转化的方式导入到野生型菌株中，使敲除片段与野生型菌株基因组发生同源重组，marker基因代替目的基因，从而达到敲除*CAN1*基因的目的。

⑤ 利用marker基因在相应的筛选平板上筛选出*CAN1*基因敲除菌株，并用酵母菌落PCR或其他手段验证*CAN1*菌株是否被完全敲除。

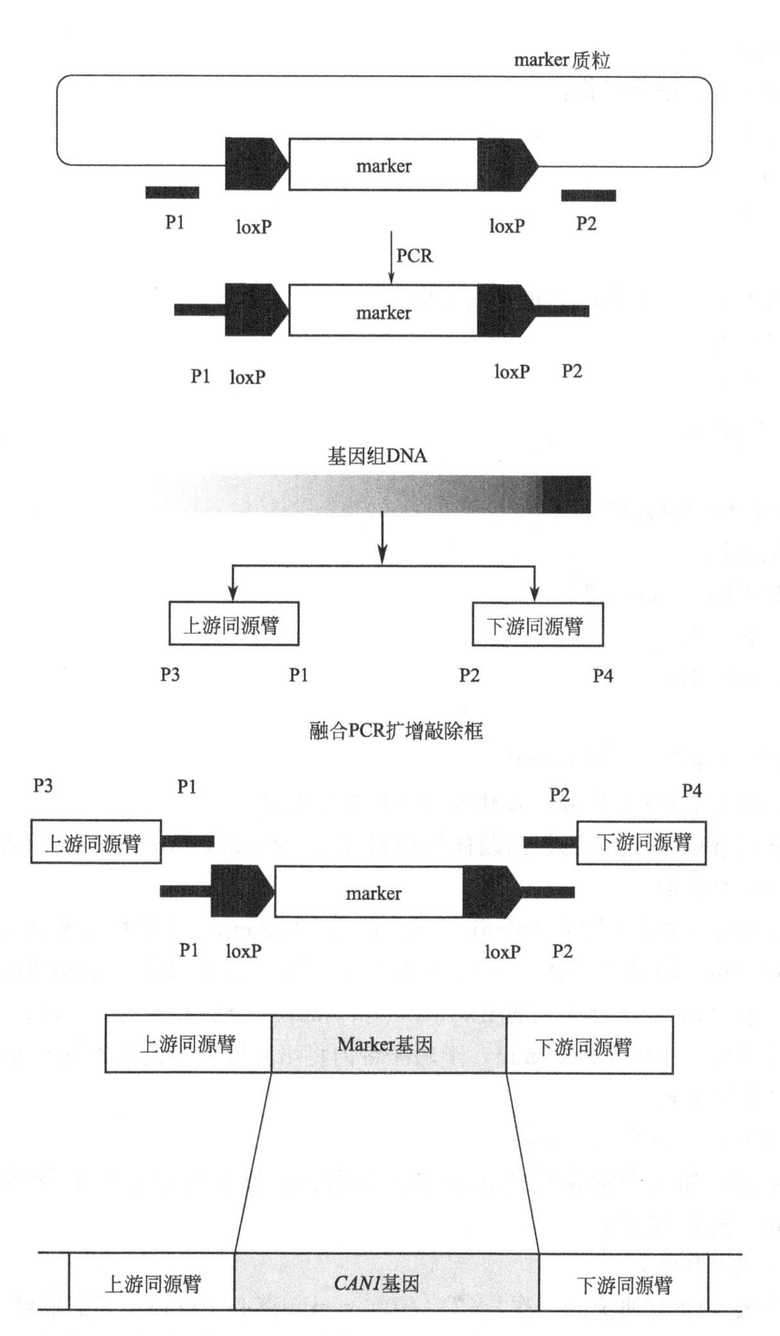

图 2-16　基因敲除

四、杆菌中实现基因多次重复敲除

1. 多次重复敲除周期

在完整敲除一个基因，并且消除抗性，消除质粒后再重复多次敲除的周期。

2. 一次敲除多个基因

此方法可以同时敲除多个基因，所用的同源重组抗性基因可以是除了 Amp（氨苄抗性与 pKD46 相冲突）之外的所有抗性。由于目前带有 FRT 位点的质粒较少，因此此方法重组的抗性基因不能使用 pPC20 消除。

（1）引物设计

① 按照所选抗性设计引物：

P1/P2（抗性 1）

P3/P4（抗性 2）

P5/P6（抗性 3）

……

② 根据敲除基因上下游序列设计同源臂：

H1/H2（A 基因）

H3/H4（B 基因）

H5/H6（C 基因）

……

（2）PCR 抗性同源片段

模板：各抗性。

引物：H1＋P1；P2＋H2

H3＋P3；P4＋H4

H5＋P5；P6＋H6

……

（3）抗性片段纯化　试剂盒纯化。

（4）Red 重组系统的诱导和电转化感受态细胞的制备

① 将转化有 pKD46 的大肠杆菌菌株接种到含有 100mg/L Amp 的 LB 培养基中，30℃、200r/min 培养至对数期；

② 以 1％的接种量转入装有 100mL 含有 100mg/L Amp 的 LB 培养基的 500mL 三角瓶中，30℃、200r/min 培养至 OD_{600}＝0.2～0.4 时，加入 1mmol/L L-阿拉伯糖继续培养至 OD_{600}＝0.6 左右以诱导 pKD46 上的 Exo、Bet 和 Gam 三个重组酶充分表达；

③ 将三角瓶置于冰中预冷 30min，于超净台内将培养液转移到预冷的 50mL 无菌离心管中，在冰上放置 10min；

④ 4℃，4000r/min 离心 10min；

⑤ 弃上清液，加入少量预冷的无菌水重悬菌体，然后加水至离心管体积的 2/3 处，4℃、4000r/min 离心 10min；

⑥ 重复一次操作⑤；

⑦ 用预冷的 10％甘油洗涤一次，4℃、4000r/min 离心 10min，弃上清液，将菌体悬浮于 0.8mL10％的甘油中（即浓缩 100 倍），按每管 50μL 感受态细胞分装于 1.5mL 离心管中，直接用于电转化或保存于－80℃中以备用。

（5）PCR 片段的电转化

① 取出制备好的电转化感受态细胞，在冰浴中熔化；

② 加入待转化的 DNA（2～5μL），用粗口吸头轻柔混合；

③ 将上述混合物转入预冷的 0.2cm 电转杯中，冰浴中预冷 10min；

④ 打开电转仪，将参数设定为 2.5kV，25μF、200Ω，电击时间为 4～5ms；

⑤ 从冰中取出电转杯，用纸巾吸去表面的水分，放入样品槽中；

⑥ 电击，立即加入 1mL LB 培养基，30℃、200r/min 条件下培养 2h；

⑦ 将适当体积的转化后的感受态细胞涂布在含有相应抗性的LB平板上，30℃培养12～16h，挑取转化子。

（6）多片段电转 多次重复操作步骤（4）和（5）。

（7）成功敲除鉴定 多抗性平板上挑取单菌落，使用P1/P2，P3/P4，P5/P6作为引物PCR鉴定。既能抗性平板上长出又能PCR得到片段证明敲除成功。

（8）温控消除pKD46 pKD46是温度敏感型复制子，所以当细胞在37℃生长时就能轻易地去除。因此将敲除的大肠杆菌菌株升温至42℃培养2～4h即可消除质粒pKD46。

五、酿酒酵母中实现基因多次重复敲除

酿酒酵母中实现基因的多次重复敲除主要依赖两种方法，一种是依赖多种marker的持续敲除，另一种则是基于Cre/loxP系统的marker重复利用。

Cre/loxP系统属于传统的同源重组载体，但是具有了时空调控的功能，它由CRE重组酶和loxP位点两部分组成。前者来自*E. coli*噬菌体P的*Cre*基因，loxP由2个13bp的反向重复序列和一个8bp的间隔区域构成。Cre是1个38kD的重组酶蛋白，它可以介导loxP的34bp重复序列的位点特异性重组，切除同向重复的2个loxP位点的DNA和1个loxP位点，保留1个loxP位点。Cre/loxP系统可以实现对基因的不同发育阶段、不同组织类型中特异的删除，可以消除由于基因位置改变造成的影响，加强了基因的控制能力，使研究者可

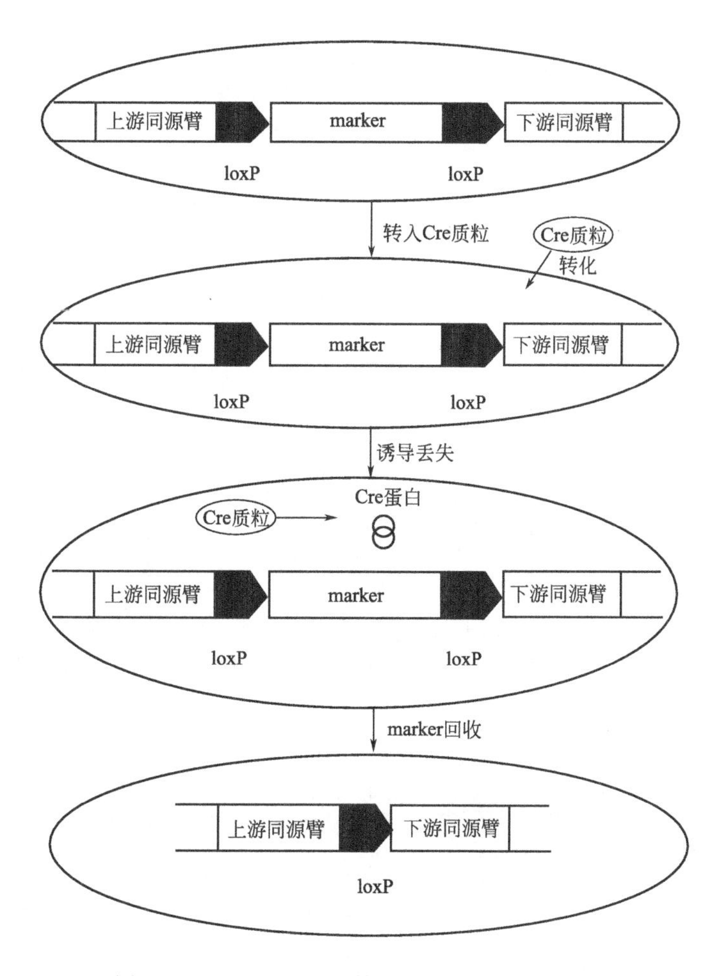

图2-17 Cre/loxP系统筛选标记的重复利用过程

以更方便地、有针对性地进行目标阶段的研究工作；Cre/loxP 系统可以实现染色体间的基因重排；但同时也看出该系统对基因的了解要求极高，并且对基因片段的操作能力要求也很高。

Cre/loxP 系统对研究酿酒酵母未知基因也是一种非常有效的方法。利用该系统对目标基因进行敲除可分为两步：一是通过置换型载体进行同源重组，向基因组靶位点处引入筛选标记基因，并在两侧引入两个同向排列的 loxP 位点；二是通过 Cre 重组酶介导的 loxP 位点特异性重组，切除两个 loxP 位点间的所有序列从而达到靶位基因不同的修饰。Cre/loxP 系统筛选标记的重复利用过程如图 2-17 所示。

Cre/loxP系统筛选标记重复利用过程：

① 利用 loxP-marker-loxP 系统敲除基因 A；

② 在敲除基因 A 的酵母中转入 Cre 质粒（如 pSH47），并用相应的筛选标记进行筛选；

③ Cre 质粒在酵母内表达相应的 Cre 重组酶，切除两个 loxP 位点间的 marker 基因和一个 loxP 位点，从而实现筛选标记的重复利用；

④ 利用 loxP-marker-loxP 系统敲除基因 B；

⑤ 重复②、③过程从而实现酵母中基因的多次重复敲除。

第三章　发酵过程基本操作

第一节　生物反应器及其分类

生物反应器是利用生物体（如微生物、动物细胞、植物细胞等）或酶所具有的生物功能，在体外进行生化反应的装置系统，是一种生物功能模拟机（如发酵罐等）。在生物质产品、酒类、医药、废水降解等方面有重要应用。生化反应也是一种或一系列化学反应，故可根据化学反应工程的分类方法，从不同角度对生物反应器进行分类。

按照所使用的生物催化剂的不同，可将其分为细胞生物反应器和酶催化反应器。细胞生物反应器主要包括通用式细胞生物反应器、气升式细胞生物反应器、自吸式细胞生物反应器、强循环式细胞生物反应器、泵循环式细胞生物反应器、泵循环自吸式细胞生物反应器、填充塔式细胞生物反应器、气泡塔式细胞生物反应器、内循环式细胞生物反应器、深柱式细胞生物反应器、外循环式细胞生物反应器等。酶反应器主要包括间歇式搅拌罐、连续式搅拌罐、多级连续搅拌罐、填充床（固定床）、带循环固定床、列管式固定床、流化床、搅拌罐-超滤器联合装置、多釜串联半连续操作、环流反应器、螺旋卷式生物膜反应器等。

根据反应器内的流体流动及物料的混合程度，反应器可分为理想反应器和非理想反应器。理想反应器内的流体流动和混合处于理想状态，包括平推流（活塞流）反应器（PFR）和全混流反应器（CSTR）两种。PFR内的物料完全没有返混，而CSTR内的物料处于最大程度的返混状态。可见PFR和CSTR是两种极限混合状态的反应器。物料的返混程度介于PFR和CSTR之间的反应器称为非理想反应器。实际应用的反应器都属于非理想反应器，但有一些可近似为PFR或CSTR。

根据操作方式，生物反应器可分为分批操作（即间歇操作）、半分批操作和连续操作三种类型。

（1）分批操作　又称间歇操作，采用此种操作方式的反应器又称为分批操作式反应器。以酶为催化剂的分批操作反应器，在开始反应到反应结束的整个过程中，无底物和产物的加入和输出。反应过程中，底物浓度、产物浓度均只随时间而变化。以细胞为催化剂的分批反应器，则在加入培养基后进行灭菌（或在已灭菌的反应器中加入经过灭菌后的培养基）、接种，维持一定的反应条件进行反应。接种以后，除了好氧反应需要在反应过程中通入无菌空气、消泡剂及为维持一定的pH值所用酸或碱之外，反应过程中不再加入反应基质，也没有产物的流出，在此反应过程中，基质浓度、产物浓度以及细胞浓度均随反应进行的时间而变化，尤其是细胞本身将经历不同的生长阶段，只有待反应进行到规定的程度后，才将全部发酵液放出，进行后处理。反应器经清洗、灭菌后，重新加入培养基，继续进行下一批的培养过程。因此，分批操作的基本特征是：反应物料一次加入、一次卸出；反应器物系的组成仅随时间而变化。由于分批反应器适合于多器种、小批量、反应速率较慢的反应过程，又可以经常进行灭菌操作，因此它在生物反应器中占有重要位置。

（2）连续操作　采用连续式操作的反应器称为连续式反应器。连续操作的特点是原料连续输入反应器，反应产物则连续地从反应器中流出。连续操作反应器一般具有产品质量稳定、生产效率高的优点，适合于大批量生产。特别是它可以克服在进行分批操作时细胞反应所存在的由于营养基质耗尽或有害代谢产物积累所造成的反应只能在一段有限的时间内进行的缺点。连续操作的实施，可以通过向反应器中以一定流量不断加入新的基质，同时以相同流量不断取出反应液，这样就可以不断补充细胞需要的营养物质，而有害代谢产物则不断被稀释而排出，生物反应可以连续稳定地进行下去。但是连续操作存在易发生杂菌污染，而且操作时间过长，细胞易发生退化变异等缺点。

（3）半分批操作　原料与产物只有其中的一种为连续输入或输出，而其余则为分批加入或输出的操作，相应的反应器称为半分批式反应器。半分批操作是一种兼有间歇操作和连续操作某些特点的操作。半分批操作对生化反应有着特别重要的意义。例如存在有基质抑制的细胞培养过程，当基质浓度过高时会对细胞的生长产生抑制作用，若采用半分批操作，则可把基质浓度控制在较低水平，从而解除其抑制作用。对于细胞培养，这种半分批操作又常称为补料分批发酵，或称流加操作技术。在这种操作过程中，由于料液的流加，反应液体积逐渐增大，到一定时间应将反应液从反应器中放出。如果只取出部分反应液，剩下的反应液继续进行补料培养，反复多次进行放料和补料操作，这种方法又称重复补料或重复流加操作。本章第三节和第四节介绍了补料分批培养及连续培养的实验操作技术。

根据几何形状（高径比或长径比）和结构特征，反应器可分为罐式（槽式或釜式）、管式、塔式及膜式等几类。罐式反应器高径比小（一般为1～3），通常装有搅拌器构成所谓的搅拌罐。它既可以分批或半分批操作，也可以连续操作。连续操作时，罐式反应器可以按多级串联形式使用。管式反应器的长径比最大（一般大于30）。塔式反应器的高径比介于罐式与管式之间，而且通常是竖直安装的。管式和塔式反应器一般只能用于连续操作。膜式反应器，是在其他形式的反应器中装有膜件，以使游离酶或固定化酶保留在反应器内而不随反应产物排出。

根据反应系统中物料的相的状态，反应器又可分为均相和非均相两类。气固、液固或气液固非均相反应系统中，根据流体与固体（一般为催化剂）的接触方式，反应器还可分为固定床及流化床等类型。

大多数工业发酵公司至少有一个从事实验室发酵研究的研发部门。这些实验室主要进行新产品开发的理论研究，筛选用于发酵的新菌种，开发用于发酵的新原料，解决工艺问题以及工程放大。如研发新的抗生素的制药工艺、发酵工艺，或研发诸如蛋白质替代品的新型发酵食品。在这些研发部门中，拥有小到100mL的摇瓶和大到100L的不锈钢发酵罐；在一个大的研发机构通常会有几种尺寸大小的小型发酵罐，从1L到5L甚至放大至20～50L，最终放大到中试工厂的100～1000L。较大尺寸的小型发酵罐数量的多少通常取决于其价格及研究人员的数量。应该指出，实验室或中试工厂用发酵罐的定义随不同用户而变化。一般来说，实验用台式发酵罐的工作容积可达3L，容器多为玻璃制成，通常不采用原位方式进行灭菌；而实验室用小型发酵罐通常工作容积为5～50L，立式，通常在原位灭菌，容器由不锈钢或玻璃制成，或二者的组合。

目前，已开发出几种先进的小型发酵罐，可专门用于不同类型的发酵。包括搅拌罐式反应器（STR）、气升式发酵罐、塔式发酵罐、流化床反应器及转盘式发酵罐。此外，也有实验室规模的固态发酵设备。每种发酵设备的配置可具有某种应用上的优点。

（1）摇瓶　摇瓶在发酵实验中具有多种用途，包括初始菌种筛选、正交试验和种子的培养。以微生物细胞为发酵罐的培养菌株时，至少有一个阶段需要摇瓶培养微生物。相对于发酵罐培养，摇瓶培养具有许多缺陷：低溶氧传递速率、控制环境条件粗糙和无菌回收试样困难等。

（2）搅拌发酵罐　搅拌发酵罐是在其顶部或底部带有搅拌器的圆柱形罐状反应器。应用比较普遍，由于其易于操作，设计简单、罐体、强度大。对于较小的小型发酵罐（如：台式发酵罐），可用硼硅酸盐玻璃用作圆柱罐，同时用不锈钢顶盘夹紧。小型发酵罐易于在高压灭菌锅中灭菌。罐体、培养基和传感器可同时灭菌，减少了无菌操作步骤，降低了污染杂菌的概率。玻璃容器通常在高压灭菌锅中灭菌。有时也可在原位灭菌，玻璃容器可用可移动的不锈钢网或夹套加以保护。这些玻璃容器的容积为1～30L，同时在容器中设计有叶轮、挡板、空气喷射器及取样口等。

（3）气升式发酵罐　相对于搅拌发酵罐，气升式发酵罐不具有任何机械搅拌系统，仅利用空气在发酵罐内循环以搅拌培养物。这种相对柔和的混合培养系统适于植物及动物细胞。叶轮搅拌小型发酵罐会产生较大的剪切力，造成植物或动物细胞破碎。气升式发酵罐的通气提供了对培养物及氧扩散进入培养物所需的搅拌作用。主要能量来自空气压缩机，能量消耗大幅度降低。气升式发酵罐的原理是基于含气量高培养物和含气量少的培养物之间密度的差异。在发酵罐通气过程中，含气量较低的培养基产生一上流的推力，导致培养基的循环。循环的类型取决于发酵罐内的装置。实验室规模的气升式发酵罐的基本设计为外部采用玻璃中空管，内部采用不锈钢管。气升式发酵罐的一个变型是管式循环发酵罐，以便增加发酵容积、维持保留时间，也可以几个串联运行。

（4）塔式发酵罐　塔式发酵罐可用于连续的酵母发酵过程，啤酒的连续发酵也可在塔式发酵罐中进行。塔式发酵罐设计简单，比常规的STR发酵罐便宜。30～50L容积的塔式发酵罐可用于实验室研究开发。在气升式及塔式发酵罐中，由于不需要复杂的机械搅拌系统，因而比STR发酵罐易于在实验室规模应用。

（5）固定化细胞的生物反应器　实验室规模开发应用了多种类型的生物反应器，主要包括固定床反应器、流化床、转盘式发酵罐等。固定床反应器在废水处理中已被应用多年，惰性的石粒、矿渣或砖等均可用于微生物细胞的吸附。虽搅拌罐式发酵是均相反应，但这类发酵属多相反应。目前已开发出几种可用于实验室的反应器系统，如管式填充床反应器。但该类反应器的主要问题是使固定床充分通气，如果空气有限，厌氧微生物会取代好氧微生物而占优势。流化床是一类在中空的容器中混合或循环了含有微生物膜或微生物团块的惰性密实颗粒的反应器。一些传统的发酵如醋酸发酵就是应用了这一类反应器。废水处理中一直在使用生物转盘。微生物吸附在盘上，这些转盘在废水中缓慢旋转，微生物膜分别暴露于废水及空气中。转盘式发酵罐可进一步开发用于工业规模的发酵过程。

生物反应器是使用生物反应得以实现的装置。生物反应器有多种形式，要使生物反应器运行流畅，需要对生物反应器和反应特征有深刻的理解，从而产生了生物反应器工程理念。生物反应器工程着重研究生物反应器本身的特性，如其结构和操作方式、操作条件对细胞形态、生长、产物形成的关系。生物反应器与生物反应工程结合，使各种生物反应在生物反应器中实现最佳状态。本章重点介绍实验室规模生物反应器，包括小型发酵罐、固定化酶（细胞）反应器及固态发酵设备的基本类型及其操作方法。

第二节 分批发酵技术

分批发酵是指生物反应器的间歇操作。在发酵过程中，除了不断进行通气（好氧发酵）和为调节发酵液的 pH 而加入酸碱溶液外，与外界没有其他物料交换。这种培养方式操作简单，是一种最为广泛的使用方式。分批发酵的主要特征是所有工艺变量都随时间而变化，主要的工艺变量是各种物质的浓度及其变化速率。分批培养是一个封闭的系统。接种后，除氧之外，一般都不向系统内添加和除去任何物质。分批培养系统中能在一段时间内维持微生物的增殖。一般分为 4 个时期：迟滞期、对数生长期、稳定期、衰亡期。

（1）迟滞期　培养基在接种后，常在一定时间内细胞浓度的增加并不明显，这一阶段为迟滞期。迟滞期是细胞在新的培养环境中表现出来的一个适应阶段。如果新环境中存在某种老环境中没有的营养物质，细胞须合成有关酶来利用该营养物质，从而出现迟滞期。许多胞内酶需要辅酶或活化剂，它们是一些小分子物质或离子，具有较大的通过细胞膜的能力。当细胞转移到新环境中，这些物质可因扩散作用而从细胞中向外流失，这是产生迟滞期的另一个原因。迟滞期的长短与种子的种龄及接种量的大小有关。种龄较小的种子产生的迟滞期较短，种龄较大的种子需要较长的迟滞期。对于同样菌龄的种子，接种量越大迟滞期越短。但培养基浓度则对迟滞期影响不大。

（2）对数生长期　在这一阶段中，由于培养基中的营养物质比较充足，有害代谢物很少，所以细胞的生长不受到限制，细胞浓度随培养时间指数增长。细菌的对数生长期一般为 0.25～1h，酵母菌约为 1.15～2h，霉菌约为 2～6.9h。动植物细胞的倍增时间较长，如哺乳动物细胞一般为 15～100h，植物细胞约为 24～74h。

（3）稳定期　因营养物质耗尽或有害物质的积累，使细胞浓度不再增长，这一阶段为稳定期，在此阶段内细胞浓度达到最大值。

（4）衰亡期　由于环境恶化，细胞开始死亡，活细胞浓度不断下降，这一阶段为衰亡期。

分批发酵过程中的代谢变化分为 3 个阶段：菌体生长阶段、产物合成阶段、菌体自溶阶段。

（1）菌体生长阶段　发酵培养基接种后，生产菌株在合适的环境中经过短暂的适应，即开始分裂、生长、繁殖，直至达到菌体的临界浓度。这一阶段的代谢变化主要是碳、氮源的分解代谢以及菌体细胞物质的合成代谢，二者有机联系在一起。营养物质不断被消耗，新菌体不断合成，溶解氧水平不断下降。当营养消耗至一定程度，菌体生长速度减慢；同时，由于菌体内某些中间代谢产物迅速积累，原有的酶活力下降（或消失）以及出现与产物合成有关的新酶等原因，导致生理阶段的转变，即由菌体生长阶段转入产物合成阶段。

（2）产物合成阶段　这一阶段以合成产物为主，产物生成速率达到最大，并一直维持到合成能力衰退。在这一阶段中，菌体重量有所增加，但呼吸强度一般无明显变化。代谢变化以碳、氮源的分解代谢和产物合成代谢为主，二者有机地联系在一起，营养物质不断消耗，产物不断合成。此外，尚有合成菌体细胞物质的代谢存在，但不是主要的。一般在这个阶段必须将营养物质的浓度控制在一定范围内，以利于产物合成代谢的进行。如果营养物质丰富，则促进菌体生长，抑制产物合成；如果营养物质贫瘠，则菌体易衰老，合成能力衰退，对生产不利。此外，发酵体系的 pH、温度、溶氧浓度等都会影响发酵过程中的代谢变化，进而影响产量。

(3) 菌体自溶阶段　这一阶段，菌体衰老，细胞开始自溶，合成产物能力衰退，生产速率下降，生物胺增加，pH 上升。这时发酵应该结束，否则会给发酵液的后处理和产物提取造成更大困难。

实验 3-1　摇瓶与分批发酵

微生物的培养类型主要有好氧培养和厌氧培养。绝大多数工业微生物的培养采用好氧培养，其实验室中最常见的方法便是振荡培养，以摇瓶培养为代表。

1. 摇瓶培养概述

摇瓶培养技术问世于 20 世纪 30 年代，由于其简便、实用，很快便被发展成为微生物培养中极重要的技术而得到普及，并广泛应用于工业微生物菌种筛选、实验室大规模发酵试验、种子培养等。摇瓶培养设备主要有旋转式摇床和往复式摇床两种类型，也有旋转式和往复式的混合类型，其中以旋转式最为常用。用旋转式摇床进行微生物振荡培养时，固定在摇床上的三角烧瓶随摇床以 200～250r/min 的速度运动，由此带动培养物围绕着三角烧瓶的内壁平稳地运动。在用往复式摇床进行振荡培养时，培养物被前后抛掷，引起较为剧烈的搅拌和撞击。振荡培养中所使用的发酵容器通常为三角烧瓶，也有使用特殊类型的烧瓶或试管。在振荡培养过程中所采用的烧瓶类型和振荡类型主要取决于所要研究的发酵类型及性质。振荡培养通常用于有氧过程中，主要是两种类型：①供氧相对较多，以产生大量的细胞，常见于丝状微生物（如霉菌、放线菌）中；②需供氧但所需供氧量较小，常见于细菌。要获得高氧供应，可在较大的烧瓶（200～250mL 三角烧瓶）中盛装相对较小容积的培养基，由此可获得更高的氧传递速率，便于细胞的迅速生长。要获得较低的供氧，则采用较慢的振荡速度和相对大的培养体积。经连续振荡培养一段时间后，细菌等单细胞微生物可以呈均一的细胞悬液；而丝状真菌和放线菌，可得到纤维糊状培养物——纸浆状生长。如果振荡不足，则会形成许多球状菌团——颗粒状生长。

振荡培养技术通常用于微生物菌种的筛选或生产工艺的改良和工艺参数的优化。因此，通常使用复合培养基。用于振荡培养的复合培养基通常由碳水化合物及多种蛋白质性物质（玉米上清、大豆粉、豌豆粉等）及植物油组成。这些培养基成分以不同的速率被代谢掉，从而为微生物提供一较长的、最适生长和代谢的条件。在复合培养基中通常还加入一些固体物质如石膏（$CaCO_3$），以协助各培养基 pH 的控制。此外，经过精心设计的化学限定性培养基（避免 pH 波动及防止重要培养基组分的突然耗尽）也可用于振荡培养。这类培养基的组成通常是蔗糖加酒石酸盐、铵盐、磷酸盐、金属盐类以及生长因子。

2. 摇瓶培养方法

在液体好氧培养过程中，振荡的目的在于改善活细胞的氧气和营养物的供给。摇瓶培养通常以特定生长条件下的培养物接种，也可用孢子接种，在绝大多数情况下，摇瓶接种量有一最佳浓度，此在摇瓶开始之前，必须通过预试验以确定。而在整个摇瓶发酵过程中保持相对无菌是成功地实施这项技术的必要保证。摇瓶培养的机械装置主要由用于放置和固定烧瓶的平台以及牵引其运转的马达和运转系统组成，摇瓶机需安装于有维持恒温和恒湿自动调节能力的隔热室内。目前也有具备恒温装置的小型台式摇床。考察摇床的设计和使用性能主要从下列几项入手：①所使用的设备；②平衡要求；③摇床的大小、型号；④培养条件及恒温调控；⑤试管或小型发酵器的振荡培养性能。通常，摇床的工作温度为 25～37℃。由于电机和机械传动部分的产热，振荡产热和微生物生长代谢释放的热能，使摇瓶中培养基的实际温度要比实际室温高2℃左右，且在强烈振荡时，此温差更为明显。因此，在实验过程中设计高温点时必须认真注意到这一问题。另外，由于夏季气温偏高，温控困难随之增大；培养放线菌和真菌时温控更为重要。因为大部分放线菌和真菌在30℃下培养时，其代谢已被严重干扰，而30℃的温度在摇瓶中是极易形成的。因此，摇床室中必须装配一个可靠的制冷系统。一般台式摇床都有一通过空气循环或水浴来保持恒温的装置，以便所有的摇瓶内培养温度处于同一水平。

振荡培养所用的发酵容器也可选用试管。所选用的试管大小可根据需要来定。将盛有一定体积的培养基的试管倾斜固定在支架上，倾斜角度一般为15°～30°，倾斜方向与振荡方向一致。试管随摇床平台作旋转式或往复式运动。用试管作发酵容器的优点在于在较小的空间范围内一次可处理较大的试样数，但其效率远不如三角烧瓶。因此，在通常情况下更多的是选择25～50mL小烧瓶。同样，在用试管进行振荡培养时，可在试管中盛装相对较少的培养基以旋转式振荡培养来为丝状微生物提供良好的气体环境，也可以用相对多的培养基，以往复式振荡培养，使细菌迅速生长。振荡培养中，三角烧瓶用6～8层医用纱布封口，试管塞一般用普通棉塞，也有使用封口胶或其他的塑料或金属盖。

3. 振荡培养中遇见的实际问题

振荡培养是建立深层发酵的开始。就一特定微生物而言，振荡培养时存在一最佳培养基配方和最佳培养基容量。一般来说，振荡培养丝状微生物时培养基最佳容量为50～100mL/500mL三角烧瓶，或25～50mL/250mL三角烧瓶，即为所使用的发酵容器容积的10%～20%。在这一范围内，所使用的培养基量越小，所得试验结果越好。通过使用带有挡板的烧瓶、使用气体通透性更好的封口胶代替纱布或棉塞，以及增加摇床振荡速率也可获得相同的效果。但需特别注意的是，提高振荡速率时必须注意烧瓶的放置位置与重力平衡，以减少由于角速度增加引起的磨耗和不平衡甚至翻车。使用棉塞和纱布时应采用普通棉纱而非脱脂棉纱，以防吸水潮湿而妨碍氧的扩散。

将经接种的烧瓶固定到摇床上培养，在培养过程中应特别注意两个问题：一个是上文已提及的温度控制，另一个十分重要的问题就是维持连续振荡。振荡不连续进行哪怕只是数分钟的停顿，对结果的影响都是极显著的。而且由于数分钟的停顿对微生物细胞生长的影响不明显，使影响从表面上不易被发现。有报道在用黑曲霉素生产柠檬酸的发酵试验中，提高通气率可以刺激柠檬酸的生产，中断通气时柠檬酸的产生直线下降，甚至不可逆转。在繁殖期中断通气20min不会使菌株的活性下降，但菌株生产和积累柠檬酸的能力受到不可逆的破坏或减慢。

经24～48h培养，可对烧瓶进行检查，以判断生长的程度和类型。在好氧生长时，消耗1g葡萄糖通常可增加0.25～0.5g的细胞。单细胞的细菌经培养后会出现一稠密或轻度稠密的培养物；而丝状菌株如在含5%的糖的培养基中生长可形成稠密细胞培养物，4～5d后，细胞密度可达20～30g/L。如果培养物产生毒性物质或大量的副产物以及产生抑制细菌生长的产物，则其生长速度相应降低。

振荡培养过程中，必须定期定时分析培养过程中的各种参数。通过光密度、培养基中细胞沉积或通过过滤、干燥和称重可定量或半定量地估计细胞生长情况。迅速而粗略地估计细胞生长的方法是将一些培养物放置于一小的测量瓶中，室温静置一段时间后根据细胞沉积粗略估计微生物细胞生长情况。此外，培养液的pH、残糖、色泽、表观和气味的变化也应随时加以记录；用显微镜检测菌丝末端状态、分枝情况、絮凝体形成及污染情况，对于掌握培养物的培养状况也是重要的。

细胞或孢子接种浓度对试验的成功极为重要，不同的微生物细胞或孢子以及不同的振荡培养过程的接种浓度差异可以是十分显著的，且各自存在一最适浓度。此必须在预试验中确定。最适接种浓度的获得和使用可保证良好的生长和高质量的培养物的获得。使用不同的接种浓度还可获得不同的生产类型。例如，当使用 $2\times10^2\sim1\times10^3$/mL 青霉孢子接种浓度时，经 25℃培养 120h 后菌丝呈平滑、致密沉积体；而当接种浓度在 $5\times10^3\sim5\times10^4$/mL 时，相同条件下培养后则呈小、纤丝状的絮凝物，直径在 0.4mm 左右。振荡培养中最常出现的另一问题是贫瘠生长。这通常是由于接种浓度太低或种子活力较差。经验而言，种子的培养时间为 1～2d，接种后培养基中的孢子浓度在 $5\times10^4\sim1\times10^6$/mL。振荡培养时培养物被污染并不常见，但一旦被污染，会带来许多麻烦。出现污染时，培养物表现为表观改变、气味异常、菌丝体浑浊不清、产品丢失等，需及时发现并及时处理。

实验 3-2　10L 发酵罐与分批发酵

1. 发酵罐（图 3-1）的介绍

（1）罐体部分　罐体带有夹套，用于培养基的预热和温度控制。

罐体中下部有几个 ϕ25 专用口，分别为 DO、pH 传感器及取样阀接口和一个温度传感器接口。

罐体正面装有矩形视镜，照明灯配用可观察罐内状况和培养过程。

SF—取样阀：罐体中下部的取样阀 SF，与蒸汽管道连接以达到灭菌、取样的目的（顺时针方向开）。

HF—放料阀：罐体底部装有放料阀 HF，并与蒸汽管道连接以达到灭菌、放料的目的（顺时针方向关）。

3—测温电极（1）：测量指示罐内的温度。

13—测温电极（2）：测量指示加热器的温度。

11—水位电极：检测加热器水位，防止加热器缺水。

1—DO 电极：检测发酵液的溶解氧浓度。

2—pH 电极：检测发酵液的 pH 值。

（2）罐盖部分　罐盖上有搅拌电机、搅拌轴、机械密封；罐盖上多个安装口分别作为接种，添加酸碱、消泡剂，消泡电极、液位电极等安装之用。

10—进气过滤器：用于过滤空气中的细菌。此前应加空气预过滤器，以保证空气是无油、无水、无杂质的。

7—冷凝器：用于回收尾气中蒸发的水分。

4—液位电极：发酵前调整液位电极的高低，发酵时选择自动补液功能便可控制液位。一旦进入发酵状态，液位电极再往下调整可能会导致染菌。

5—泡沫电极：发酵前调整泡沫电极的高低，发酵时选择自动消泡功能便可控制泡沫的位置。一旦进入发酵状态，泡沫电极再往下调整可能会导致染菌。

（3）进气部分

9—气体流量计：发酵时指示气体通量。

GP—气体稳压阀：具有油、水分离与压力调节作用。如用户用的不是无油、无水空压

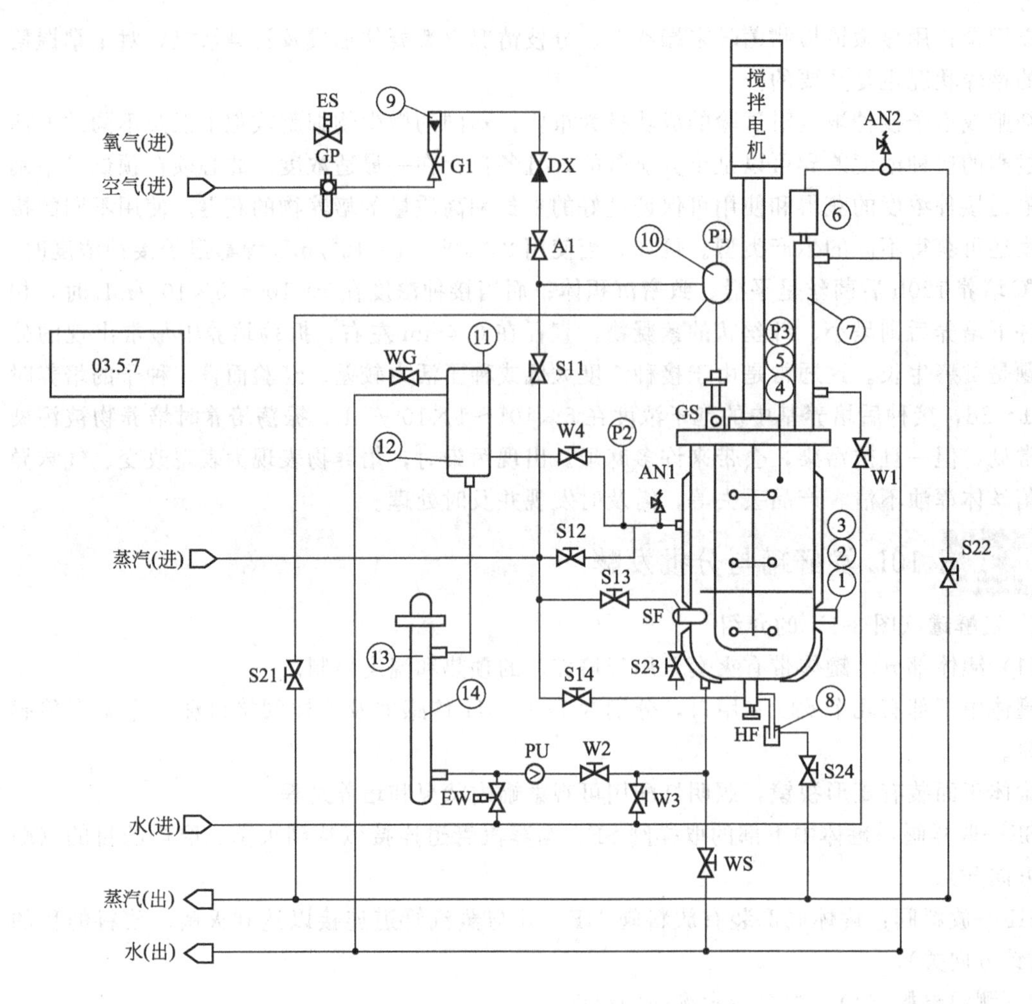

GP	气体稳压阀	W2	夹套进水隔离阀	A1	进气调节阀	11	水位电极
G1	气体流量调节阀	W3	夹套手动进水阀	HF	放料阀	12	储水器
ES	富氧电磁阀	W4	夹套回水隔离阀	SF	取样阀	13	测温电极(2)
GS	气、汽选择阀	WG	排空管	1	DO电极	14	加热器
DX	单向阀	WS	夹套水、汽排放阀	2	pH电极		
EW	冷却水电磁阀	S11	过滤器进汽阀	3	测温电极(1)		
PU	循环泵	S12	夹套进汽阀	4	液位电极		
P1	过滤器前压力表	S13	取样口进汽阀	5	泡沫电极		
P2	夹套压力表	S14	放料口进汽阀	6	尾气过滤	●	空气
P3	罐内压力表	S21	过滤器排水排汽阀	7	冷凝器	●	蒸汽
AN1	夹套安全阀	S22	尾气调节阀	8	放料口套	●	进水
AN2	罐体安全阀	S23	取样口出汽阀	9	气体流量计	●	排汽
W1	冷凝器进水阀	S24	放料口出汽阀	10	进气过滤器	●	排水

图 3-1　10L 发酵罐示意图

机，此前还必须安装预过滤器。

G1—气体流量调节阀：可手动调节流量。自动调节功能应在采购时选定。

A1—进气调节阀：与 G1 的作用相同，区别在于 A1 可承受较大的压力和温度。所以用 A1 切断蒸汽反冲的通路，而用 G1 调节气体的流量。

ES—富氧电磁阀：当通入空气满足不了发酵的溶解氧时，用于通入纯氧以提高溶氧度（采购时应说明是否需要此功能）。

GS—气、汽选择阀：将阀杆插下去且锁定，空气可通入罐底；灭菌时拔起阀杆并锁定，蒸汽对过滤器灭菌。

P1—过滤器前压力表：与罐内压力的差值就是过滤器的阻力。

P3—罐内压力表：当 P3 安装于尾气管路上时也可代表罐内压力。

DX—单向阀。

（4）水路部分

EW—冷却水电磁阀：罐体降温、夹套补水时自动打开。

PU—循环泵：控制水循环，有三挡流量可调。

W1—冷凝器进水阀：调节冷凝器冷却水流量。

W2—夹套进水隔离阀：灭菌时必须关闭，以防止夹套蒸汽进入循环泵。发酵调温时必须打开，否则冷热水不能循环。

W4—夹套回水隔离阀：灭菌时必须关闭，以防止夹套蒸汽进入加热器。发酵控温时必须打开，否则冷热水不能循环。

W3—夹套手动进水阀：进水电磁阀 EW 无法打开时用此阀进行手动冷却。

WS—夹套水、汽排放阀：夹套、加热器排水，循环泵放气。

12—储水器：循环系统水位限制，将溢出的水排放掉。

14—加热器：对罐体加温，冷却时用自来水。

（5）蒸汽部分

S11—过滤器进汽阀：对过滤器正向灭菌时用。操作此阀须小心，稍有不慎，会造成过滤器堵塞。另外，此阀打开时必须关闭 A1 阀，否则要损坏流量计。

S12—夹套进汽阀：对罐体进行加热时用。

S13—取样口进汽阀：对取样口灭菌时用。

S14—放料口进汽阀：对放料口灭菌时用。

S21—过滤器排水排汽阀：排放过滤器中的冷凝水及反向灭菌时排放蒸汽。

S22—尾气调节阀：调节罐压和尾气流量。

S23—取样口出汽阀：对取样口灭菌时调节排放蒸汽量。

S24—放料口出汽阀：放料口灭菌时排放蒸汽。

P2—夹套压力表：进罐前蒸汽压力。

AN1—夹套安全阀：当夹套中的压力大于 0.3MPa 时自动释放压力。

AN2—罐体安全阀：当罐体中的压力大于 0.3MPa 时自动释放压力。

（6）辅助设备

空气压缩机—气源，通气及使罐内保持正压。

蒸汽锅炉—蒸汽源，罐、阀及管道的灭菌。

高压灭菌锅—对培养基、酸、碱、消泡液、补料瓶、接口插针、胶管的灭菌。

（7）系统安装　发酵罐应安装在通风良好、空气洁净的房间，房间内应经常消毒。将罐体与控制电箱放置在平整地面上，调节支撑脚确保水平与垂直度。连接进水、排水、空气等管，并用卡箍固定夹紧，进水要加水过滤器。将搅拌电机、pH 电极、DO 电极、消泡电极、测温电极、水位电极、加热器、电磁阀的电缆接头与控制箱上相应处相连接。安装好黄绿接地线，保证罐体有良好的接地。

2. 发酵罐的灭菌

(1) 灭菌的准备工作

① 做保压试验，确保罐体的密封是否有效。保压试验：检查取样阀、放料阀是否关闭，检查罐体上所有接口、螺丝和堵头，保证就位正确。关闭尾气调节阀 S22，关闭所有蒸汽阀。使空气经 GP、G1、DX、A1 进入罐内，使压力升高到 0.05～0.08MPa 时关闭 A1。观察罐压，1h 内罐压损失不大于 0.01MPa 时比较理想。

② 打开 S22，释放罐内压力。

③ 取下 8，打开 HF，清洗罐体内壁，放尽罐内液体后关闭 HF。

④ 打开夹套水、汽排放阀。

⑤ 对 pH、DO 电极校验备用。空罐灭菌时，pH、DO 电极应取下。

⑥ 关闭罐体与管路上所有阀门，特别是 W1、W2、W4。若 W1 没有关闭，会造成冷凝器灭菌不彻底；若 W2、W4 没有关闭，蒸汽会进入循环泵、加热器，使之损坏。

⑦ 将 GS 拔起并锁紧（使过滤器与液体脱离，以防止液体反冲到过滤器内而损坏过滤器）。注意：如果这一步漏做，将堵塞进气过滤器。

⑧ 调整好液位电极和消泡电极的位置并旋紧。

注意：所有电机、电极的插头严禁与水或其他污染物接触，防止由此造成的电路故障。关闭水源开关。准备提供蒸汽。应保证锅炉所提供的蒸汽压力≤0.35MPa。

(2) 空罐灭菌　按步骤（1）做好准备工作。

① 打开工控机电源开关，选择灭菌辅助程序，设置灭菌温度（一般取值 115～124℃）、灭菌所需时间（10～40min），将搅拌转速设置为 0r/min，中间温度设置为 0℃，进入程序运行。注意：此时循环泵、加热器、电机应不工作，主控电源可以为关闭状态。

② 提供蒸汽，打开夹套进蒸汽阀 S12、夹套水汽排放阀 WS、尾气调节阀 S22，等夹套内的水排放完毕后，适当关小 WS 开度。此后通过调节 S12 和 WS 的开度，保持夹套内压力（P2）不超过 0.1MPa。

③ 当罐内温度升到 100℃时，关闭夹套进汽阀 S12，WS 则维持打开。打开底阀 HF（从底部往上看为逆时针旋转），打开 S14，使蒸汽从底阀进入罐内。开始时 S22 的开度应较大，使罐内的空气排走；5～10min 后将 S22 逐渐关小，使罐压上升（P3）。当温度达到设定温度时，通过调节 S14、S22 的开度，使罐压保持在 0.15MPa 以下，温度保持在所设定的温度上（具体按工艺需要）。注意：S22 不能全部关闭，以保证蒸汽流通达到有效灭菌。一般将 S22 固定为某个开度，通过调节 S14 来实现温度的控制。

④ 在对罐内进行空消灭菌时，可对空气过滤器、取样阀进行灭菌（一般应在实罐灭菌时做）。适度打开过滤器排水排汽阀 S21，对空气过滤器进行灭菌。此时蒸汽将从罐内进入过滤器，再经 S21 排走。S21 的开度不要太大，只需保证有蒸汽流通即可，此时应保证过滤器前压力 P1 与罐内压力 P3 之间的差值不大于 0.03MPa，否则过滤器要变形损坏。适度打开 S13、S23，对取样阀进行灭菌。适度打开 S24，对放料阀进行灭菌。灭菌一般时间为 15min。灭完菌后，将 S12、S13、S23、S24 关闭。

⑤ 当罐内温度达到设定的灭菌温度时，灭菌倒计时开始，当设定的灭菌时间到时，仪

器鸣叫（可以清消报警）。先关闭 S14，再立即关闭 HF，关闭 HF 不能用力过猛。停止蒸汽供应。将 S21、S22 阀门保持打开状态，使罐压下降。当罐压降至 0.05MPa 时，取下放料口套，打开放料取样阀，放尽罐内冷凝水后，空消结束。

（3）实罐灭菌　空消结束后，将配好的培养基加入罐内即可进行实罐灭菌。

① 取下 pH、DO 电极口堵头，装上已经校正好的 pH、DO 电极，调整好泡沫电极、液位电极工艺位置，拧紧其紧固螺帽。再次检查其他部件是否就位、密封。

② 按工艺要求从接种口放入培养基。一般培养基的配方量以罐体全容积的 70%～75% 计算（泡沫多的培养基为 65%左右，泡沫少的培养基可达 70%～75%），考虑到冷凝水和接种量因素，初始培养基量为罐体全容积的 50%左右。

③ 关闭水源开关，关闭所有阀门。

④ 打开主控电源开关、工控机电源开关，选择灭菌辅助程序，设置搅拌转速为 50～100r/min、中间温度为 90℃；灭菌所需温度：115～124℃；灭菌所需时间：10～60min，进入程序运行。注意：此时循环泵、加热器应不工作，它们的电源可以为关闭状态。

⑤ 先由夹套通蒸汽加热。打开夹套进汽阀 S12、夹套水汽排放阀 WS、尾气调节阀 S22，等夹套内的水排放完毕后，适当关小 ES 开度。此后通过调节 S12 和 WS 的开度，保持夹套内压力（P2）不超过 0.1MPa。当罐内温度达到设置中间温度 90℃时，仪器鸣叫，此时，搅拌电机自动停止运转。

⑥ 当罐内温度升到 100℃时，关闭夹套进汽阀 S12，WS 则维持打开。打开底阀 HF（从底部往上看为逆时针旋转），打开 S14，使蒸汽从底部进入罐内。开始时 S22 的开度应较大，使罐内的空气排走；5～10min 后将 S22 逐渐关小，使罐压上升（P3）。当温度达到设定温度时，通过调节 S14、S22 的开度，使罐压保持在 0.15MPa 以下，温度保持在所设定的温度上（具体按工艺需要）。注意：S22 不能全部关闭，以保证蒸汽流通达到有效灭菌。一般将 S22 固定为某个开度，通过调节 S14 来实现温度的控制。当罐温达到设定的灭菌温度时，灭菌倒计时开始。

⑦ 在对罐体进行实消灭菌时，可对空气过滤器、取样阀、放料阀进行灭菌（一般应在实罐灭菌时做）。适度打开过滤器排水排汽阀 S21，对空气过滤器进行灭菌。此时蒸汽将从罐内进入过滤器，再经 S21 排走。S21 的开度不要太大，只需保证有蒸汽流通即可，此时应保证过滤器前压力 P1 与罐内压力 P3 之间的差值不大于 0.03MPa，否则过滤器要变形损坏。适度打开 S13、S23，对取样阀进行灭菌。适度打开 S24，对放料阀进行灭菌。灭菌时间一般为 15min。灭完后，将 S21、S13、S23、S24 关闭。

⑧ 当罐内温度达到设定的灭菌温度时，灭菌倒计时开始，当设定的灭菌时间到时，仪器鸣叫。先关闭 S14，再关闭 HF，关闭 HF 不能用力过猛。停止蒸汽供应。将 S21、S22 阀门保持打开状态，使罐压下降。当罐内压力下降至 0.05MPa 时，关闭 S21、S22 阀门。

⑨ 调节 GP，将气体输入压力调节在 0.2～0.25MPa，打开 G1，打开 A1 使空气进入罐内，调节 S22，使罐内保持正压，等过滤器气阻较小时，插下并锁定气、汽选择阀 GS，进入通风冷却。

⑩ 关闭水、汽排放阀 WS，打开冷却水源，打开夹套手动进水阀 W3，打开夹套回水隔离阀 W4，进入手动冷却。10min 后关闭 W3，打开 W2，打开循环泵电源，打开加热器电源，进入发酵控制状态：先设置到较低的温度，让系统自动降温。同时可以让电机搅拌，但速度先不要太快，等罐盖降至常温后再提速。

⑪ 当罐内降至设定温度时，实消完成。

(4) 罐体灭菌过程的注意事项

① 发酵罐灭菌应在完成试车、保压密封试验后进行。保压密封试验：使罐内增压到0.08MPa，闭罐后1h内泄压小于0.01MPa，12h内泄压小于0.02MPa，24h内泄压小于0.03MPa均属于合格。

② 灭菌过程中要时刻注意观察罐压，通过调整S14、S21、S22阀门，将罐压控制在0.11～0.15MPa。严禁超压!

③ 灭菌中要仔细检查有关配件、管阀设备的位置、状态的正确性、有否安全隐患，要及时处理不安全因素。

④ 实罐灭菌培养基容量中，要考虑蒸汽冷凝水的增加量和培养基浓度。

⑤ 灭菌后罐体冷却，特别是实罐灭菌后压力下降很快，一定要保持罐压为正值，通过调节进出气量，使罐内压力保持在0.03～0.05MPa。

⑥ 各种电极校正、就位，必须在实罐灭菌之前完成。

⑦ 灭菌时罐体和有关管阀件温度较高，应增加相应保护措施（如手套、栅栏、警示牌等）防止烫伤。

⑧ 罐体灭菌后应对罐体及有关设备装置进行检查调整，如：各电极头、堵头、接口是否有松动。

⑨ 正式培养前需对设备再次进行检查，如：罐体、罐顶盖，控温、供气和补料系统的阀门，管道以及有关设备、装置的就位、状态是否良好正常。

(5) 发酵罐的运行

① 开车运行与培养（由实罐灭菌后待培养状态进入）。

② 取样后对pH电极进行校正，对DO进行设定。

③ 将经过灭菌的补料瓶胶管安装在对应的蠕动泵上。注意蠕动泵的运转方向与胶管安装的方向。

④ 根据工艺要求调整罐压与空气流量，适当开启W1，使冷凝器保持在冷却状态。

⑤ 按照培养工艺要求，从菜单中选择编辑栏目进入设置参数。

⑥ 进入发酵培养运行。

⑦ 观察各控制参数显示情况，适当修正灭菌后参数偏差值。

(6) 接种

① 当各测量参数显示正常且稳定、罐温稳定在设定（接种）温度，就可进行接种工作。

② 准备合格的菌种液。

③ 灭菌酒精盘内倒入医用无水酒精，点燃就位。慢慢打开接种盖，为了防止罐内气体将火焰吹灭，可将酒精盘适当抬高；然后将接种盖放在盛有酒精的容器中。

④ 将菌种瓶口放在火焰上烧一会儿，并在火焰下拔下瓶塞，小心而迅速地将菌种倒入发酵罐。

⑤ 盖上接种盖拧紧，灭掉火焰，并用酒精棉擦洗干净接种口周围。

⑥ 按工艺要求调节通气量、罐压。

(7) 培养基与酸、碱、消泡剂的添加（补料、换液）

① 将酸、碱、消泡剂、培养基等放入洗净的补料瓶，拧紧瓶盖。

② 夹紧长端出口软胶管（防止灭菌过程渗液）。

③ 把不锈钢插针放入保护套且与胶管补料瓶一起放入高压灭菌锅，灭菌 30～45min。灭菌后冷却待用。注意：补料瓶不能倒下，口朝上，一定要放稳固；呼吸过滤端一定不能堵塞。

④ 将补料瓶的连接胶管与相应的蠕动泵连接就位。

⑤ 选择补料输液口，取下补料口 ϕ19 堵头，用酒精棉花蘸些无水酒精涂在补料口上点燃，迅速取出待用不锈钢插针插入补料口并拧紧。

(8) 取样

① 打开 S23、S13，对取样阀进行灭菌，S23 应微开，保持 15min 左右，之后，关闭 S13。用火焰封住取样口，打开取样阀（顺时针），把预先灭菌的取样瓶置于火焰上，拔去瓶塞取样。

② 取样后，关闭取样阀，再打开 S13、S23 进行短时灭菌，待取样阀内的残液放尽后，关闭 S13、S23。

(9) 放料

① 开启 S14、S24 对放料阀进行灭菌，保持 15min 后，关闭 S14、S24。

② 取下放料口套，打开 HF 放料。

③ 关闭蒸汽源。

④ 放料后，根据工艺要求对发酵罐及管路空消或清洗。

实验 3-3 L-乳酸 5L 发酵罐发酵实验

1. 目的要求

① 学习和掌握利用发酵法生产 L-乳酸的原理和工艺操作。

② 熟练掌握 5L 发酵罐的结构和使用方法。

③ 掌握 L-乳酸、残糖和菌体浓度的测定方法。

2. 实验原理

乳酸的分子式为 CH_3CH_2OCOOH，相对分子质量为 90.08，因为乳酸分子内含有一个不对称的 C 原子，从而具有 D-型和 L-型两种构型。L-乳酸为右旋，D-乳酸为左旋，当 L(+)-乳酸和 D(−)-乳酸等比例混合时，即成为消旋的 DL-乳酸。

乳酸的生产有三种方法：化学合成法、酶法和微生物发酵法。发酵法制备乳酸是以淀粉、葡萄糖等糖类或牛乳为原料，接种微生物经发酵而生成乳酸。乳酸发酵的机理主要有：同型乳酸发酵、异型乳酸发酵、双歧杆菌发酵。

本实验用菌为嗜热乳酸杆菌（T-1），发酵方式为同型乳酸发酵。发酵机理如下：

葡萄糖经 EMP 途径降解为丙酮酸，丙酮酸在乳酸脱氢酶的催化下还原为乳酸。经过这种途径，1mol 葡萄糖可以生成 2mol 乳酸，理论转化率为 100%。但由于发酵过程中微生物有其他生理活动存在，实际转化率不可能达到 100%。一般认为转化率在 80%以上者，即认为是同型乳酸发酵。工业上较好的转化率可达 96%。

3. 实验器材

(1) 材料　乳酸菌。

(2) 试剂

① 种子培养基（g/L)：葡萄糖（玉米糖化液）30，酵母膏 5，蛋白胨 5，$CaCO_3$ 10。

② 发酵培养基（g/L)：葡萄糖（玉米糖化液）100、酵母膏 5，蛋白胨 5，豆浓 3。

③ 8mol/L NaOH 溶液。

④ 消泡剂

(3) 仪器　全自动式 5L 发酵罐，手提式压力蒸汽灭菌锅，752 紫外-可见分光光度计，生化培养箱，电热鼓风干燥机，电子天平，超净工作台，台式高速离心机，生物分析传感器，恒温振荡器，量筒，烧杯，离心管，移液管，酒精灯，接种环，pH 试纸，玻璃棒等。

4. 实验步骤

(1) 玉米糖化液的制备。

(2) 种子培养　取新鲜斜面菌种一环，接入种子培养基中，于转速 150r/min 摇床中，50℃培养 16～18h。

(3) 5L 发酵罐发酵

① 空消：空罐灭菌。

② 实消：将发酵培养基 2.7L 从进样口倒入 5L 发酵罐中，盖上盖子。检查发酵罐安装完好后，盖上灭菌罩，105℃灭菌 15min。

③ 校正：校正 pH 电极、溶氧电极（校正方法参考 5L 发酵罐使用说明书)。

④ 接种与发酵：在接种圈的火焰保护下，将种子培养液 300mL 倒入发酵罐中，控制发酵温度 50℃，pH 为 6.0，溶氧 0～20h，通风 60L/h，发酵罐搅拌 100r/min，20～72h 停止通风和搅拌，以 NaOH 为中和剂。

⑤ 测量：每隔 4h 取样，测菌体浓度、葡萄糖和 L-乳酸浓度。

(4) 注意事项

① 使用 SBA-40C 生物传感分析仪，要严格按照使用说明书进行，进样针使用完毕后要用蒸馏水清洗，以防进样针堵塞。

② 使用蒸汽发生器灭菌时注意蒸汽发生器压力不要太高，以免发生危险。

5. 实验结果

发酵培养时，按照一定的时间间隔取样测定并记录，结果记录见下表。

时刻	时间/h	葡萄糖浓度 /(g/L)	菌体浓度 OD_{600}	L-乳酸浓度 /(g/L)	签　名
8:00	0				
12:00	4				
16:00	8				
20:00	12				
24:00	16				
4:00	20				
8:00	24				
12:00	28				
16:00	32				
20:00	36				
24:00	40				
4:00	44				
8:00	48				
12:00	52				
16:00	56				
20:00	60				
24:00	64				
4:00	68				
8:00	72				

第三节　补料分批培养操作技术

补料分批培养（fed-batch）又称半分批培养（semi-batch）或半连续培养，俗称“流加”，是一种介于分批发酵和连续发酵之间的特殊培养模式，它是在微生物的分批培养过程中，向生物反应器中间歇或连续地补加供给一种或一种以上特定限制性底物，但直到反应结束后才排出培养液的一种操作方式。工业微生物反应多数采用这种方式操作。在培养的不同时间不断补加一定的养料，可以延长微生物的对数生长期和静止期的持续时间，增加生物量的积累和静止期细胞代谢产物的积累。

补料在发酵过程中的应用是培养技术上的一个划时代的进步。补料技术本身由少次多量、少量多次，逐步改为流加，近年又实现了流加补料的微机控制。

补料分批培养可以分为两种类型：①单一补料分批培养；②重复补料分批培养。

在开始时投入一定量的基础培养基，到发酵过程的适当时期，开始连续补加碳源和（或）氮源和（或）其他必需的基质，直到发酵液体积达到发酵罐最大工作容积后，停止补料，最后将发酵液一次全部放出。这种操作方式称为单一补料分批培养。由于受发酵罐工作容积的限制，培养周期只能控制在较短的范围内。

重复补料分批培养是在单一补料分批培养的基础上，每隔一定时间按一定比例放出一部分培养液，使发酵液体积始终不超过发酵罐的最大工作容积，从而可以延长培养周期，直至培养产率明显下降，才最终将培养液全部放出。这种操作方式既保留了单一补料分批培养的优点，又避免了它的缺点。

补料分批培养可以对培养液中的基质浓度加以控制，提高产物的生产效率。它可以应用于以下几种情况：所用底物在高浓度时对菌体生长有抑制作用；高菌体浓度培养即高密度培养系统；非生长偶联性次级代谢产物（即那些在菌体进入稳定状态时所产生的产物）的生产；存在Crabtree效应的培养系统；受异化代谢阻遏的系统；利用营养突变体的系统；营养缺陷型菌株的培养；希望延长反应时间或补充损失的水分的系统；提高产物得率；高黏度的培养系统。

近年来，随着理论研究和工业应用的不断发展，补料分批培养的类型从补料方式到计算机最优化控制等方面都取得了很大的发展。尽管它属于分批培养到连续发酵的过渡类型，但在某些情况下，几乎不再含有分批的概念而逼近连续操作，例如多级的重复补料分批培养。

目前，补料分批培养的类型很多，各个研究者所用的术语又不尽相同，因此分类比较混乱，很难统一起来。就补料方式而言，有连续补料、不连续补料和多周期补料；每次补料又可分为快速补料、恒速补料、指数补料和变速补料；从反应器中发酵体积分，又可分变体积和恒体积；从反应器数目分类，又有单级和多级之分；从补加的培养基成分来区分，又可分成单一组分补料和多组分补料；也可从物料流入速率和流出速率来分类。

补料分批培养的优点是能够人为地控制流加底物在培养液中的浓度。分批操作中一次加入的底物在补料分批操作中逐渐流加，因而可根据流加底物的流量及其被微生物消耗的速率，将该底物的浓度控制在目标值附近。这就是补料分批培养控制技术所要解决的关键和核心问题。

补料分批操作的核心是控制底物浓度，操作的关键就是流加什么物质和怎样流加。对于前者，应该流加关键底物，但要寻找这种关键底物，则需要微生物生理学、生物化学以及遗传学等方面的知识。在工程上更关心怎样流加的问题。

一、补料分批培养的流加方式及控制理论

1. 定量流加培养

流加的物质种类和流加方式是补料分批培养的关键控制点。在此，我们来看一下流加量 F_f 与生长速率的基本关系。X_i、S_j 依次表示各因素的浓度或量；μ_i，v_{ji} 为比生长速率。另外，V、F_f、F 依次表示发酵液体积、流入量、流出量，下角 f 表示流入液。

当 $n=m=p=1$ 时，假设 $\mu_1=\frac{\mu_m S_1}{K_m+S_1}$ 和 $V_{11}=\frac{1}{(Y_{x/s})_1}$ 成立，由 $\frac{dVX_i}{dt}=\mu_i VX_i+F_f X_{if}-FX_i$（$i=1，2，3，\cdots，n$），$\frac{dVS_j}{dt}=-\sum_{i=1}^{n} v_{ji}VX_i+F_f S_{jf}-FS_j$（$j=1，2，3，\cdots，m$）和 $\frac{dV}{dt}=F_f-F$，得出方程式(3-1)：

$$\frac{dVX}{dt}+Y_{x/s}\left(\frac{dVS}{dt}-S_f\frac{dV}{dt}\right)=0 \tag{3-1}$$

假设此式成立，则其与下式具有相同值：

$$[VX+Y_{x/s}VS]_{t=t_f}-[VX+Y_{x/s}VS]_{t=t_0}=Y_{x/s}S_f\{[V]_{t=t_f}-[V]_{t=t_0}\} \tag{3-2}$$

这是流加基质与残存基质量平衡时的菌体增加量，在流加开始以后，经过一段时间后可以忽略初期条件的影响，或当初期基质浓度与流加基质浓度相等时，菌体的增加量可写成：

$$V_x=Y_{x/s}V(S_f-S) \tag{3-3}$$

定量流加时，液体的体积呈直线增加，由此可知，菌体总量也应大致呈直线增加。另外，当菌体浓度约等于 $Y_{x/s}S_f$ 时，基质浓度 S 趋近于 0，即在定量流加的过程中，所预定的发酵液浓度是不一定的。另外，菌体的比增长速率 μ 也不一定。因此，可以考虑使比增长速率 μ 保持一定的流加方法。

2. 指数流加法

如果将方程式 $\frac{dVX_i}{dt}=\mu_i VX_i+F_f X_{if}-FX_i$（$i=1，2，3，\cdots，n$），$\frac{dVS_j}{dt}=-\sum_{i=1}^{n} v_{ji}VX_i+F_f S_{jf}-FS_j$（$j=1，2，3，\cdots，m$）和 $\frac{dV}{dt}=F_f-F$ 改转换成浓度的相关系数，则可得：

$$\frac{dX}{dt}=\left(\mu-\frac{F_1}{V}\right)X \tag{3-4}$$

$$\frac{dS}{dt}=-\frac{1}{Y_{x/s}}\mu X+\frac{F_1}{V}(S_f-S) \tag{3-5}$$

$$\frac{dV}{dt}=F_f \tag{3-6}$$

假设 μ 只是 S 的相关函数，则只要将 S 保持一定，就可以使 μ 保持一定。由式 $\frac{dVX_i}{dt}=\mu_i VX_i+F_f X_{if}-FX_i$（$i=1，2，3，\cdots，n$）可知，当 μ 一定时，$VX=(VX)_0\exp(\mu t)$ 成立。因此，令 $ds/dt=0$，则有：

$$F_f=\frac{(VX)_0}{Y_{x/s}(S_f-S)}\mu\exp(\mu t) \tag{3-7}$$

按照这种流加方程进行流加时，流量呈指数增加，因此，称其为指数流加分批培养(exponential fed-batch culture)。另外，对式(3-7) 进行积分可得：

$$V=\frac{(VX)_0}{Y_{x/s}(S_f-S)}\exp(\mu t)+V_0\left[1-\frac{X_0}{Y_{x/s}(S_f-S)}\right] \tag{3-8}$$

因此，如果 $X_0=Y_{x/s}$，则 $F/V=\mu$，由式(3-4) 可知，此时的菌体浓度为一定值。如不满足这一条件，则可使 F/V 尽量接近于 μ，则菌体浓度可以近似于定值。要使此条件成立的方法是，从最初基质浓度 S_f 开始下料，只要能适时调整下料浓度，就能按照指数流加法将 μ 保持一个恒值，X 也就保持一定。另外，X 保持一定时，则可将方程式(3-7) 简写成：

$$F_f=V_0\mu\exp(\mu t) \tag{3-9}$$

从最初开始采取这种流加方法也比较实用。

指数流加方法不仅是使限制性基质浓度保持一定的一种适用手段，也能使补料分批培养代替连续培养，用作研究 μ 与其他培养参数间关系的一种实验手段。而从方程式(3-7) 可以明显看出，当初期条件及参数错乱，或外部条件产生意想不到的变化时，就不能使 μ 保持恒定。这时，就有必要用上述的一些信息进行反馈控制。

另外，添加物种类的确定是比较重要的，它决定了控制系统的对象。

二、补料的内容、原则及措施

补料的内容大致可分为四个方面：补充微生物能源和碳源；补充菌体所需要的氮源；有的发酵过程还采用通入氨气和添加氨水等方法来补充氮源；加入某些微生物生长或合成需要的微量元素或无机盐；对于产诱导酶的微生物而言，在补料中加入适量的酶作用底物，是提高其产酶量的重要措施。

补料的原则就在于控制微生物的中间代谢，使之向着有利于产物积累的方向发展。利用中间补料的措施给生产菌的生长条件进行适当调节，使其在生物合成阶段具有足够而又不过剩的养料供给，以满足其进行产物合成和维持正常新陈代谢的需要。所补加的物料可以是单一的营养物，也可以是多种营养物。

在分批补料培养中，营养物的补入速率不一定是恒速的，根据不同的目的要求，它可以设计成多种方式，诸如周期补料、恒速补料、线性补料、指数补料及对数补料等，以及它们的不同组合。周期补料，又称间断补料，即每隔一定时间补入一次料；恒速补料，是指以一定的速度连续补料；线性补料、指数补料及对数补料则是指补料速度分别随时间呈线性、指数或对数关系递增。采用这种变速补料的意图，旨在使营养物的补入能够恰到好处，与发酵各时间的不同需求相配合，以便收到良好的效果。具体的补料时间及补料量可以将实验所得数据代入上述控制理论方程式，并对其进行解析而知。

1. 补糖的控制

在确定补料的内容后，选择适当的补料时间是相当重要的。补料的时间过早或过晚对发酵过程都是不利的。补糖时机对发酵的产量有很大影响。过早补糖，会刺激菌体的生长，从而加速糖的利用，在相同的糖耗速度下，发酵产物的产量明显低于加糖时间适当的批号。补糖的时机不能单纯以培养时间作为依据，还要根据基础培养基的碳源种类、用量和消耗速度，前期发酵条件，菌种特性和种子质量等因素来判断。因此，根据代谢变化如残糖含量、pH 值、菌丝形态来考虑，比较切合实际。

在确定补糖开始时间后，补糖的方式和控制指标也有讲究。补糖方法控制不好，难以收到应有的效果。如在谷胱甘肽（GSH）的发酵过程中，当初始的糖浓度低于 12g/L 时，细胞在持续增长的同时可以长时间保持较高的 GSH 合成能力。但是，只要总糖浓度超过 25g/L，不管是否补糖，GSH 的产量都将有所下降。

补糖的方式一般都以间歇定时加入为主，但近年来也开始注意用定时连续滴加的方式进行补料。连续滴加比分批加入的控制效果好，可以避免由于一次性大量加入而引起菌体代谢受到环境突然改变的影响。当一次性补料过多时，会出现发酵产物的产量在十几小时以内都不增加的现象，其原因可能在于菌体对环境的突然变化有一个更新适应的过程。这种突然改变有时还有可能导致合成方向的改变，使发酵液中的产物积累量受到影响。为了便于连续滴加，有的发酵工厂采用简单的滴加装置，可以计算滴加速率和加入的总量。

除了用还原糖作为控制指标以外，还可用总糖作为控制指标。如在土霉素的补料分批发酵过程中，总糖的补料原则为：前期少量多次，控制总糖5%～6%；中期保持半饥饿状态，残糖控制在4%～5%；后期，残糖在3%～4%；放罐在2%左右。

在有些发酵过程的控制中，还需参考糖的消耗速度、pH值变化、菌丝发育情况、发酵液黏度、发酵罐的实用体积等参数。

2. 补充氮源及无机盐

流加氨水是某些发酵生产外补料工艺中的有效措施，它起着补充菌体生产所需无机氮源和调节pH值的双重作用。流加氨水时要做到缓慢加入，并注意泡沫的产生情况。为了避免一次加入过多而造成局部碱性过大的现象，也有把氨水管道接到空气分流管内，借着气流的进入而带入，从而可与培养液进行迅速混合。

有些工厂根据发酵代谢的具体情况，中间添加某些具有调节生长代谢作用的物料，如磷酸盐、尿素、硝酸盐、硫酸钠、酵母粉或玉米浆等。如果有生长迟慢、糖耗低的情况出现，则可补充适量的磷酸盐，以促进糖的利用，但需注意培养时间和空气流量间的相互配合。如在土霉素发酵前期补2～3次酵母粉，可使发酵罐中的产物得率比对照组高出1500U/mL。另外，当青霉素发酵不正常、菌丝展不开而形成葫芦状时，糖耗速度缓慢，这时添加尿素水溶液会带来一定的好处。

总之，补料操作是灵活控制中间代谢的有效措施。补料的控制方法应依微生物种类、菌种和培养条件的不同而有所差异，不能照搬套用。在实际应用过程中，应根据具体情况，通过实践确定出最适的中间控制方法。

补料操作中应注意以下几个问题：料液配比要适合，浓度过高不利于料液的消毒及输送；过低，则会引起料液体积增大，从而带来一系列问题，如发酵单位稀释、液面上升、加消泡剂量增加等。由于经常性添加物料，应注意加强无菌控制，对设备和操作都必须从严管理；此外，应考虑经济核算、节约粮食，注意培养基的碳氮平衡等。

实验 3-4 酵母流加培养控制实验

1. 实验目的

讨论在流加培养系统中，保证最大量生产酵母的补糖方法；学习回路（loop）的开关控制。

2. 实验背景

当糖浓度过大时，酵母在进行菌体增殖的同时会生成乙醇。因此，在以生产酵母本身为目的的实验过程中，如果有乙醇产生，就会导致菌体得率下降。为了避免这种情况的发生，需要确定出能够进行最大量菌体生产的补糖方式。在此，采用指数流加和乙醇定值流加两种方式进行补料分批培养的控制。下面对这两种培养方法的效果进行比较。

3. 菌株

酵母（*Saccharomyces cerevisiae*）。

4. 基本培养基的组成

使用合成培养基，以下浓度表现为最终浓度。

① 葡萄糖	30g/L
② 硫铵	6.0g/L
H_3PO_4	3.0g/L
KCl	2.4g/L
NaCl	0.12g/L
③ $MgSO_4 \cdot 7H_2O$	2.4g/L
$FeSO_4 \cdot 7H_2O$	0.01g/L
$ZnSO_4 \cdot 7H_2O$	0.12g/L
$MnSO_4 \cdot 4 \sim 6H_2O$	0.024g/L
$CuSO_4 \cdot 5H_2O$	0.006g/L
$CaCl_2$	0.12g/L
④ 维生素液	3mL/L

用氨水调 pH 值为 5。

为了避免葡萄糖与氨基化合物发生褐变反应，以及磷酸盐与金属离子产生沉淀，需将培养基分成①②③④几组分别进行灭菌。

注：维生素液的组成（mg/L）：

生物素	20
泛酸钙	2000
叶酸	2
盐酸硫胺素	400
核黄素	200
尼古丁酸	400
盐酸吡哆醇	400
肌醇	1000
β-氨基安息香酸	200

5. 菌体保存

（1）长期保存　将上述培养基振荡培养 1d 以后，添加甘油令其占 20%，每 200μL 分注于螺口管中，在－80℃下进行保存。

（2）短期保存　用 YPGMA 培养基作成斜面进行传代培养。

6. 实验步骤

（1）种子前培养　在试管中调制上述培养液 5mL，各组分混匀后，用 pH 试纸确认为 pH 值在 5 左右（若 pH 不符合，则用 1mol/L NH_4OH 及 1mol/L HCl 调整），然后接入 1 环斜面菌种，在 30℃下振荡培养 12h。

（2）种子培养　在迈尔烧瓶（500mL）中调制上述培养基 50mL，各组分混匀后，用 pH 试纸确认 pH 值在 5 左右（若 pH 不符合，则用 1mol/L NH_4OH 及 1mol/L HCl 调整），然后接入已经培养好的菌种，在 30℃下振荡培养 12h。

（3）前培养　在迈尔烧瓶中调整上述合成培养基（事先将 pH 调制某种程度）→高压灭

菌→在净化台上混合培养基→用事先干燥灭菌的吸管与 pH 试纸，确认 pH 在 5.0→接种种子培养液 50mL→在 30℃恒温培养箱中振荡培养（约 24h）。

（4）正式培养　在 5L 发酵罐中或 2.5L 发酵罐中调制上述培养基，用 pH 控制仪确认 pH 在 5 左右（若 pH 不符合，则用 1mol/L NH_4OH 及 1mol/L HCl 调整），然后接 100mL 或 50mL 种子培养液，进行培养。培养条件为，温度 30℃、通气量 1vvm（通气比）、调节搅拌转数使溶氧浓度达 5×10^{-6}。若在接种后就进行采样，则需要间隔 3h 左右；若在其后的对数生长期采样，则每 1h 采取一次。采样量约为 5～10mL，流加培养时间约为 8h。

其中涉及的仪器安装、调试的具体步骤如下：

① 在 5L 容量的发酵罐（三环）中组建培养系统。此时，接上装有葡萄糖、碱溶液（NH_4OH）的烧瓶，再在罐的通气管路的入口处装上 PVA 过滤器，出口处装上通有冷却水的冷却管及棉滤管。

② 装上事先校正好的 pH 检测器，再装上调整好的培养基。

③ 用截流夹分别夹住罐子与碱溶液烧瓶间的硅胶管，再将罐及培养基高压灭菌。这时，用另外的小容器对消泡剂进行单独灭菌。

④ 打开 CO_2 分析仪上的开关，开机 30min 以后，再用 N_2 及校正气体，进行调零及跨度调整。

⑤ 在超净工作台内，将已灭过菌的金属离子溶液、维生素溶液，用干热灭菌过的吸管按预定量添加于事先灭菌的葡萄糖溶液中制作此混合液。

⑥ 从高压灭菌器中取出罐子，接上冷却水管，冷却至 30℃。

⑦ 将通气量调至 2.0L/min，接于 CO_2 分析仪上，再由接种口将⑤中的混合液加入罐中，然后，开启 pH 控制仪，将 pH 调至预定值。

⑧ 从接种口中接种种子培养液 100mL，将搅拌数调至预定值，开始正式培养。

⑨ 培养过程。

期间进行补料控制和培养过程的监控。用事先经干热灭菌的吸管采样分析，并将分析结果填入表中，以便对整个培养过程的变化情况进行分析。必要时，用干热灭菌后的吸管添加 1～2 滴消泡剂，令其充分消泡。

7. 补料方式

用下面两种方法，流加限制性基质——葡萄糖。

（1）指数流加法

① 调整上述培养基为 650mL，接种量为 50mL，限制性基质——葡萄糖的浓度定为 5g/L。

② 通气搅拌再进行分批培养时，令葡萄糖浓度约为 0，采样量定为 5～10mL，采样时用葡萄糖分析仪测定葡萄糖浓度。

当葡萄糖浓度约为 0 时开始流加糖，流加培养基中的葡萄糖浓度定为 5g/L。

将专用计算机上的 A/D 变换器与微管（micro-tube）相连，借此来实现糖流加速度的自动控制，使其维持在预定的水平上。流加量的平衡式如下：

$$F=\mu V_0\exp(\mu t) \tag{3-10}$$

式中　F——糖流加速度，L/h；

μ——比增殖速率，1/h；

V_0——初期培养体积，L；

t——培养时间，h。

在此，μ 设定为 0.1～0.3，培养时间定为 5h，在流加培养中，每 1h 采一次样。

（2）乙醇定值控制法

① 调制上述基本培养基 1700mL，接种。葡萄糖浓度定为 8g/L，接种量为 100mL。

② 通气搅拌，当葡萄糖浓度大致为 0 时开始补料分批培养，采样量约为 5～10mL，采样时用葡萄糖分析仪测定葡萄糖浓度。用特氟伦检测仪（tubing senser）测定乙醇浓度。

③ 确认葡萄糖浓度下降后，用 pI 控制系统，按照乙醇定值控制方式开始流加培养基，使培养基中的葡萄糖浓度定为 100g/L 左右。

④ 培养过程中，每小时采样一次，进行分析。

8. 采样方法

将吸管进行干热灭菌后备用→用火对采样管灭菌→将采样口的棉花用酒精湿润后，点火→戴上双层手套，打开采样口，用火烧→从灭菌罐中取出吸管，烧吸管，装上吸管→停止搅拌，进行采样（这时，若采样过量，采样口附近的样品会变焦，应特别注意）→用蒸馏水稀释所得样品使 OD_{660} 在 0.03～0.3 范围内测定，残留的样液 5000r/min 离心分离 10min→样品上清液在－40℃下保存。

9. 样品分析

（1）菌体浓度的测定

① 菌体干重的测定方法　培养结束后，用量筒正确量取发酵液（25mL）→5000r/min 离心分离 10min→丢弃上清液→将沉淀物溶于少量的水中→移入事先搅拌好的铝杯→95℃，24h，令其干燥→移入干燥器中进行测定→再次干燥约 1h，称重量，确认已经达到恒重。

② 菌体浓度　用蒸馏水对所采样品进行适当稀释，使 OD_{660} 在 0.03～0.3，并进行测定。将剩余的样液在 5000r/min 下离心 10min，取上清液，在 4℃下进行保存。

③ OD_{660} 测定值与菌体干重间的直线性关系分析　培养结束后，用蒸馏水适当稀释所得的培养液，使其在测定的范围（OD_{660} 为 0.03～0.3）内。制作稀释系列，测定 OD_{660}，求出 OD_{660} 与菌体干重间的关系。另外，确认是否在此范围内保持了 OD_{660} 的直线性。

（2）葡萄糖浓度的测定　用蒸馏水将所得样品上清液中的葡萄糖浓度稀释至 2g/L 以下，用 0.45μm 的微孔滤膜过滤以后用葡萄糖分析仪进行测定。操作过程如下。

① 装置的调整　事先稀释好的样品→从冰箱中取出葡萄糖的标准溶液，加热至室温。同时确认装置中含有充足的缓冲液→使开关处于 RUN 状态，按 CLEAR 键，流出缓冲液，清洗→等待装置指示处于稳定状态时，用 ZERO/INJECT 夹将表示值调为 0→向注射器吸管中吸入 200mg/dL 的葡萄糖标准液，插入注射器插入孔内→确认 WAIT 信号灯亮了以后，注入样品，然后按着活塞拔出注射器→确认 READ 信号灯亮后，按 CALIBRATE 键，用 CALIBRATE 将表示值调为（200±5）mg/dL→确认进入稳定运转（2～3s）后，按下 CLEAR 键，清洗。→若偏离零点，再度调整→测定样品。

② 样品测定法　确定零点（±5mg/dL 即可，若不符合则再度调整）→与标准液同样，将样品注入注射器吸管→将注射器吸管插入注射器口入孔内→信号灯亮了以后，注入样品，然后按着活塞拔出注射器→确认仪器运转稳定（2～3s）后，读取数值，按下 CLEAR 键冲洗。

③ 测定结束　测定结束后，按几次 CLEAR 键，将冲洗开关调至 STANDBY 位置。

(3) 乙醇浓度的测定

① 乙醇测定仪测定法(tubing sensor) 用多孔性特氟伦测定仪(tubing sensor)自动测定发酵液中的乙醇浓度。

测定原理:

将多孔性特氟伦管(tube)浸于培养基中,往管内(tube)通入 N_2,用 FID 检测器(岛津 GC-3BF)测定扩散到管内部的乙醇浓度。测定温度为 160℃。

N_2 气体流量	40mL/min
空气压力	$1kgf/cm^2$
H_2 气体压力	$0.8kgf/cm^2$
量程	8(×0.01V)
电流敏感性(sensitivity)	$10^3M\Omega$

② 气相色谱仪测定法 保存发酵液的上清液,培养结束后,用气相色谱仪(日立 G-3000)测定其中的乙醇浓度。

毛细管柱 FFAP	15m
设定温度	60℃
N_2 压力	$0.6kgf/cm^2$
空气压力	$1.1kgf/cm^2$
H_2 压力	$1.3kgf/cm^2$
注射器温度	200℃
检测器温度	150℃
记录计 D-2500 色谱处理装置(日立)	
稀释倍数(attenuation)	7
纸带传送装置	0.6cm/min

用乙醇浓度稀释至 1000×10^{-6} 以下的样品,与乙醇浓度为 500×10^{-6} 的样品等量混合,样品注射量为 $4\mu L$。

注:当 N_2 气流入以后,再升高测试温度。pH 值和 DO 值分别用 pH 计和 DO 计测定。

10. 实验结果的观察与分析

进行菌体生产时,目的是使菌体生长得率 $Y_{x/s}$,比生长速率 μ 保持最大水平。以此观点为出发点,对所得数据进行解析。

① 将所得数据总结于表中,求出各时刻的比生长速率 μ、生长得率 $Y_{x/s}$、产物得率 $Y_{P/S}$。

② 流加中用①求出的参数与流加前所得结果的变化,并对其原因进行讨论。

③ 用指数流加法进行补料分批培养时,菌体浓度、葡萄糖浓度与乙醇浓度等应为定值。从培养工程学的角度对其原因进行总结与讨论。

④ 与③相对应,对进行乙醇定值控制时所得结果与指数流加法间的差异进行讨论。

⑤ 从控制工程学的立场来看,指数流加法为底物的前置式控制,乙醇定值控制称为产物的反馈控制,对糖流加法在控制工程学中的意义进行讨论。

⑥ 根据 pI 控制系统的机构,对乙醇定值控制的结果进行评价。

⑦ 用单一的模式模式化菌体的举动(增殖、糖消耗、乙醇生产)使参数与实验值相符合,另外,有可能的话,计算培养过程。

⑧ 对这些流加法在最初提到的菌体生产方面的意义，以及改良方式进行讨论。

实验 3-5 耐高渗透压假丝酵母分批补料工艺发酵生产甘油

1. 菌种

耐高渗透压假丝酵母 Y78-1（*Cadina krusei*）。

2. 培养基

(1) 液体种子培养基 10%糖蜜溶液，0.1%尿素，700μg/L 蛋白质。

(2) 甘油发酵培养基 20%糖蜜（其中可发酵性糖约 50%），营养盐用量除特别注明外，0.1%尿素，70mg/L 蛋白质。

3. 菌种扩培

取新鲜斜面培养的酵母接种于液体种子培养基中，35℃、140r/min 下摇瓶培养，至菌体浓度达 10^8～10^9 细胞数/mL 或残糖达 1.5%时接种入发酵培养基。

4. 甘油发酵

将处于对数生长期后期的酵母菌种接种于发酵培养基中，接种量 10%，35℃、140r/min 下摇瓶培养。设置不同的葡萄糖粉的添加量，分别按 48h、72h、96h 等时间段补加糖，并设分次添加或一次投加；另外，也可对其他营养盐溶液，如氮、磷等也设计成一定的实验方案进行添加；尿素添加量设计为 0.1%、0.2%、0.3%三种水平，进行甘油发酵试验。

5. 分析方法

(1) 甘油浓度 采用高碘酸氧化法，测定值包括多元醇。

(2) 还原糖浓度 采用斐林试剂还原法测定。

(3) 菌体浓度 采用血细胞计数计，测定三次，取平均值。

6. 结果讨论

将实验结果进行分类绘图，从以下几个方面进行分析讨论。

(1) 耐高渗透压假丝酵母 Y78-1 的甘油发酵特性分析 以糖蜜发酵培养基为底料，考察 Y78-1 菌株的甘油发酵特性。

(2) 补糖方式对甘油生成速率的影响 在不灭菌条件下，直接将葡萄糖粉作为补糖原料，比较没有补糖和在不同时间补充不同量的葡萄糖粉时的发酵情况。

(3) 培养基中营养盐用量及补加方式对甘油发酵的影响 以甘蔗糖蜜为发酵培养基底料，考察总氮和总磷量对耐高渗透压假丝酵母 Y78-1 的甘油发酵的影响。

第四节 连续培养操作技术

连续培养又称连续发酵，是指以一定的速度向发酵罐内添加新鲜培养基，同时以相同的速度流出培养液，从而使发酵罐内的发酵液总量维持恒定，使培养物在近似恒定状态下生长的微生物培养方式。

在分批培养中，细胞是在封闭的系统中进行生长的。在此生长过程中，细胞的生长周期并不是微生物内在特性的表现，而是培养液中营养物受到一定限制的结果；细胞生长的中断必须是营养物消耗或有毒物质产生积累的结果。在这种条件下，即使在微生物的对数生长阶段，培养液中基质和细胞的组成也是不断变化的。所以不可能保证细胞的稳定生长。

与分批培养相反，连续培养中的细胞是在开放系统中进行生长的。人们可以在培养过程中移去一部分培养液，同时以同样的速度加入新的培养基质，从而使整个系统中的微生物数量维持在一个连续的稳定生长状态。

在连续培养过程中，可以独立地改变某一个生长参数，从而有利于在加工过程的优化中对细胞的生长和代谢动力学进行研究。与分批培养方式相比，连续性混合培养方式更易于进行多菌种间的竞争作用或相互作用方面的研究。在连续培养过程中，可以"捕捉"到一些在分批培养过程中很难观察到的现象，如同步生长和振荡现象。对连续培养在一个变量上浮或下滑过程中的过渡性质进行观察，是研究细胞生长和代谢规律的一种有效手段。这种过渡特性也可用于培养方式的设计与优化。除此之外，连续培养还是筛选那些具有优良生物学特性和繁殖力的菌系及（或）亚克隆的有效手段。

在20世纪70年代，连续培养的应用使生物学和细胞生理学方面的基础研究受益匪浅，并在80年代和90年代初期重新得到使用。其主要原因是，连续培养在单细胞蛋白、乙醇、溶剂、食品的工业化生产及废水处理中具有巨大的应用潜力。目前，连续培养在生物技术中的应用多集中在废水处理、初级代谢物（如乙醇、有机酸）和发酵型食品的生产、酶的催化反应等方面。另外，对动物细胞进行连续培养，可以进行单克隆抗体和重组蛋白质的生产。但是，由于难以保证在长时间的连续培养过程中进行纯种培养，而且菌种在此培养条件下发生变异的可能性较大，在工业规模的生产上很少采用连续发酵。目前，只有在丙酮丁醇厌氧发酵、纸浆液生产饲料酵母以及活性污泥处理各种废水等方面，才使用连续发酵工艺。连续培养技术的主要用途依然局限于实验室规模的基础研究和工艺优化。例如，利用连续培养技术，可以对一些新型生物技术，如通过基因修饰细胞对动物细胞和微生物培养进行定量研究。连续培养技术还可用于生物反应器的定性、控制及放大试验等方面的研究。

变型恒化器（如自动恒化器）的开发与使用，不仅克服了恒化器的一些不足之处，而且开辟了连续培养的新途径。随着高稳定性重组菌株和细胞系的出现，以及高稳定性和准确性在线检测及控制技术的发展，作为研究工具，连续培养技术在基础研究和工业化生产中的应用将更为广泛。

根据控制模式，可将连续培养分为两种类型：①恒化器系统，在此系统中，以恒定不变的速度加入某一必需的限制性营养物，从而使系统中的细胞密度与生长速度发生相应变化；②恒浊器系统，在此系统的控制过程中，加入新鲜培养基，从而使系统中的细胞密度维持不变。虽然控制菌体生长速度的方法并不一样，但它们是互相补充的，可用相同的动力学表达式来表示。这两种系统的基本要求是，使生化反应器中的培养液体积保持不变。

用于控制培养液体积的方法有多种，最简单的方法是，在生化反应器内部的一定高度处安装一个溢流管，从而当一定的新基质进入反应器时，就会有等量的培养液进入溢流管，并在重力作用下通过收集器；也可使泵体与培养液出口相连，但必须要保证新基质的压入速度与流出速度相等。典型的实验室连续培养系统如图3-2所示，又称恒化装置，包括灭菌的培养基储存器、进出料泵、附搅拌器的培养罐、流出液面指示器（以保持培养罐恒定的容积）、pH控制器及取样装置，对需氧微生物还有通入无菌空气的装置。系统的pH、温度、溶解氧等控制恒定。比较复杂的系统是把整个反应器放在一个天平或负荷单元上，通过控制培养液的出口速度来保证反应器的重量保持不变。恒浊器是用一个光学单元来持续地测试培养液中的细胞密度，从而通过调节基质的流入量来使细胞密度保持不变。

在实际操作过程中，除了对基质进入反应器的量进行控制以外，还需要考虑一些其他的环境参数，如温度、pH值、溶解氧。

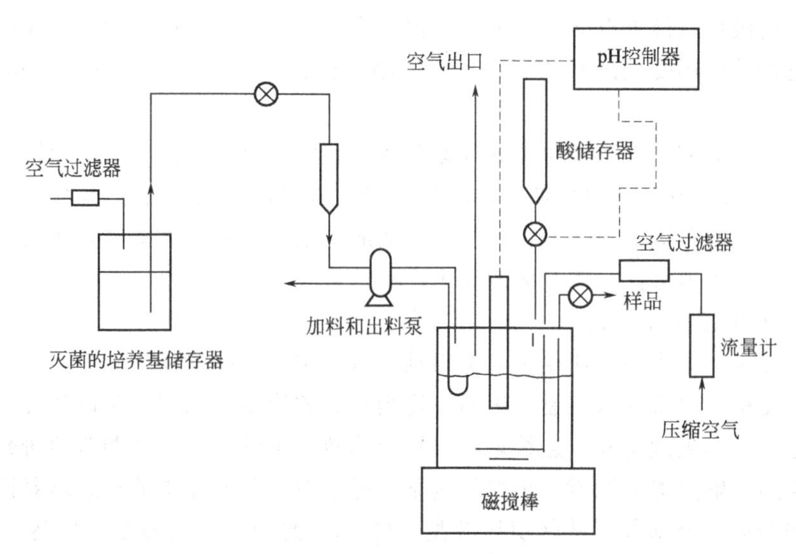

图 3-2 典型的实验室连续培养系统

除恒化器之外，能够进行连续培养的设备还有能够维持细胞密度恒定不变的恒浊器（Turbidostat），不改变剩余底物浓度的营养恒定反应器（Nutristat），维持 pH 不变的 pH 自动恒化器（pH-auxostat），控制 CO_2 排出速率（CER）为恒值的 CER-恒化器（CER-stat）以及维持氧量不变的溶氧恒化器（DO-stat）和摄氧恒化器（OUR-stat）等。

如前所述，连续培养的细胞生产速率高于分批培养，因此，连续培养在单细胞蛋白的生产和丙酮-丁醇、啤酒等生产中得到了广泛应用。在废水的生化处理中，采取对活性污泥进行循环利用的连续培养方式，有利于增加设备的处理能力和提高水的处理质量。但是，连续培养在工业上的应用远不如分批培养那样普遍。这主要是因为连续培养的时间长、容易染菌及菌种易发生退化。当退化细胞所占的比例逐渐增大时，生产能力就会逐渐下降。另外，细胞在反应器、搅拌轴、排液管中的生长也增大了长期进行连续培养的难度。

连续培养的特性决定了其在实验室具有广泛的用途，可分为以下几个方面。

1. 菌体生产

和分批培养相比，连续培养省去了反复的放料、清洗、装料、灭菌等步骤，避免了延迟期，因而设备的利用率高，菌体的生产率相应提高。另外，在连续培养时，选用适当的营养物质作为限制性基质，也有可能提高产物的生产率。如利用连续培养变异链球菌生产乳酸时，利用碳源作为限制性基质时乳酸产量较低，但当用磷酸盐或氮源作为限制性基质时，菌体的生长受到限制，培养基中碳源转化为乳酸的效率提高，生产速率也大有提高。有时可采用多级连续培养来提高生产速率。例如在利用 *A. eutrophus* 合成 PHB 的生产中，整个发酵过程可分为两个阶段来进行，即菌体生长阶段和 PHB 合成阶段。根据这一特点，考虑采用二级连续培养，第一级以碳源为生长限制性基质和氮源丰富的条件下，菌体细胞大量繁殖而胞内积累的 PHB 量很少，以获得大量菌体；第二级只流加 PHB 合成所需的碳源，而不补加氮源，促进了 PHB 的生产。

2. 代谢产物生产

连续培养在工业上用于大量生产微生物代谢产物的实例较少，其主要原因在于长期运行时易发生杂菌污染和菌种退化问题。菌体在反应器壁、搅拌轴、排液管等处生长也增加了实施连续培养的困难。另外，菌体在连续培养时不断被稀释，菌体浓度比分批培养时低，虽然连续培养在一些操作条件下有非常高的产物比生产速率，但胞外产物的浓度往往比分批培养低得多，这也是其应用受到限制的一个重要原因。已在工业上应用的有啤酒和丙酮-丁醇等的生产。

采用连续培养的方法生产微生物的代谢产物时，应注意选用恰当的限制性基质。例如利用 *Streptococcus mutans*，以葡萄糖为碳源来生产乳酸时，若限制性基质为葡萄糖，则乳酸的比生产率很低。若以氮源为限制性基质，乳酸的比生产率有很大提高，而且乳酸的浓度最大，若限制性基质为磷酸盐，则乳酸的比生产率达最大。

3. 微生物的生理特性研究

在分批培养中，微生物的比生长速率很难加以控制，而在连续培养中，微生物的比生长速率可通过改变稀释率来加以控制，因而在连续培养的稳定状态下，可以从容地研究微生物在不同生长速率下的生理特性。连续培养也被成功地用于微生物代谢调节的研究。精氨酸合成途径中的阻遏和解阻遏问题就是很好的例子。通过对一些变异株的连续培养证实，由谷氨酸合成精氨酸的第 6 个酶鸟氨酸转氨甲酰酶（OTC）的合成受精氨酸的阻遏；鸟氨酸或瓜氨酸具解阻遏作用，但不增加 OTC 的水平。乙酰鸟氨酸酶和精氨基琥珀酸酶也有类似情况。这些结果对搞清精氨酸合成途径的调节起很大作用。

4. 发酵动力学研究

连续培养可得到一系列不同的稀释率，即比生长速率下的稳态限制性基质浓度。如果微生物的生长可用 Monod 方程描述，采用双倒数法，即将 $1/D$ 对 $1/s$ 标绘，可得到一条直线，它在 $1/D$ 轴上的截距为 $1/\mu_m$，斜率为 K_s/μ_m，从而可以估计出参数 μ_m 和 K_s。

当连续培养达到稳定状态时，反应器中的细胞浓度、基质浓度、产物浓度、细胞的比生长速率都能基本保持恒定，从而有利于进行细胞的代谢活动与环境间关系方面的研究。在单级连续培养时，当反应器内达到稳定状态，细胞的比生长速率等于稀释速率，只要改变加料的流量，就可以人为地调节细胞的比生长速率，从而可以研究细胞在不同比生长速率下的生理特性。连续培养也已广泛地用于生物反应动力学方面的研究，从而有利于制定适当的生物反应控制策略。

5. 培养基的改进

连续培养也成功地用于培养基配方的改进。它的原理是，在一定的稀释率下，在溶氧不成为限制性因素的前提下，增加培养基中限制性基质的浓度可能有两种后果：一是仍为该基质限制，表现为在反应器中其浓度基本不变而菌体浓度明显增加；二是其他某种基质成为限制，表现为菌体浓度无明显增加而原限制性基质的浓度明显增大。这样就为改进培养基配方提供了一个方向，而不需进行大量的摇瓶试验。

6. 菌种的筛选和富集

当多种微生物在同一反应器中混合连续培养时，各种微生物竞争利用限制性基质，从而具有优势的微生物得以保留，不具优势者则被洗掉而淘汰。例如要筛选利用甲醇作为碳源的微生物，可把甲醇作为培养基的唯一碳源，接种混杂各种微生物的混合培养液，在非无菌条件下连续培养，经过一定时间后，反应器中未被冲出的微生物在以甲醇为碳源的培养基中有较大的比生长速率。与此相类似，使反应器中培养液的 pH 保持在较低的水平下，可以富集霉菌或酵母；提高反应器的温度，可以筛选出高温菌等。在纯培养条件下也可用连续培养筛选高产菌株，如连续培养芽孢杆菌，得到产芽孢能力低的变异株，其淀粉酶的生产能力高于亲株；在各种条件下连续培养大肠杆菌，得到的菌株胞内酶的比生产率提高 20～30 倍。

7. 微生物遗传稳定性的研究

进行连续培养时，微生物可以在理论上无限地生长，因而也是研究其遗传稳定性的好方法。早在20世纪50年代，许多研究人员已用连续培养的方法研究微生物的自然变异率或化学诱变率。近年来，基因操作技术的发展，使许多昂贵的具有重要生理活性的人体蛋白可利用微生物来大量生产。通常利用重组质粒将外源目的基因转入宿主菌内，若该重组质粒丢失或有关基因发生突变，基因工程菌即失去生产能力，因而其质粒稳定性是十分重要的。连续培养已广泛地用于基因工程菌的质粒稳定性研究，例如生长速率（稀释率）、限制性基质、质粒与宿主等对质粒稳定性的影响。

研究微生物细胞中重组DNA质粒的稳定性，通常需要培养100代或更多代数，分批培养法就不能满足要求。即使采取多次转接的方法，由于培养液中营养物质浓度等因素会发生很大变化，细胞的生长环境变化大，比生长速率不恒定，不能得出精确的结果。因此，连续培养被广泛地用于研究基因重组微生物的质粒稳定性、质粒的结构不稳定性、载体-宿主系统对稳定性的影响等。

在连续培养时若细胞的质粒发生丢失，或基因发生突变，或发生杂菌污染，就成为几种细胞的混合培养，它们竞争利用限制性基质。设A、B两种细胞进行混合连续培养，细胞和限制性基质浓度的变化率为

$$\frac{\mathrm{d}X_{\mathrm{A}}}{\mathrm{d}t}=\frac{\mu_{\mathrm{mA}}SX_{\mathrm{A}}}{K_{\mathrm{SA}}+S}-DX_{\mathrm{A}}$$

$$\frac{\mathrm{d}X_{\mathrm{B}}}{\mathrm{d}t}=\frac{\mu_{\mathrm{mB}}SX_{\mathrm{B}}}{K_{\mathrm{SB}}+S}-DX_{\mathrm{B}}$$

$$\frac{\mathrm{d}S}{\mathrm{d}t}=(S_0-S)D-\frac{\mu_{\mathrm{mA}}SX_{\mathrm{A}}}{Y_{\mathrm{A}}(K_{\mathrm{SA}}+S)}-\frac{\mu_{\mathrm{mB}}SX_{\mathrm{B}}}{Y_{\mathrm{B}}(K_{\mathrm{SB}}+S)}$$

式中，Y_{A}和Y_{B}分别是细胞A、B对限制性基质的得率系数。

于是

$$\frac{\mathrm{d}\ln\left(\frac{X_{\mathrm{A}}}{X_{\mathrm{B}}}\right)}{\mathrm{d}t}=\frac{\mu_{\mathrm{mA}}S}{K_{\mathrm{SA}}+S}-\frac{\mu_{\mathrm{mB}}S}{K_{\mathrm{SB}}+S}$$

也就是说，当细胞A的比生长速率大于细胞B时，最终A将取代B，反之则B取代A。一般来说，带有重组DNA质粒的细胞，其比生长速率低于宿主细胞在同样培养条件下的比生长速率，连续培养的最终结果将是宿主细胞取代带有重组DNA质粒的细胞。在发生染菌的情况下，当杂菌的比生长速率低于所培养的细胞时，杂菌将被洗掉，如果杂菌的比生长速率高于所培养细胞的比生长速率，则杂菌将完全取代原先所培养的细胞。

实验3-6　面包酵母的连续培养

酵母是一种代表性的厌氧微生物。随着氧气供给的有与无、糖质的种类和浓度的变化，酵母菌的呼吸特性和发酵过程都发生微妙的变化。在此，以葡萄糖为限制性营养物质，通过恒化器连续培养，来研究酵母菌的呼吸与发酵间的相互作用。

1. 实验菌株

Saccharomyces cerevisiae

2. 培养基组成

葡萄糖10g；KH_2PO_4 1.5g；$(NH_4)_2SO_4$ 5.0g；$CaCl_2 \cdot 2H_2O$ 0.06g；K_2SO_4 0.4g；

$MgSO_4 \cdot 2H_2O$ 0.5g；$FeSO_4 \cdot 7H_2O$ 20mg；$CuSO_4 \cdot 5H_2O$ 0.1mg；$ZnSO_4 \cdot 7H_2O$ 2.0mg；生物素 0.1mg；硫胺素 14mg；泛酸钙 1.5mg；维生素 B_6 3.0mg；肌醇 60mg；去离子水 1L；pH5.0。

按上述比例将除葡萄糖、维生素混合液以外的各组分进行混合，并用去离子水进行溶解；葡萄糖与维生素用去离子水溶解，灭菌后与其他物质进行混合。最后所得混合的总体积为，贮液槽用 15L，微型发酵罐用 1L。其中用于溶解葡萄糖和维生素的去离子水量分别为 500mL（贮液槽）和 200mL（微型发酵罐）。

3. 单槽连续培养罐的组件与安装顺序

（1）所用组件及试剂

① 微型发酵罐：体积，2.6L；装液量，1.0L。

② 存贮槽：体积，20L。

③ 定量泵：4 台。

④ pH 复合电极：1 个。

⑤ 溶氧电极：1 个。

⑥ 时间调节器：1 台。

⑦ 棉花滤管：4 个。

⑧ 硅胶管：尺寸最好为内径 2mm，外径 4mm。

⑨ 玻璃管：尺寸最好为内径 3mm，外径 5mm。

⑩ 试剂：消泡剂，将化学纯 Antifoam AF-Emulsion 制成 250mL 5%的溶液置于 500mL 的烧瓶中，然后加入磁力搅拌棒；碱溶液，制成 250mL 2mol/L 的 NaOH 溶液，加入 500mL 的烧瓶中。

（2）各组件的安装顺序

① 在微型发酵罐中放入配制好的培养基，固定溢流管的位置（预先确认位置和液量的关系），在溢流管末端接上 1.5m 的硅胶管，并将其两端用节流夹卡住。

② 用约 2.0m 的硅胶管将培养基贮液槽和罐上的培养基进口进行连接，在接近发酵罐和贮液槽的地方，分别用节流夹卡住。

③ 将事先用缓冲液校对好的 pH 复合电极插入微型发酵罐中，pH 复合电极与发酵罐的连接部位用帽子盖好。

④ 将事先用饱和空气和无氧溶液校正过的溶氧电极插入微型发酵罐中。

⑤ 将装有碱溶液和消泡剂的烧瓶用橡皮管与发酵罐连接起来，靠近罐的部分分别用节流夹卡住。在装有碱溶液和消泡剂的烧瓶上装上棉滤管。

⑥ 在通气管的入口处装上 PVA 过滤器，出口装上棉滤管。发酵罐和 PVA 过滤器间用节流夹卡住，以防培养基产生倒流。

⑦ 将连接好的连续培养装置放入高压灭菌器中进行灭菌，灭菌条件为 121℃、15min。灭菌以后，从高压灭菌器中取出灭菌后的罐子，立即通气，持续冷却至培养温度 30℃。到达预定温度后，将通气量、搅拌速度分别设定为 2vvm（2L/min）和 600r/min。

⑧ 将预先培养好的种子培养基接入发酵罐中，开始进行分批培养。为了防止产生泡沫，将消泡剂流入与泵相连的时间调节器中，调节泵的流速，使每隔 10min 滴入 2～3 滴消泡剂。

⑨ 定时测定培养液中的菌体浓度，求出菌体的增殖速度。调节排出端的料液流速为进料端料液流速的 2 倍左右，但要防止由于泵体的流量误差而引起发酵罐中的培养液体积增

大。此时，以比所测得的增殖速度小的稀释速度开始供给培养基。本实验取 0.1、0.15、0.23、0.3、0.36L/h 共 5 点作稀释率。

⑩ 当体积的波动产生 3～4 次以后，开始测定菌体量。当菌体量没有变化时，即达稳定状态。

⑪ 测定各稀释率下的菌体浓度（X）、残糖含量（S）、乙醇浓度（P）、溶氧浓度（C）、气体代谢量（Q_{O_2}、Q_{CO_2}）。再另外测定贮液槽中的葡萄糖浓度（S_0）。

4. 结果的分析方法

(1) 菌体量（X）　用去离子水将发酵液进行适当稀释后，在 660nm 下测定浊度。也可以测定稳定状态时的菌体干重，方法是，取适量发酵液在事先干燥至恒重的过滤器（孔径 1.2μm）中进行过滤，然后用冷水清洗（约 20mL）2 次后，在 105℃烘干约 10h，直到用较精密的天平称量时，达恒重为止。

(2) 葡萄糖浓度（S）　葡萄糖浓度用酶法测定。

(3) 乙醇浓度（P）　乙醇浓度可根据以下原理进行测定：

$$\text{乙醇} + NAD^+ \xrightarrow{\text{乙醇脱氢酶}} \text{乙醛} + NADH + H^+$$

根据以上反应，可以利用 NADH 在 340nm 处的吸光度与乙醇的生成量成正比的关系，间接测定乙醇的含量。

① 试剂与标准溶液的配制

a. 缓冲溶液（75mmol/L 焦磷酸缓冲液 pH＝8.7）：在 250mL 的蒸馏水中溶解 $Na_2P_2O_7 \cdot 7H_2O$ 10g、半卡巴肼 2.5g 和甘氨酸 0.5g，用 4mol/L KOH 调制 pH 至 8.7，再用蒸馏水定容至 300mL。

b. β-NAD 24mmol/L 在 3.0mL 蒸馏水中溶解 β-NAD（Sigma 公司，源自酵母）。

c. 乙醇脱氢酶（27.4mg 蛋白质/mL；以下简称 ADH）：将 ADH 6mg 溶于 0.2mL 蒸馏水中。

d. 标准溶液：用 99.5%（体积分数）的乙醇稀释而成。

② 测定顺序　按下列顺序将各试剂和样品进行混合后，在 30℃下反应 1h，用双光束分光光度计测定其在 340nm 处的吸光度（光路长＝1cm），由标准曲线换算成乙醇浓度。

缓冲溶液（3.00mL），β-NAD（0.10mL），样品（0.20mL），ADH（0.02mL）

(4) 氧气的吸收速度　用氧化锆式氧气计测定发酵罐通气口处的氧气浓度，设出口处的氧浓度为 $[O]_{out}$，入口处的氧浓度为 $[O]_{in}$，用下式求 Q_{O_2}

$$Q_{O_2} = \frac{\{[O]_{in} - [O]_{out}\} \times 10^{-2} \times F_{air}}{VX}$$

式中　$[O]_{in}$——入口的氧浓度，%；

$[O]_{out}$——出口的氧浓度，%；

F_{air}——通气量，mL/h；

V——培养基体积，L；

X——菌体浓度，g/L。

(5) CO_2 产生速度　与氧气同样，用红外线二氧化碳分析计测定通气口的入口、出口 CO_2 浓度差。

$$Q_{CO_2} = \frac{\{[CO_2]_{in} - [CO_2]_{out}\} \times 10^{-2} \times F_{air}}{VX}$$

式中 $[CO_2]_{out}$——出口二氧化碳浓度，%；

$[CO_2]_{in}$——进口二氧化碳浓度，%。

实验 3-7 大肠杆菌的连续培养

分批培养时的环境条件会随时间的变化而不断产生波动，与此相比较。当连续培养处于稳定状态时，可以使环境条件保持不变，因此不必考虑由时间所引起的变化。因此，连续培养是研究细胞的生理学和生长动力学的有效手段。另外，连续培养在提高生产效率及菌体产量方面也很有利，但是，连续培养过程中，很难长期保证纯种培养，而且在这种情况下，菌体产生变异的可能性也较大。下面举例说明连续培养在这些方面的应用。

1. 实验目的

① 确定连续培养过程中的稳定状态及发酵过程中的物质平衡。

② 确定反应动力学反应式中的 μ_m，K_s（发酵罐 1）。

③ 比增殖速率与呼吸活性的相互关系。

④ 突变株的筛选（发酵罐 2）。

2. 实验菌株

Escherichia coli MM294。

3. 培养基组成

以 *E. coli* 的培养中所用的基本的培养基 M9 为基础。培养基的组成为：Na_2HPO_4 8g/L，KH_2PO_4 3g/L，NaCl 0.5g/L，NH_4Cl 1g/L，$MgSO_4 \cdot 7H_2O$（1mol/L 溶液）1mL/L，$CaCl_2$（0.01mol/L 溶液）10mL/L，麦硫因（1mg/mL 溶液）1mL/L；前四种直接配成盐溶液，后三种溶液分别灭菌后再加入盐溶液中。发酵罐 1 中用葡萄糖（1g/L），发酵罐 2 中用乳糖（0.2g/L）作碳源。

4. 培养方法

培养条件为 pH7.0、37℃、通气量 1vvm、搅拌器速度 500r/min、培养液量 1L（发酵罐的体积为 2.5L）。向与正式培养用发酵培养基具有相同组成构成的 100mL（500mL 烧瓶）培养基中接入一环菌种，在 37℃下培养过夜，制成种子培养液。将种子培养液按发酵培养基体积的 10%进行接种，过一会儿进行分批培养，并测定菌体浓度（OD_{660}）在不同时间内的变化情况。当菌体的增殖速度开始下降时，开始添加新鲜培养基、取出培养液。将发酵罐 1 中的稀释率（0）依次调节在 0.45、0.5、0.55、0.6L/h 的水平上。各稀释率下稳定状态的最基本标志为，液流量、菌体浓度（OD_{660}）和基质浓度不再随时间而产生变化。在确认稳定状态的过程中，需先冰水中将流出液采入烧瓶中，再对其进行分析。发酵罐 2 中连续培养的稀释率定为 0.1L/h，并每隔一段时间进行采样分析。

5. 测定项目

（1）发酵罐 1

① 发酵液的流出速度；

② 菌体浓度（OD_{660}、干燥菌体重量、全菌数、活菌数）；

③ 葡萄糖浓度；

④ Q_{O_2}、Q_{CO_2}、RQ（呼吸商）；

⑤ β-半乳糖苷酶活性。

（2）发酵罐 2

① 发酵液的流出速度；

② 菌体浓度（OD_{660}、干燥菌体重量、全菌数、活菌数）；

③ β-半乳糖苷酶活性；

④ β-半乳糖苷酶产生菌株在全部菌种中所占的比例：以葡萄糖为碳源，在基本培养基中加入 40μg/mL 的 X-Gal（5-溴-4-氯-3-吲哚-β-D-半乳糖苷），使菌株在平板上形成菌落。因β-半乳糖苷酶产生菌株会生成不溶性色素（青色），因此极易与野生株区别。

6. 数据处理

（1）发酵罐 1

① 绘出菌体浓度和基质浓度在各种稀释率下的散点图，讨论菌体收率——细胞的重量、活菌数的比例等与比增殖速率间的相互关系。

② 由标准曲线求出菌体的最大比生长速率（μ_m）和饱和定量（K_s）。

③ 讨论稀释率与呼吸活性（Q_{O_2}、Q_{CO_2}，RQ）间的相互关系，测定菌体的维持能量。

④ 确定与碳源有关的物质平衡，并讨论此时所需要的假设情况。

⑤ 求出酶活性与稀释率间的相互关系。

（2）发酵罐 2

① 观察 β-半乳糖苷酶活性随时间的变化情况（2～3d 后应有活性上升现象）。

② 确定其活性上升现象是由 β-半乳糖苷酶产生菌株的出现而引起的。

③ 讨论在此培养条件下，β-半乳糖苷酶产生菌株成为优势菌种的原因。

④ 分析 β-半乳糖苷酶产生菌株的遗传背景。

实验 3-8　杂交瘤细胞的连续培养

1. 材料与方法

（1）材料

① 抗鸡 IBDV 的 McAb 杂交瘤细胞。

② 细胞培养液　RPMI 1640，DEME（均为 Gibco 产品）加 15% FCS 及其他添加物。

③ ELISA 测定有关试剂（Sigma）。

④ 葡萄糖浓度测定试剂（国产）。

⑤ 细胞反应器　1.5L Celligen（NBS）；5L Celligen（NBS）。

（2）方法　方瓶（T-50）中培养杂交瘤细胞，待生长至对数生长期接种入 1.5L Celligen，培养条件为温度 37℃，pH 7.18，通气量 0.2L/min，转速 45r/min，DO 为 50% 的空气饱和度。

当细胞密度达到 1×10^9 个/L 时，将部分细胞接种入 5L Celligen 中培养。培养条件为：温度 37℃，pH 7.18，通气量 0.3L/min，转速 50r/min，DO 为 50% 的空气饱和度。Celligen 的运转时间一般为一个月左右。

2. 结果分析方法

根据实验结果，可以从以下几方面进行分析。

（1）Celligen 运行过程中细胞生长的情况　根据实验中所测数据，绘制细胞数与 Celligen 运行时间的关系图。从图中可以分析出细胞在一定生长阶段处的活细胞数和死细胞数。当活细胞数开始下降、死细胞数增多时，可以直接排放培养罐中的细胞悬液，以相对减少培养罐中的死细胞数和死细胞破碎后产生一些有害的代谢产物和细胞碎片，从而有利于细胞保持在一个相对良好的生长环境。实践证明：当抽取出 1/3 体积的细胞悬液后，活细胞数密度就明显上升。

（2）细胞密度与培养液中葡萄糖浓度的关系　对细胞代谢进行分析，可以得出葡萄糖浓度和细胞密度间的关系图。一般而言，葡萄糖对细胞的生长及产物合成有较大的影响。当细胞生长旺盛时，培养液中的葡萄糖含量明显不足，这时可适当提高培养液中葡萄糖的含量。一般当细胞密度上升至 100 万以上时，培养液的 GLU 含量从原来的 4.5g/L 提高至 6.5g/L，使细胞悬液中葡萄糖含量保持在 2.5g/L 左右，以满足细胞生长所需要的物质。

（3）细胞密度与 ELISA OD_{405} 值之间的关系　用 ELISA 测定单抗的 OD_{405} 值，可以得出细胞密度与 ELISA 所测单抗间的关系。随着细胞密度的增加，一般至 200 万以上时，抗体浓度上升并趋于稳定。

（4）细胞培养过程中，各动力学参数的变化情况　随着细胞密度变化，各动力学参数 pH 值、转速、溶解氧随之发生变化。如 pH 值下降、溶解氧下跌等，对细胞生长不利，因此需要对这些参数进行调整，以利更好地适应细胞生长。其中，pH 值通过启动碱泵（0.5mol/L NaOH）以维持 pH 设定值。通过加大转速，或增大进气管中氧气的比例，可减缓溶解氧下降现象，从而维持溶解氧水平。

第四章　发酵产品提取精制基本操作

第一节　发酵液预处理技术

通常生物目标产物的分离纯化是从含有该目标产物的溶液出发，进行一系列的提取与精制操作。因此，生物目标产物分离纯化的第一个必需步骤就是从生物材料出发，设法使所制备的目标产物转移到溶液中，同时设法去除其他悬浮颗粒（如菌体、细胞、培养基残渣等）以及改善溶液的性状，以利于后续各步操作，该过程通常称为预处理。

生物材料的预处理过程一般有以下几个方面：

① 动物组织和器官要先除去结缔组织、脂肪等非活性部分，然后绞碎，选择适当的溶剂形成细胞悬液；

② 植物组织和器官要先去壳、除脂，再粉碎，选择适当的溶剂形成细胞悬液；

③ 发酵液、细胞培养液、组织分泌液以及制成的细胞悬液等则根据目标产物所处位置不同进行相应的处理。发酵产品预处理流程如图 4-1 所示。

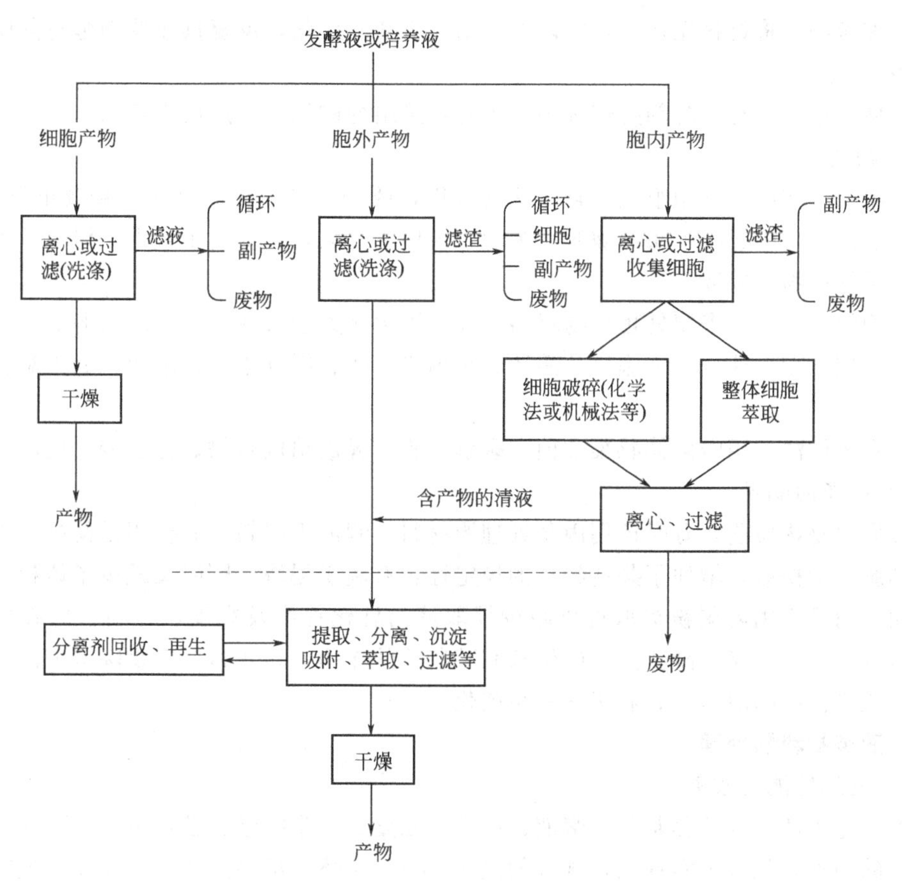

图 4-1　发酵液预处理流程（虚线以上部分）

一、固态物料预处理

（一）组织与细胞的破碎

生物活性物质大多存在于组织细胞中，必须将组织细胞结构破坏才能使目标产物得到有效的分离提取，常用的组织细胞破碎方法有物理法、化学法、生物法。

1. 物理法

（1）磨切法　工业上常用的有绞肉机、刨胰机、胶体磨、球磨机、万能磨碎机。实验室常用的有匀浆机、乳钵、高速组织捣碎机。用乳钵时，常加入玻璃粉、氧化铝等助磨剂。如活性酶一般先用绞肉机将事先切成小块的组织绞碎，当绞成组织糜后，许多酶都能从粒子较粗的组织糜中提取出来，但组织糜粒子不能太粗，这就要选择好绞肉机的孔径，若使用不当，会对产率有很大的影响。通常先用粗孔径的绞，再用细孔径的绞，有时甚至要反复多绞几次。如是速冻的组织也可在冰冻状态下直接切块绞。用绞肉机时一般细胞并不破碎，而有的酶必须在细胞破碎后才能有效地提取，对此则需要采用特殊的匀浆。

（2）压力法　压力法包括高压法、减压法和渗透压法。高压法是用几百万至几千万帕高压反复冲击物料。减压法是对菌体缓缓加压，使气体溶于细胞，然后迅速减压使细胞破碎。渗透压法是使细胞在浓盐溶液中平衡，再置入水介质中膨胀破裂。

（3）振荡法　用超声波振荡破碎细菌细胞，频率为10～200kHz。该法产热较多，注意冷却。

（4）冻熔法　将材料先在－15℃以下冻结，再使其熔化，反复操作使细胞与菌体破碎。

2. 化学法

用稀酸、浓碱、有机溶剂处理细胞，可使细胞结构破坏，释放出内容物。

3. 生物法

（1）组织自溶法　利用组织中自身酶的作用，改变、破坏细胞结构，释放出目标产物，称为组织自溶。自溶过程中酶原被激活为酶，既便于提取，又提高了效率，但不适用于易受酶降解的目标产物的提取。

（2）酶解法　用外来酶处理生物材料，如用溶菌酶处理某些细菌，用胰酶处理猪脑产生脑安泰等。用于专一性分解细胞壁的酶还有细菌蛋白酶、纤维素酶、酯酶、蜗牛酶、壳聚糖酶等。

（3）噬菌体法　用噬菌体感染细菌，裂解细胞，释放出内容物。此法较少应用。

（二）制备丙酮粉

在提取生物物质前，有时还用丙酮处理原材料，制成丙酮粉，其作用是使材料脱水、脱脂，使细胞结构松散，增加了某些物质的稳定性，有利于提取，同时又减少了体积，便于贮存和运输。而且应用丙酮粉提取可以减少提取液的乳化程度及黏度，有利于离心与过滤操作。同时有机溶剂既能抑制微生物的生长和某些酶的作用，防止目标产物降解失活，又能阻止大量无关蛋白质的溶出，有利于进一步纯化。

二、液态物料预处理

（一）处理性能的改善

生物工业生产中的培养基和发酵液，由于高黏度、非牛顿性、菌体细小且可压缩，若不经过适当的预处理就很难实现工业规模的过滤。由于菌体自溶释放出的核酸及其他有机物质的存在会造成液体浑浊，即使采用高速离心机也难以分离。还有一些发酵液中，高价无机离子（Ca^{2+}，Mg^{2+}，Fe^{2+}）和杂蛋白质较多。高价无机离子的存在，在采用离子交换法提炼时，会影响树脂的交换容量。杂蛋白质的存在，在采用大网格树脂吸附法提炼时会降低其吸附能力；采用萃取法时容易产生乳化，使两相分离不清；采用过滤法时会使过滤速度下降，过滤膜受到污染。发酵液预处理的目的在于增大悬浮液中固体颗粒的尺寸，除去高价无机离子和杂蛋白质，降低液体黏度，实现有效分离。

1. 加热

加热是发酵液预处理最简单且最常用的方法。加热能改善发酵液的操作特性。蛋白质从有规则排列变成不规则结构的过程称为变性，变性蛋白质的溶解度小。加热是蛋白质变性凝固的有效方法。如柠檬酸发酵液加热至80℃以上，可使蛋白质变性凝固、过滤速度加快，此外加热能使发酵液黏度明显降低。液体黏度是温度的指数函数，升高温度是降低黏度的有效措施。

2. 凝聚和絮凝

（1）凝聚　凝聚作用是指在某些电解质作用下，使扩散双电层的排斥电位（即ξ电位）降低，破坏胶体系统的分散状态而使胶体粒子聚集的过程。通常发酵液中细胞或菌体带负电荷，由于静电引力的作用使溶液中带相反电性的粒子（即正离子）吸附在周围，在界面上形成了双电层。反离子化合价越高，凝聚能力越强。阳离子对带负电荷的胶粒凝聚能力的次序为：$Al^{3+} > Fe^{3+} > Ca^{2+} > Mg^{2+} > K^{+} > Na^{+} > Li^{+}$。常用的凝聚剂有$Al_2(SO_4)_3 \cdot 18H_2O$（明矾），$AlCl_3 \cdot 6H_2O$，$FeCl_3$，$ZnSO_4$，$MgCO_3$等。

（2）絮凝　絮凝作用是指在某些高分子絮凝剂存在下，在悬浮粒子之间产生架桥作用而使胶粒形成粗大的絮凝团的过程。絮凝剂具有长链线状的结构，易溶于水，在长的链节上含有相当多的活性功能团。絮凝剂的功能团强烈地吸附在胶粒的表面上。一个高分子聚合物的许多功能团分别吸附在不同颗粒的表面上，因而产生架桥连接。

絮凝剂包括各种天然聚合物和人工合成聚合物。天然絮凝剂有多糖、海藻酸钠、明胶和骨胶等。此类絮凝剂的优点是无毒、使用安全，适用于食品或医药。人工合成聚凝剂有聚丙烯酰胺类、聚苯乙烯类和聚丙烯酸类聚合物等，此类絮凝剂中某些絮凝剂可能具有一定的毒性，在食品和医药工业的使用中应考虑最终能否从产品中除去。絮凝剂的种类及应用见表4-1。

壳聚糖是一种天然的高分子物质，由于分子中含有大量的氨基，所以它对蛋白质和其他胶体物质具有很强的絮凝作用，可以作为阳离子絮凝剂使用。壳聚糖的种类对絮凝效果有一定的影响，这是由于絮凝剂分子量提高、链增长，可使架桥效果更加明显。但当分子量增大到一定程度后，壳聚糖的水溶性就会下降。除此之外，海藻酸钠、明胶、骨胶等天然物质也有絮凝作用。这些天然高分子物质无毒无害、环境友好，所以是絮凝剂研发中极具潜力的一个发展方向。

有机溶剂如乙醇、丙酮和甲醛等对发酵液的预处理也有一定的影响。表面活性剂（如BAPE）可以提高预处理效果。无机絮凝剂主要有$Al_2(SO_4)_3$、$NaCl$、Na_3PO_4、$CaCl_2$和明胶等。它们可以与有机絮凝剂共同作用达到初步纯化的目的。

影响絮凝的因素很多，絮凝效果与发酵液的性状有关，如细胞浓度、表面电荷的种类和大小等，故对于不同特性的发酵液应选择不同种类的絮凝剂。对于一定的发酵液，絮凝效果还与絮凝剂的用量、相对分子质量和类型，溶液的pH，搅拌速度和时间等因素有关。同时在絮凝过程中常需加入助凝剂以增加絮凝效果。

表 4-1 絮凝剂的种类及应用

絮凝剂种类		絮凝剂	絮凝细胞
高聚物	核酸	DNA	细菌
	蛋白质	—	细菌
	纤维素	—	酵母
	聚电解质	聚丙烯酰胺	细菌
		聚乙烯亚胺	细菌
	多糖	葡聚糖	细菌
		壳聚糖	酵母
有机物	溶剂	乙醇	酵母
		丙酮	酵母
	其他有机物	腐殖酸	酵母
		鞣酸、丹宁	酵母
无机物	金属离子	镁盐	细菌、酵母
		钙盐	细菌、酵母
		铝盐	酵母、藻类
	无机盐	硼酸盐	酵母

例如，酵母细胞即具有分泌微生物絮凝剂实现自身絮凝的特性。据分析，酵母细胞产生絮凝现象的原因主要有三种：①链形成凝聚，在酵母细胞繁殖过程中，芽细胞未能从母细胞体脱落，不断地进行细胞繁殖之后形成细胞链；②交配凝聚，由不同交配型细胞交换交配信息之后，通过细胞表面特殊的蛋白与蛋白连接引起细胞凝聚；③无性絮凝，由细胞表面蛋白和酵母细胞外壁的甘露聚糖结合所引起的细胞凝聚，即真正的絮凝。根据生理生化试验及不同的糖抑制作用类型，可将酵母絮凝分为 FLO1 型和 New FLO1 型。如图 4-2 所示。

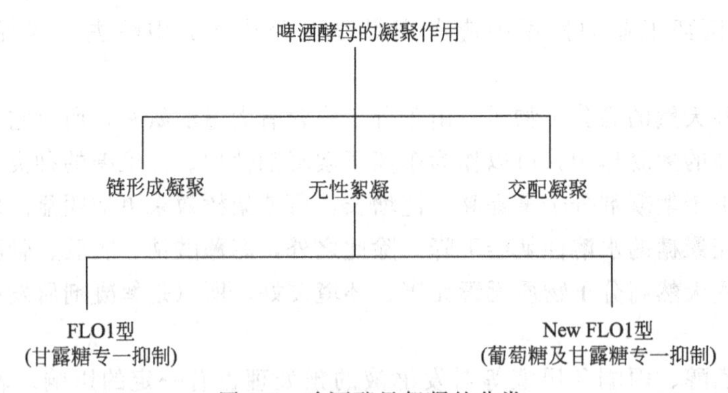

图 4-2 啤酒酵母絮凝的分类

对于酵母自絮凝现象，早期曾有“絮凝共生假说”、“蛋白质沉淀假说”、“絮凝胶体假说”等理论对其机制进行解释，目前这几种假说已被“类外源絮凝聚素假说”和“病毒假说”等取代了。

3. 加入盐类

发酵液中加入某些盐类，可除去高价无机离子。如除去钙离子，可加入草酸钠，反应生成的草酸钙能促进蛋白质凝固，提高溶液质量。除去镁离子，可加入三聚磷酸钠，它与镁离子形成不溶性络合物：

$$Na_5P_3O_{10} + Mg^{2+} \longrightarrow MgNa_3P_3O_{10}(\text{络合物}) + 2Na^+$$

用磷酸盐处理，也能大大降低钙离子和镁离子的浓度。除去铁离子，可加入黄血盐使其形成普鲁士蓝沉淀。

4. 调节 pH

蛋白质一般以胶体状态存在于发酵液中。胶体状态的稳定性与其所带电荷有关。蛋白质属两性物质，在酸性溶液中带正电荷，而在碱性溶液中带负电荷。某一 pH 下，蛋白质净电荷为零，溶解度最小，称为等电点。因此，调节发酵液的 pH 到蛋白质的等电点是除去蛋白质的有效方法。大幅度改变 pH，还能使蛋白质变性凝固。

对于加入离子型絮凝剂的发酵液，调节 pH 可改变絮凝剂的电离度，从而改变分子链的伸展状态。电离度大，链上相邻离子基团间的电排斥作用强，可使分子链从卷曲状态变为伸展状态，提高架桥能力。

5. 加入助滤剂

在含有大量细小胶体粒子的发酵液中加入助滤剂，这些胶体粒子吸附于助滤剂微粒上，助滤剂就作为胶体粒子的载体，均匀地分布于滤饼层中，相应地改变了滤饼结构，降低了滤饼的可压缩性，也就减小了过滤阻力。目前生物工业中常用的助滤剂是硅藻土，其次是珍珠岩粉、活性炭、石英砂、石棉粉、纤维素、白土等。

（二）部分杂质的去除

1. 可溶性杂蛋白的去除

在发酵液中除了含有高价离子之外，还存在一些其他杂质，最常见的是可溶性蛋白质。发酵液的预处理，从根本上说是如何使可溶性蛋白质充分变性沉淀，以便随固体物一同除去。改善发酵液过滤特性的方法中，有很多可在改善过滤特性的同时除去杂蛋白。下面介绍几种方法。

(1) 变性法　变性蛋白质的溶解度较小。使蛋白质变性的方法很多，其中最常见的是加热法。加热能使蛋白质变性，同时降低液体黏度，提高过滤速率。例如，在链霉素生产中就可以加入草酸或磷酸将发酵液调至 pH 3.0 左右，加热至 70℃，维持约半小时，用此方法来去除蛋白质，这样滤速可增大 10～100 倍，滤液黏度可降低至 1/6。但变性法存在一定的局限性，如热处理通常对原液质量有影响，特别是会使色素增多，故该法只适用于对热稳定的生化物质，否则容易使其破坏，同时对某些生化物质效果也不是很理想；极端 pH 也会导致某些目标产物失活，并且消耗大量酸碱；而加有机溶剂成本高，通常只适用于所处理的液体数量较少的场合。

(2) 沉淀法　蛋白质是两性物质，在酸性溶液中，能与一些阴离子如三氯乙酸盐、水杨酸盐、钨酸盐、苦味酸盐、过氯酸盐等酸根离子形成沉淀，在碱性溶液中，能与一些阳离子如 Ag^+、Cu^{2+}、Zn^{2+}、Fe^{3+} 和 Pb^{2+} 等形成沉淀。

(3) 吸附法　可加入某些吸附剂或沉淀剂吸附杂蛋白而将其除去。例如在四环素生产中，采用黄血盐和硫酸锌协同作用生成的亚铁氰化锌钾的胶状沉淀来吸附蛋白质，利用此法除去蛋白质已取得很好的效果。在枯草芽孢杆菌发酵液中加入氯化钙和磷酸氢二钠，两者生成庞大的凝胶，把蛋白质、菌体及其他不溶性粒子吸附并包裹在其中而除去，从而可加快过滤速率。

2. 不溶性多糖的去除

当发酵液中含有较多不溶性多糖时，黏度增大，固液分离困难，可用酶将多糖转化为单糖以提高过滤速率。例如在蛋白酶发酵液中用α-淀粉酶将培养基中多余的淀粉水解成单糖，就能降低发酵液黏度，提高滤速。

3. 有色物质的去除

发酵液中有色物质的去除通常用吸附法。工业生产中常用的是离子交换剂、离子交换纤维、活性炭等材料。如在氨基酸生产中，运用活性炭脱色除去发酵液中的有色物质，使其最终透光率达95%以上。

三、预处理絮凝步骤优化实例

选择使用何种絮凝剂要综合考虑成本、可行性、毒性等多方面因素。此外，絮凝效果与絮凝剂的加入量、分子量和类型，溶液的pH、搅拌速度和时间等因素有关。絮凝剂的最适加入量要通过实验决定。虽然较多的絮凝剂有助于增加桥架的数量，但是添加量过多反而会引起吸附饱和，絮凝剂争夺胶粒而使絮凝团的粒径变小，絮凝效果下降。溶液pH值的变化会影响离子型絮凝剂中官能团的电离度，从而影响吸附作用的强弱。在絮凝过程中，加入一定的助凝剂可以增加絮凝效果，当加入助凝剂后，悬浮液就会变得不稳定，这时再加入絮凝剂就会增加凝聚速率和絮凝团的大小和强度。甘油发酵液的预处理是利用高分子絮凝剂絮凝去除甘油发酵液中的菌体。通过研究pH值、絮凝剂用量、絮凝温度对絮凝效果的影响找到了适宜的絮凝条件：pH＝5～10，温度30～40℃，ρ(絮凝剂)＝0.6～0.8g/L。此时菌体絮凝率（FR）可达90%以上。经絮凝处理后，滤速为未加絮凝剂的2.5～4.5倍；滤液中菌体去除率可达100%；固形物的回收量为未加絮凝剂的2.1倍；滤饼的含湿量由71%增加到78%。

聚合物溶液浓度最大即为高黏度状态时，浓度通常为5～10g/L。在减少絮凝剂的增加量之前，溶液需先进行稀释。但是，应注意制造业中的推荐标准（通常最终浓度控制为0.01%）。为了除去一些杂质，在加水和强力搅拌之前应加入少量乙醇或甲醇。最终絮凝剂浓度的数值单位应表示为mg/g细胞或mg/m^2细胞表面，这样就可以将试验的结果与剂量的单位保持一致，方便作比较。絮凝的优化流程如下：

① 准备好所需的絮凝剂及化学试剂；

② 分别往烧杯中倒入500～1000mL的悬浮液试样；

③ 搅拌（桨叶速率可为200r/min）；

④ 通过加酸或加碱来调节每个试样的pH值（例如，如果有6个试样，则分别使其pH为4、5、6、7、8和9）；

⑤ 同时向各烧杯中加入助凝剂，并开始计时；

⑥ 继续保持高搅拌速率5min；

⑦ 加入絮凝溶液，于1min内混合均匀；

⑧ 降低搅拌速率（例如降至50r/min）保持15min；

⑨ 分析絮凝结果（可通过静置或过滤等方法）。

通过测定滤饼常数，对絮凝法预处理透明质酸发酵液进行了研究。在确定絮凝剂的种类时，通过比较聚丙烯酰胺和壳聚糖两种絮凝剂的絮凝效果，发现对于透明质酸发酵液，阴离子型聚丙烯酰胺（AN926）效果较好。并且确定了最佳的絮凝条件。在pH值6.5、搅拌速度60r/min、絮凝温度45℃的条件下，絮凝剂的添加量为100×10^{-3}mg/mL时絮凝效果最好。

除了絮凝剂的种类和浓度，剪切力及处理时间（絮凝与进一步分离之间的间隔时间）也是很重要的优化参数。延长处理时间会导致微粒体积变大，数量减少；而提高剪切力则会产生相反的结果。另一些胶团特性，例如强度（即对剪切力和压力的耐受程度）和沉淀物及滤饼的流变学特性也会受到处理条件的影响。

第二节　固液分离技术

固液分离是将发酵液（或培养液、提取液等）中的悬浮固体，如细胞、菌体、细胞碎片以及蛋白质的沉淀物或它们的絮凝体分离除去的操作过程。固液分离是生物产品分离纯化过程中遇到的一个重要的操作步骤，生物制品一般都需要从发酵液中除去菌体或从培养基中除去未溶解的残余固体颗粒以便后续加工。常规的固液分离技术主要为机械分离方法，包括过滤、沉降和离心分离等单元操作。

一、过滤分离

过滤是在推动力的作用下，使悬浮液中的液体通过多孔介质的孔道，而悬浮液中的固体颗粒被截留在介质上，从而实现固液分离的操作。过滤在生物产业中主要应用于过滤澄清除菌、收集目标产物。不少目标产物存在于细胞内，如胞内酶、微生物多糖等，有时产物就是菌体本身，如酵母、单细胞蛋白等，都需要对细胞进行收集。

过滤是传统的化工操作单元，按料液流动方向不同，过滤可分为常规过滤和错流过滤。常规过滤时，料液流动方向与过滤介质垂直；而错流过滤时，料液流向平行于过滤介质。

1. 常规过滤

常规过滤通常适用于过滤直径为10～100μm的悬浮颗粒，可以分为滤饼过滤和深层过滤。滤饼过滤是指固体粒子在介质表面积累，很短时间内发生架桥现象。深层过滤是指固体粒子在过滤介质的空隙内被截留，固液分离过程发生在过滤介质的内部。一般料浆固形物含量超过1%时采用滤饼过滤，在0.1%以下时采用深层过滤，在0.1%～1%之间的可先经过预处理或浓缩，将浓度提高到上限，然后采用滤饼过滤的方法。

2. 错流过滤

错流过滤是一种维持恒压条件下高速过滤的技术，由于错流过滤中料液流动的方向与过滤介质平行，因此能清除过滤介质表面的滞留物，使滤饼不易形成，保持较高的滤速。错流过滤主要适用于悬浮的固体颗粒十分细小（如细菌）。

3. 过滤设备

用于生物分离的常规过滤设备主要为加压板框过滤机、真空鼓式过滤机和离心过滤机。加压板框过滤机是一种传统的过滤设备，发酵行业中以抗生素工厂用得最多。与其他设备比较，加压板框过滤机的过滤面积大，允许采用较大的操作压力（1.6MPa），故对不同过滤特性的料液适应性强，同时还具有结构简单、造价较低、动力消耗少等优点。而自动板框过滤机则是一种较新型的压滤设备，它使板框的拆装、卸渣和滤布的清洗等操作自动进行，大大缩短了非生产的辅助时间，并减轻了劳动强度。真空鼓式过滤机具有自动化程度高、操作连续和处理量大的优点，特别适合于固体含量较大（>10%）的悬浮液的过滤，在发酵行业中广泛用于霉菌、放线菌、酵母菌发酵液或细胞悬浮液的过滤分离。离心过滤机是以离心力为推动力，用过滤方式来分离固液两相混合物的操作。工业上常用的离心过滤设备主要有三足式离心机、卧式刮刀离心机和螺旋卸料离心机三种。目前最常用的过滤式离心机是三足式离心机。

4. 影响过滤效果的因素

影响过滤效果的因素主要有悬浮液的性质、过滤推动力以及过滤介质和滤饼的性质。

(1) 悬浮液的性质　悬浮液的黏度会影响过滤的速率，黏度越大，过滤越困难。通常悬浮液的黏度与其组成成分和浓度相关，组成成分越复杂，浓度越高，黏度越大。此外，过滤速率与滤液的温度和 pH 也有关系。悬浮液温度增高，黏度降低，有利于过滤。调整 pH 也可改变流体黏度，从而提高过滤速率。因此对被分离的物料进行适当的预处理，如降低黏度、调节 pH 等可以有效地提高过滤效率。

(2) 过滤推动力　采用真空过滤比一般过滤方式的速率要高，能适应很多过滤过程的要求，但它受到溶液沸点和大气压力的限制，需要一套抽真空的设备。加压过滤可以在较高的压力下操作，可加大过滤速率，但对设备的强度、紧密性要求较高。适当增加过滤的推动力，加压、减压或离心均可以提高过滤效率。

(3) 过滤介质和滤饼的性质　过滤介质的性质对过滤速率的影响很大，过滤介质及滤饼对过滤会产生阻力，要根据悬浮液中颗粒的大小来选择合适的介质。一般来说，对不可压缩性滤饼，提高过程的推动力可以加大过程的速率；而对可压缩性滤饼，压差的增加使粒子与粒子间的孔隙减小，故用增加压差来提高过滤速率有时反而不利。另外，滤渣颗粒的形状、大小、结构紧密与否等，对过程也有明显的影响。一般来说，悬浮颗粒越大、粒子越坚硬、大小越均匀，过滤越容易。扁平的或胶状的固体在过滤时滤孔常会发生阻塞，可采用加入助滤剂的办法，提高过滤速率，从而提高生产能力。

除了以上几点，过滤所使用的设备和技术也需要通过分离料液的具体性质、分离要求等综合考虑。

实验 4-1　实验室转鼓真空过滤机简易使用方法

1. 启动

① 检查转鼓设备的管道及线路连接是否正常，物料管道连接处的法兰是否密封严实，开车前应对设备及管道进行清洗，点动观察电机的转向是否正确。

② 打开空压机，使气柜通气，检查气液分离器，将压力调到 0.02～0.03MPa 进入工作状态，这时需检查气缸是否漏气，并调节时间继电器观察气缸换向是否正确、及时。

③ 主设备及辅助设备检查完毕后，在开车前还需检查滤布上是否有杂物、是否有漏洞，密封条是否卡得到位。

④ 开启转鼓的搅拌。

⑤ 开启转鼓。

⑥ 开启反吹的鼓风机。

⑦ 打开真空泵供水系统，并按下真空泵按钮，使真空泵开始工作。

⑧ 打开上游进料阀门，进料（进料的浓度应根据物料形成滤饼的情况进行调节）。

⑨ 转鼓表面形成料饼后，调节刮刀，使其均匀地将物料刮下。

2. 停车

① 首先关闭上游给料阀门。

② 待储槽中的储液低于转鼓可吸上滤饼的吸滤角时，将清水阀门打开，对设备进行清

洗，此时还会有少量的滤饼形成（如物料昂贵，依然可回收）。

③ 打开储槽底部的排污阀，用清水将转鼓表面及槽壁上的物料清洗干净，通过排污管道流出，可回流也可排到地沟。

④ 停真空泵的给水及真空泵。

⑤ 停空压机，让气液分离器停止工作。

⑥ 停搅拌。

⑦ 停转鼓过滤机。

⑧ 清理现场，关闭阀门及总电源。

3. 维护

① 保证对设备的正确操作。

② 轴承及减速机应及时加油。

③ 转鼓上的滤布每次要清洗干净，禁止用硬物划伤。如发现漏洞应及时修补或更换。

④ 防止电路进水。

⑤ 设备的外面有防腐漆脱落时，应及时喷涂。

⑥ 时常检查气液分离器的气缸气密性。

二、离心沉降分离

离心是实现固液分离的主要手段，其原理是利用固体和液体之间的密度差。当一球形固体微粒通过无限连续介质时，受到三种力的作用（见图 4-3）：一是该微粒受到因微粒与流体介质间密度不同而产生的浮力 F_B，二是微粒所受到的流体阻力 F_D，三是向下的沉降作用力 F_g。当三者达到平衡时，该微粒即以恒定的速度沉降。一般来说，细胞、细胞碎片、蛋白质沉淀物、包涵体及病毒颗粒的密度都大于其相应的环境液体，可以用离心的方法使其沉降。与过滤相比，离心分离速度快、效率高，操作时卫生条件好，设备占地面积小，能自动化、连续化和程序控制，适合于大规模的分离过程，但是设备投资费用高、能耗也较高。

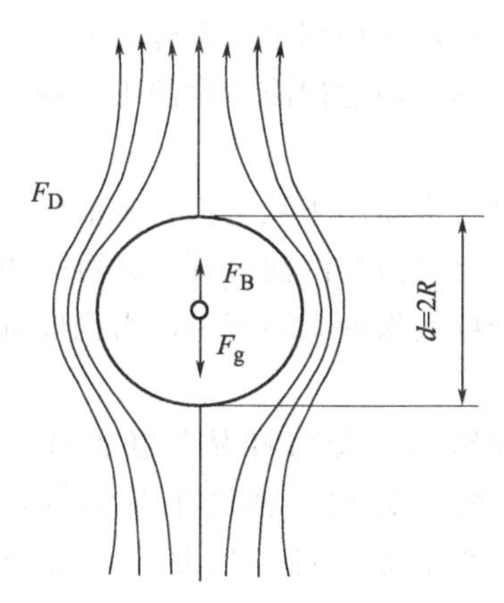

图 4-3　球形微粒沉降的受力情况

离心分离按其作用原理不同，可分为两种类型：过滤式和沉降式。实验室和工业生产所用的离心机不尽相同。实验室中的离心机主要要求有较好的分离效果，而对于处理量和生产能力没有严格要求，多为配有转子和相应离心管的沉降式离心机，离心操作多为间歇式。按照转速可分为普通离心机（2000～6000r/min）、高速离心机（10000～26000r/min）和超速离心机（30000～120000r/min）。为了防止目标产物的失活，有的还配有冷冻装置，可在低温下操作，称为冷冻离心机。

在工业生产中主要采用沉降式离心机，离心沉降设备从操作方式上看有间歇（分批）操作和连续操作之分，从形式上看有管式、套筒式、碟片式等形式。这里主要介绍生物工业中几种常用的离心分离设备。

1. 管式离心机

管式离心机可用于微生物细胞、细胞碎片、细胞器、病毒以及蛋白质、核酸等生物大分子的分离，是一种分离效率很高的离心分离设备，可以在很高的转速（15000～60000r/min）

下工作。管式离心机由于其设备简单、操作稳定、分离效率高，在生物行业中特别适用于颗粒物含量小于1%的发酵液的分离，但由于管式离心机的转鼓直径较小、容量有限，因而生产能力较小。

2. 碟片式离心机

碟片式离心机是目前工业生产中应用最广泛的离心机，其转速一般为4500～7500r/min，分离因数为1000～2000，适用于细菌、酵母菌、放线菌等多种微生物细胞悬浮液及细胞碎片悬浮液的分离。它的生产能力较大，最大允许处理量达300m^3/h，一般用于大规模的分离过程。

3. 倾析式离心机

倾析式离心机靠离心力和螺旋的推进作用自动连续排渣，因而也称为螺旋卸料沉降离心机。其具有操作连续、适应性强、应用范围广、结构紧凑和维修方便等优点，特别适合于含固形物较多的悬浮液的分离。这种离心机的分离因数一般较低，大多为1500～3000，因而不适合于细菌、酵母菌等微小微生物悬浮液的分离。

三、超离心技术

超离心技术就是在强大的离心力场下，依据物质的沉降系数、质量和形状不同，将混合物样品中各组分分离、浓缩、提纯的一项技术。目前这项技术已广泛用于各种细胞器、病毒以及生物大分子的分离，成为生物学、医学和化学等领域中现代实验室不可缺少的制备和分析手段。超离心技术按照规模和目的不同可分为制备型超离心和分析型超离心。

1. 制备型超离心

制备型超离心的主要目的是最大限度地从样品中分离高纯度的所需组分。按照原理不同分为差速离心法和密度梯度区带离心法。

(1) 差速离心法　差速离心法是逐渐增加离心速度或交替使用低速和高速离心，用不同强度的离心力使具有不同质量的物质分级分离的方法。该方法首先要选择好颗粒沉降所需的离心力和离心时间。当以一定的离心力在一定的离心时间内进行离心时，在离心管底部就会得到最大和最重颗粒的沉淀，分出的上清液增加转速再进行离心，又得到第二部分较大、较重颗粒的沉淀及含较小、较轻颗粒的上清液，如此多次离心处理，即能把液体中的不同颗粒较好地分离开。

此法适用于混合样品中各沉降系数差别较大的组分的分离，主要用于从组织匀浆液中分离细胞器和病毒。其优点是操作简易，离心后用倾泻法即可将上清液与沉淀分开，并可使用容量较大的角式转子。缺点是需多次离心，沉淀中有夹带，分离效果差，不能一次得到纯颗粒，沉淀于管底的颗粒受挤压容易变性失活。

(2) 密度梯度区带离心法（区带离心法）　密度梯度区带离心法是将样品加在惰性梯度介质中进行离心沉降或沉降平衡，在一定的离心力下把颗粒分配到梯度中某些特定位置上，形成不同区带的分离方法。此法的优点是：分离效果好，可一次获得较纯颗粒；适应范围广，能像差速离心法一样分离具有沉降系数差的颗粒，又能分离有一定浮力密度差的颗粒；颗粒不会挤压变形，能保持颗粒活性，并防止已形成的区带由于对流而引起混合。此法的缺点是：离心时间较长；需要制备惰性梯度介质溶液；操作严格，不易掌握。

2. 分析型超离心

分析型超离心技术是用于观察物质颗粒在离心力场中运动行为的技术。与制备型超离心不同的是，分析型超离心主要是为了研究生物大分子的沉降特性和结构，而不是专门收集某一特定组分。因此，它使用了特殊的转子和检测手段，以便连续监视物质在离心力场中的沉降过程。其主要由一个椭圆形的转子、一套真空系统和一套光学系统组成。

分析型超离心机可以应用于测定生物大分子的相对分子质量，是使其在一定转速下，使任意分子量的粒子通过溶剂从旋转中心辐射地向外移动，含有粒子的溶剂会与无粒子的溶剂之间形成一个界面，该界面作为一个粒子沉降速度的指标，经光学系统记录后即可计算出粒子的沉降系数。同时可以通过用沉降速度相关技术分析沉降界面来测定样品均一性进而对生物大分子的纯度进行估计，如出现单一的界面一般认为是均一的。还可以通过检测样品在沉降速度上的差异来分析生物大分子的构象变化。

实验 4-2　实验室台式高速冷冻离心机使用方法

1. 操作步骤

① 打开离心机开关，进入待机状态。

② 选择合适的转头：离心时离心管所盛液体不能超过总容量的 2/3，否则液体易于溢出；使用前后应注意转头内有无漏出液体残余，应使之保持干燥。转换转头时应注意使离心机转轴和转头的卡口卡牢。

③ 离心管平衡误差应在 0.1g 以内。

④ 选择离心参数：

a. 按温度设置按钮，再用数字键设置离心温度，回车确定。

b. 按速度设置按钮，可在 RPM/RCF 设置挡之间切换，用数字键设置离心速度，回车确定。

c. 按转头设置按钮，再用数字键设置转头型号，回车确定。

d. 按时间设置按钮，再用数字键设置离心时间，回车确定。

e. 离心机刹车或加速速度一般设置在 0～4 之间，不宜经常调整。

⑤ 将平衡好的离心管对称地放入转头内，盖好转头盖子拧紧螺丝。

⑥ 按下离心机盖门，如盖门未盖牢，离心机将不能启动。

⑦ 按 START 键，开始离心。离心开始后应等离心速度达到所设的速度时才能离开，一旦发现离心机有异常（如不平衡而导致机器明显震动，或噪声很大），应立即按 STOP 键，必要时直接按电源开关切断电源，停止离心，并找出原因。

⑧ 机器如发现故障，请及时与有关人员联系。

⑨ 使用结束后请清洁转头和离心机腔，不要关闭离心机盖，利于湿气蒸发。

⑩ 使用结束后必须登记，注明使用情况。

2. 注意事项

① 离心机在预冷状态时，离心机盖必须关闭，离心结束后取出转头要倒置于实验台上，擦干腔内余水，离心机盖处于打开状态。

② 使用时不得使转头在超过最大允许速度下运转。

③ 使用前必须经常检查离心管是否有裂纹、老化等现象，如有应及时更换。

④ 离心管的规格应与离心槽匹配。离心管过小时，离心过程中易引起管的破裂。

⑤ 转头在预冷时转头盖可摆放在离心机的平台上，或摆放在实验台上，千万不可不拧

紧浮放在转头上，因为一旦误启动，转头盖就会飞出，造成事故！

⑥ 转头盖在拧紧后一定要用手指触摸转头与转盖之间有无缝隙，如有缝隙要拧开重新拧紧，直至确认无缝隙方可启动离心机。

⑦ 使用时一定要接地线。离心管内所加的物质应相对平衡，如引起两边不平衡，会对离心机造成很大的损伤，至少将缩短离心机的使用寿命。

⑧ 在离心过程中，操作人员不得离开离心机室，一旦发生异常情况操作人员不能关电源（POWER），要按 STOP。在预冷前要填写好离心机使用记录。

⑨ 使用完毕后，将转头和仪器擦干净，以防样品液沾污而产生腐蚀。

第三节　细胞破碎技术

微生物代谢产物大多分泌到细胞外，如大多数小分子代谢物、细菌产生的碱性蛋白酶、霉菌产生的糖化酶等，称为胞外产物。但有些目的产物存在于细胞内部，如大多数酶蛋白、类脂和部分抗生素等，称为胞内产物。自 20 世纪 80 年代以来，随着重组 DNA 技术的广泛应用，许多具有重大价值的生物产品应运而生，如胰岛素、干扰素、白细胞介素-2 等，它们的基因分别在宿主细胞（大肠杆菌或酵母细胞等）内克隆表达成为基因工程产品，其中许多基因工程产品都是胞内产物。分离提取胞内产物时，首先必须将细胞破碎，使产物得以释放，才能进一步提取。因此细胞破碎是提取胞内产物的关键步骤，破碎技术的研究已引起基因工程专家和生化工程学者的关注。

一、细胞壁的组成与结构

细胞破碎的目的是破坏细胞外围使胞内物质释放出来。微生物细胞的外围通常包括细胞壁和细胞膜，它们起着支撑细胞的作用。其中细胞壁为外壁，具有固定细胞外形和保护细胞免受机械损伤或渗透压破坏的功能。细胞膜为内壁，是一层具有高度选择性的半透膜，控制细胞内外一些物质的交换渗透作用。细胞膜较薄，厚度为 7～10nm，主要由蛋白质和脂质组成，强度比较差，易受渗透压冲击而破碎。细胞破碎的主要阻力来自于细胞壁，不同类型的微生物其细胞壁的结构特性是不同的，取决于遗传和环境因素，为了研究细胞的破碎，提高其破碎率，有必要了解它们的组成和结构，各种微生物细胞壁的组成和结构见表 4-2。

表 4-2　各种微生物细胞壁的组成与结构

微生物	革兰阳性菌	革兰阴性菌	酵母	霉菌
壁厚/nm	20～80	10～13	100～300	100～250
层次	单层	多层	多层	多层
主要成分	肽聚糖(40%～90%) 多糖 胞壁酸 蛋白质 脂多糖(1%～4%)	肽聚糖(5%～10%) 脂蛋白 脂多糖(11%～22%) 磷脂 蛋白质	葡聚糖(30%～40%) 甘露聚糖(30%) 蛋白质(6%～8%) 脂类(8.5%～13.5%)	多聚糖(80%～90%) 脂类 蛋白质

1. 细菌细胞壁

细菌细胞壁占细胞干重的 10%～25%，坚韧而略具弹性，包围在细胞的周围，使细胞具有一定的外形和强度。

细菌破碎的主要阻力来自于肽聚糖的网状结构，其网状结构的致密程度和强度取决于多糖链上所存在的肽键数量和其交联的程度。交联程度越大，网状结构就越致密，破碎的难度也就越大。

革兰阳性细菌的细胞壁与革兰阴性细菌有很大不同。革兰阳性细菌的细胞壁较厚，只有一层（20～80nm），主要由肽聚糖组成（占40%～90%），其余是多糖和胞壁酸。其肽聚糖结构为多层网状结构，其中75%的肽聚糖亚单位相互交联，网格致密坚固。革兰阴性细菌的细胞壁包括内壁层和外壁层，内壁层较薄（2～3nm），由肽聚糖组成；外壁层较厚（8～10nm），主要由脂蛋白和脂多糖组成。革兰阴性菌细胞壁的肽聚糖为单层网状结构，它们只有30%的肽聚糖亚单位彼此交联，故其网状结构不及革兰阳性细菌的坚固，显得比较疏松。

2. 酵母菌细胞壁

酵母菌细胞壁比革兰阳性细菌要厚，大多为100～300nm，但不及革兰阳性细菌细胞壁坚韧。幼细胞的细胞壁较薄，有弹性，以后逐渐变厚、变硬。由特殊的酵母纤维素构成，其主要成分是葡聚糖（30%～34%）、甘露聚糖（30%）、蛋白质（6%～8%）和脂类，不含一般真菌所具有的几丁质或纤维素。同细菌细胞壁一样，酵母细胞壁破碎的阻力主要决定于壁结构交联的紧密程度和它的厚度。

3. 霉菌细胞壁

霉菌细胞壁厚度为100～250nm，主要由多糖组成（80%～90%），其次含有较少的蛋白质和脂类。不同的霉菌，细胞壁的组成有很大的不同，其中大多数的多糖壁是由几丁质和葡聚糖构成的。几丁质是由数百个*N*-乙酰葡萄糖胺分子以β-1,4葡聚糖苷键连接而成的多聚糖。它与纤维素结构很相似，只是每个葡萄糖上的第二碳原子和乙酰胺基相连，而在纤维素结构中是与羟基相连。由于霉菌细胞壁中含有几丁质，纤维素的纤维状结构度比细菌和酵母菌的细胞壁有所提高。

二、常用破碎方法和操作步骤

细胞破碎的目的是释出细胞内产物，其方法很多。按其是否使用外加作用力可分为机械法和非机械法两大类，具体情况见表4-3。

表4-3 细胞破碎方法分类

分类		作用机理	适应性
机械法	珠磨法	固体剪切作用	可达较高破碎率，可较大规模操作，大分子目的产物易失活，浆液分离困难
	高压匀浆法	液体剪切作用	可达较高破碎率，可大规模操作，不适合丝状菌和革兰阳性菌
	超声破碎法	液体剪切作用	对酵母效果较差，破碎过程升温剧烈，不适合大规模操作
	X-press法	固体剪切作用	破碎率高，活性保留率高，对冷冻敏感的目的产物不适应
非机械法	酶溶法	酶分解作用	具有高度专一性，条件温和，浆液易分离，溶酶价格高，通用性差
	化学渗透法	改变细胞膜渗透性	具有一定选择性，浆液易分离，但释放率低，通用性差
	渗透压法	渗透压剧烈改变	破碎率低，常与其他方法结合使用
	冻结熔化法	反复冻结-熔化	破碎率低，不适合对冷冻敏感的目的产物
	干燥法	改变细胞膜渗透性	条件变化剧烈，易引起大分子物质失活

机械法有珠磨法、高压匀浆法、超声破碎法、X-press 法。在机械破碎法中，由于消耗的机械能转为热量会使温度上升，大多数情况下要采取冷却措施，以防止生物产品受热破坏。非机械法有酶溶法、化学渗透法、渗透压法和干燥法等，其中某些方法的应用受到限制。目前人们仍在探寻新的细胞破碎方法，如激光破碎法、高速相向流撞击法等，细胞破碎的方法研究有待不断深入和完善。

（一）珠磨法

珠磨法（bead mill）是一种有效的细胞破碎法，如图 4-4 所示为珠磨机的结构示意图。实验室规模的细胞破碎设备有 Mickle 高速组织捣碎机和 Braun 匀浆器；中试规模的细胞破碎可采用胶质磨处理；在工业规模中，可采用高速珠磨机（High-speed bead mill)。

① 进样。进入珠磨机的细胞悬浮液与极细的玻璃小珠、石英砂、氧化铝等研磨剂（直径<1mm）一起快速搅拌或研磨。

② 研磨剂、珠子与细胞之间的互相剪切、碰撞，使细胞破碎，释放出内含物。

③ 分离。在珠液分离器的协助下，珠子被滞留在破碎室内，浆液（细胞内含物）流出从而实现连续操作。

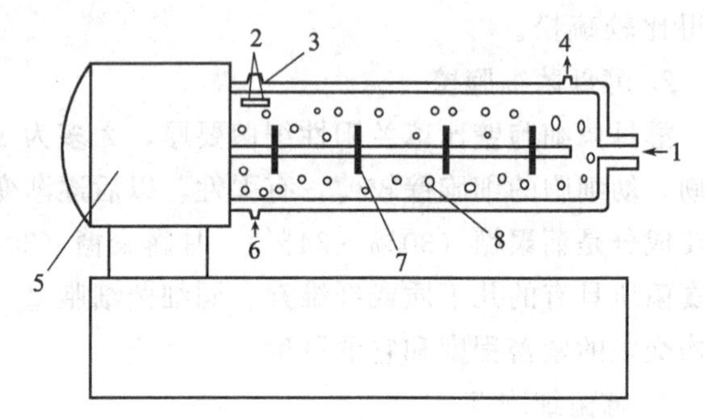

图 4-4　水平搅拌式珠磨机结构示意图

1—细胞悬浮液；2—细胞匀浆液；3—珠液分离器；4—冷却液出口；5—搅拌电机；6—冷却液进口；7—搅拌桨；8—玻璃珠

注意点：破碎中产生的热量一般采用夹套冷却的方式带走，但在大型设备中，采用夹套冷却带走热量是一个需要考虑的问题。珠体的大小应以细胞大小、浓度以及连续操作时不使珠体带出作为选择依据。珠体的装量要适中。装量少时，细胞不易破碎；装量大时，能量消耗大，研磨室热扩散性能降低，引起温度升高。

（二）高压匀浆法

高压匀浆法（High-pressure homogenization）是大规模细胞破碎的常用方法，所用设备是高压匀浆器，它由高压泵和匀浆阀组成。高压匀浆法的原理是利用高压使细胞悬浮液通过针形阀，由于突然减压和高速冲撞而使细胞破裂，如图 4-5 所示。

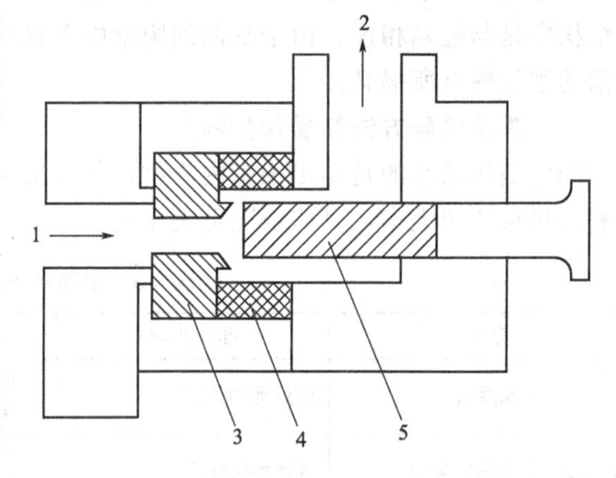

图 4-5　高压匀浆结构示意图

1—细胞悬浮液；2—加工后的细胞匀浆液；3—阀座；4—碰撞环；5—阀杆

(1) 高压进样　通过高压泵打入高压细胞悬浮液到匀浆器内部。在高压匀浆器中，高压室的压力高达几十个兆帕，细胞悬浮液自高压室针形阀喷出时，每秒速度可达几百米。

(2) 碰撞　这种高速倾出的浆液喷射到静止的碰击环上，被迫改变方向从出口管流出。

(3) 低压流出　被分流的悬浮液流出低压出口从而破碎。细胞在这一系列高速运动过程中经历了剪切、碰撞及由高压到常压的变化，从而造成细胞破碎。

注意：高压泵的配备十分必要。由于高压匀浆器需在高压环境下运行，必须达到能够在高压环境下多次使用的要求。一般说来，增大压力和增加破碎次数都可以提高破碎率，但当压力增大到一定程度后对匀浆器的磨损较大。试验表明在约175MPa的压力下，破碎率可达100%，但也有试验表明，当压力超过一定值后，破碎率的增加很慢。在工业生产中，通常采用的压力为55～70MPa。

（三）超声破碎法

超声破碎（Ultrasonication）也是应用较多的一种破碎法，通常采用的超声破碎机在15～25kHz的频率下操作。其破碎机理尚未完全清楚，可能与空化现象（Cavitation phenomena）引起的冲击波和剪切作用有关。

（1）仪器安装　用专用的电源线连接发生器背面的电源输入接口，把换能器组件的信号输入接口与发生器的信号输出接口连接，把温度传感器连接到温度计接口，把换能器组件插入隔音箱顶部中间的专用孔内。

（2）样品预备　适量的样品置于玻璃或塑料器皿当中，该器皿应该是冰水浴状态。

（3）样品安装　把被破碎的物质放置在隔音箱的升降台上，把升降台上升至变幅杆浸入溶液10～15mm。检查仪器后面板上变幅杆选择开关是否选择在与变幅杆相应的位置。一般新仪器或新配的变幅杆应与选择开关对应。

（4）细胞破碎　可根据前次设定的数据直接启动（自动保存的设置数据），也可重新设定：间隙时间（s）、超声时间（s）、全程时间（min）和保护温度（℃）。打开开关进行超声破碎。该步骤样品处于冰水浴中，以1mL样品破碎10min计算，直到悬浮液澄清为止。

（5）破碎结束　关闭电源开关。

注意：超声破碎的效率与声频、声能、处理时间、细胞浓度及菌种类型等因素有关。采用超声破碎法处理少量样品时操作简便、液量损失少，因而在实验室规模应用较为普遍。超声波振荡易引起温度的剧烈上升，操作时常在细胞悬浮液中加入冰块或在夹套中通入冷却剂进行冷却。但在大规模操作中，声能传递和散热均有困难。此外，超声波产生的化学自由基团能使某些敏感性活性物质失活，因而有一定的局限性。

（四）酶溶法

酶溶法（Enzymatic lysis）是一种研究较广的方法，它利用酶反应，分解破坏细胞壁上的特殊键，从而达到破壁的目的。酶溶法可分为外加酶法和自溶法两种。

1. 外加酶法

在外加酶法中，常用的溶酶有溶菌酶（Lysozyme）、β-1,3-葡聚糖酶（Glucanase）、α-1,6-葡聚糖酶、蛋白酶（Protease）、甘露糖酶（Mannanase）、糖苷酶（Glycosidase）、肽键内切酶（Endopeptidase）、壳多糖酶等，而细胞壁溶解酶（Zymolyse）是几种酶的复合物。

2. 自溶法

自溶法（Autolysis）是一种特殊的酶溶方式，其所需的溶胞酶是由微生物本身产生的。事实上，在微生物生长代谢过程中，大多都能产生一定的水解自身细胞壁上聚合物结构的酶，以便使生长繁殖过程进行下去。控制一定条件，可以诱发微生物产生过剩的溶胞酶或激发自身溶胞酶的活力，以达到细胞自溶的目的。

优点：选择性释放产物，条件温和，核酸泄出量少，细胞外形完整。

缺点：一是溶酶价格高，限制了大规模应用，若回收溶酶则又需增加分离纯化溶酶的操作和设备，其费用也不低；二是酶溶法通用性差，不同菌种需选择不同的酶，且不易确定最佳的溶解条件；三是产物抑制的存在，在溶酶系统中，甘露糖对蛋白酶有抑制作用，葡聚糖抑制葡聚糖酶，这可能是导致酶溶法胞内物质释放低的一个重要因素。

影响自溶过程的主要因素有温度、时间、pH、激活剂和细胞代谢途径等。微生物细胞的自溶法常采用加热法或干燥法。自溶法在一定程度上能用于生产，最典型的例子是酵母自溶物的制备。自溶法的缺点是对不稳定的微生物，易引起所需蛋白质的变性；此外，自溶后细胞悬浮液黏度增大，过滤速率下降。

（五）化学渗透法

某些化学试剂，如有机溶剂、变性剂、表面活性剂、抗生素、金属螯合剂等，可以改变细胞壁或膜的通透性（渗透性），从而使胞内物质有选择地渗透出来。这种处理方式称为化学渗透法。化学渗透法取决于化学试剂的类型以及细胞壁或膜的结构与组成，不同化学试剂对各种微生物作用的部位和方式有所不同，现摘要分述如下。

（1）表面活性物质　可促使细胞某些组分溶解，其增溶作用有助于细胞的破碎。例如，Triton X-100 是一种非离子型清洁剂，对疏水性物质具有很强的亲和力，能结合并溶解磷脂，因此其作用主要是破坏内膜的磷脂双分子层，从而使某些胞内物质释放出来。在异淀粉酶培养液中，加入 0.4%的 Triton X-100，30℃振荡 30h，胞内异淀粉酶能较完全地被抽提出来，所得比活性高于机械破碎。其他的表面活性剂，如牛黄胆酸钠、十二烷基磺酸钠等也可使细胞破碎。

（2）EDTA 螯合剂　可用于处理革兰阴性菌（如 *E. coli*），它对其细胞外层膜有破坏作用。革兰阴性菌的外层膜结构通常靠二价阳离子 Ca^{2+} 或 Mg^{2+} 结合脂多糖和蛋白质来维持，一旦 EDTA 将 Ca^{2+} 或 Mg^{2+} 螯合，大量的脂多糖分子将脱落，使细胞壁外层膜出现洞穴。这些区域由内层膜的磷脂来填补，从而导致内层膜通透性的增强。

（3）有机溶剂　能分解细胞壁中的类脂。例如，把相当于细胞量 10%的甲苯加到细胞悬浮液中，由于甲苯被吸收进细胞壁的类脂中，使胞壁膜溶胀，进而使细胞破碎，胞内物质被释放出来。除甲苯外，苯对类脂的分解作用也十分强，但由于较易挥发和较大的毒性而很少应用。此外，氯仿、二甲苯及高级醇等也有类似的作用。

（4）变性剂　盐酸胍（Guanidine hydrochloride）和脲（Urea）是常用的变性剂。一般认为变性剂与水中氢键作用，削弱溶质分子间的疏水作用，从而使疏水性化合物溶于水溶液，如胍能从大肠杆菌膜碎片中溶解蛋白。近年来用盐酸胍或脲处理 *E. coli* 基因工程菌，可渗透出重组蛋白（如包含体），并在其他试剂的配合下使二硫键断裂，变性解离成亚基，从而释放出来。根据各种试剂的不同作用机理，将几种试剂合理地搭配使用能有效地提高胞内物质的释放率。

不同细胞采用的化学渗透处理方法见表 4-4。

（六）其他方法

1. X-press 法

X-press 法是将浓缩的菌体悬浮液冷却至−25℃形成冰晶体，利用 500MPa 以上的高压冲击，使冷冻细胞从高压阀小孔中挤出。细胞破碎是由于冰晶体的磨损，使包埋在冰中的微生物变形而引起的。此法主要用于实验室，具有适应范围广、破碎率高、细胞碎片粉碎程度低及活性保留率高等优点，但该法不适用于对冷冻敏感的生化物质。

表 4-4　不同细胞采用的化学渗透处理方法

细胞类别	变性剂	清洁剂	有机溶剂	酶	抗生素	生物试剂	螯合剂
革兰阴性菌	+	+	+	+	+		+
革兰阳性菌		+	+	+			
酵母	+	+	+	+	+	+	
植物细胞		+	+		+	+	
巨噬细胞		+	+			+	

注：+表示适用。

2. 渗透压法

渗透压法（Osmotic pressure）是一种较温和的细胞破碎法。将细胞放在高渗透压的介质中（如一定浓度的甘油或蔗糖溶液），达到平衡后，转入到渗透压低的缓冲液或纯水中，由于渗透压的突然变化，水迅速进入细胞内，引起细胞溶胀，甚至破碎。于是，细胞内容物就释放出来。此法仅适用于细胞壁较脆弱的细胞，或者细胞壁预先用酶处理，或者在培养过程中加入某些抑制剂（如抗生素等），使细胞壁有缺陷、强度减弱。

3. 干燥法

可采用多种方法使细胞干燥，如气流干燥、真空干燥、喷雾干燥和冷冻干燥等。通过干燥使细胞壁膜的结合水分丧失，从而改变细胞的渗透性。当采用丙酮、丁醇或缓冲液等对干燥细胞进行处理时，胞内物质就容易被抽提出来。气流干燥主要适用于酵母菌，一般在25～30℃下的气流中吹干，然后用水、缓冲液或其他溶剂抽提。气流干燥时，部分酵母可能产生自溶，所以较冷冻干燥、喷雾干燥易抽提。真空干燥多用于细菌。冷冻干燥适用于较不稳定的生化物质，将冷冻干燥后的菌体在冷冻条件下磨成粉，然后用缓冲液抽提。干燥法条件变化剧烈，容易引起蛋白质或其他活性物质变性。

三、破碎率的测定

为了测定细胞破碎的程度，获得定量的结果，下面简要介绍几种测定破碎率的方法。

1. 直接测定法

利用适当的方法，计数破碎前后的细胞数即可直接计算其破碎率。对于破碎前的细胞，可利用显微镜或电子微粒计数器直接计数。破碎后，破碎过程所释放的物质如 DNA 和其他聚合物组分会干扰计数，此时可采用染色的方法把破碎的细胞与未受损害的完整细胞区分开来。例如，破碎的革兰阳性菌可染色成革兰阴性菌的颜色；采用革兰染色法染色酵母破碎液，未受损害的细胞呈紫色，而受损害的细胞呈亮红色。

2. 目的产物测定法

细胞破碎后，通过测定破碎液中目的产物的释放量来估算破碎率。通常将破碎后的细胞悬浮液用离心法分离细胞碎片，测定上清液中目的产物（如蛋白质或酶）的含量或活性，并与 100%破碎率所获得的标准数值比较，计算其破碎率。

3. 电导率测定法

Luther 等报道了一种利用破碎前后电导率的变化来测定破碎程度的快速方法。细胞破碎后，大量带电荷的内含物被释放到水相，使电导率上升。电导率随着破碎率的增加而呈线性增加。由于电导率的大小与微生物种类、处理条件、细胞浓度、温度和悬浮液中原电解质的含量等有关，因此，正式测定前应预先采用其他方法制定标准曲线。

实验 4-3 酵母细胞的超声波破碎及破碎率的测定

1. 目的要求

① 掌握超声波细胞破碎的原理和操作。

② 学习细胞破碎率的测定方法。

2. 实验原理

频率超过 15～20kHz 的超声波，在较高的输入功率下（100～250W）可破碎细胞。本实验采用 JY92-2D 超声波细胞粉碎机，其工作原理是：JY92-2D 超声波细胞粉碎机由超声波发生器和换能器两个部分组成。超声波发生器（电源）是将 220V、50Hz 单相电通过变频器件变为 20～25Hz、约 600V 的交变电能，并以适当的阻抗与功率匹配来推动换能器工作，做纵向机械振动，振动波通过浸入在样品中的钛合金变幅杆对破碎的各类细胞产生空化效应，从而达到破碎细胞的目的。检测酵母细胞的破碎程度常用直接测定法，即通过检测破碎前后完整细胞的数量之差来表示细胞破碎的程度。

3. 材料用具

（1）材料

① 酵母细胞悬浮液：0.2g/mL 的啤酒酵母溶于 50mmol/L 醋酸钠-醋酸缓冲溶液（pH 为 47）中。

② 马铃薯培养基：马铃薯（去皮切块）200g；琼脂 20g；蔗糖 20g；蒸馏水 1000mL；pH 为 65。选优质马铃薯去皮切块，加水煮沸 30min，然后用纱布过滤，再加糖及琼脂，溶化后补充加水至 1000mL，分装，115℃灭菌 20min。

（2）器具

JY92-2D 超声波细胞破碎机、电子显微镜、酒精灯、载玻片、血细胞计数板、接种针等。

4. 操作方法

（1）操作流程　操作流程见第三节超声破碎。

（2）操作要点

① 啤酒酵母的培养

a. 菌种纯化。酵母菌种转接至斜面培养基上，28～30℃培养 3～4d，培养成熟后，取一环酵母菌至 8mL 液体培养基中，28～30℃培养 24h。

b. 扩大培养。将培养成熟的 8mL 液体培养基中的酵母菌全部转接至含 80mL 液体培养基的三角瓶中，28～30℃培养 15～20h。

② 破碎前显微计数　取 1mL 酵母细胞悬浮液经适当稀释后，用血细胞计数板在显微镜下计数。

③ 超声波破碎　将 80mL 酵母悬浮液放入 100mL 容器中，液体浸没超声发射针 1cm。打开开关，将频率钮设置至中挡，超声破碎 1min，间歇 1min，破碎 20 次。

④ 破碎后显微计数　取 1mL 破碎后的细胞悬浮液经适当稀释后，滴一滴在血细胞计数板上，盖上盖玻片，用显微镜进行观察、计数。最后，计算细胞破碎率。

实验 4-4 酶法破碎裂殖壶菌提取胞内油脂

1. 目的要求

① 学习酶法细胞破碎的原理和操作。

② 掌握影响酶法破碎的影响因素。

2. 实验原理

裂殖壶菌是一种极具商业价值的海洋微生物，该菌体干质量的70%以上为脂肪酸，其中的二十二碳六烯酸（DHA）比例约为30%～40%，且90%以上的脂肪酸为甘油三酯形式的中性脂。目前，工业上常用于微生物细胞破碎的酶主要是蛋白酶，其中碱性蛋白酶作为一种胞外酶，培养简便、产量丰富，最适合于大规模的生产应用。因此，本实验采用碱性蛋白酶法破碎裂殖壶菌提取胞内油脂，旨在为该领域的工业化生产提供相应的参考。

3. 材料用具

(1) 材料　裂殖壶菌发酵液，江苏天凯生物科技有限公司；碱性蛋白酶液（比酶活350000U/g），杰能科生物工程有限公司；碱性蛋白酶，碧云天公司生产。

(2) 试剂　正己烷、乙醇（体积分数80%），江苏天凯生物科技有限公司回收循环利用；NaOH、KOH、可溶性淀粉、KI、酚酞，分析纯，国药集团化学试剂有限公司；甲醇、三氯甲烷、乙醚、硫代硫酸钠，分析纯，上海凌峰化学试剂有限公司；无水乙醇，分析纯，无锡市亚盛化工有限公司；冰醋酸，分析纯，上海申博化工有限公司。

4. 操作方法

(1) 发酵液生物量的测定　取10mL放罐后的裂殖壶菌发酵液置于50mL的离心管中，4000r/min离心5min，弃去上清液。用30mL的蒸馏水洗涤菌体2次，离心后将菌体均匀涂布于恒重的滤纸上，于105℃烘干至恒重。

(2) 菌体的酶解　取250mL混匀的裂殖壶菌发酵液于500mL烧杯中，置于恒温水浴中，用1.0mol/L的NaOH调节pH，加入适量酶，中速搅拌，酶解一定时间。

实验测定不同温度和pH下的破解率（油脂的产率）。

(3) 油脂的萃取　酶解结束后，加入发酵液体积114倍的乙醇沉析菌体，灭酶活，再分3次各加入发酵液等体积的正己烷，常温搅拌2h萃取油脂。静置分层后，取含油的上清液进行真空旋转蒸发除去溶剂。

(4) 油脂的检测　用恒重的圆底烧瓶收集油脂的萃取液，旋转蒸发除尽溶剂后称质量。提油量的计算公式：

$$Y=m/V$$

式中，Y为提油量，g/L；m为油脂质量，g；V为裂殖壶菌发酵液体积，L。

第四节　常规提取技术

发酵产物的提取与精制属于下游加工过程，即将发酵目标产物进行提取、浓缩、纯化和成品化的分离纯化过程。发酵产物提取与精制的重要性主要体现在生物产物的特殊性、复杂性和对产品的严格要求上，导致提取与精制成本占整个发酵产物生产成本的很大比例。因此，设计合理的提取与精制过程来提高产品质量和降低成本才能够真正实现商业化大规模生产。

发酵产物的类型不同，它的提取和精制方法也不同。有时尽管发酵产物同是代谢产物这一类型，由于发酵产物的化学结构不同，它们的提取和精制方法也不同。如何着手对发酵液中的某种未知的发酵产品进行提取呢？一般可通过以下两个步骤。

① 先研究该发酵产物属于哪一类型，是碱性、酸性、两性物质或它的大致等电点以及

在各种溶剂中的溶解情况等。这一步骤即用纸上电泳和纸上色谱法，通过各种不同的溶剂系统进行初步实验，可大致确定属于哪一类型，其次也可以了解它是单质还是混合物。

② 通过稳定性研究，如将发酵物在不同温度下，调节至不同的 pH 值进行处理，来检查有效物质的稳定情况。这样可以了解该发酵产物在哪一种适合的条件下进行提取和精制而不被破坏，同时在保证质量的前提下，尽可能提高其得率。

产物提取的主要方法有萃取、吸附、沉淀、蒸发等。此阶段的主要任务是去除与目的产物有较大差异的物质以提高产品浓度，而提高产品质量为辅。

一、萃取

利用溶质在互不相溶的两相之间分配系数的不同而使溶质得到纯化或浓缩的方法称为萃取。萃取法根据参与溶质分配的两相不同而分为多种，如液固萃取、液液萃取、双水相萃取、液膜萃取、反微团萃取、超临界萃取等方法，每种方法具有不同的特点而适用于不同产物的分离纯化。本部分以液液萃取为重点，同时阐述双水相萃取、反微团萃取、超临界萃取三种方法。

1. 液液萃取

(1) 液液萃取法的基本原理　液液萃取法通常用于去除杂质及分离混合物。它的原理是：欲从溶液中萃取某一成分，利用该物质在两种互不相溶的溶剂中的溶解度的不同，使之从一种溶剂转入另一种溶剂，从而使杂质得以去除。

萃取效率的高低是以分配定律为基础的。在恒温恒压下，一种物质在两种互不相溶的溶剂（A 与 B）中的分配浓度之比是一常数，此常数称为分配系数 K，可用下式表示：

$$\frac{\text{上层溶剂(A)中溶质的浓度}}{\text{下层溶剂(B)中溶质的浓度}}=\frac{c_A}{c_B}=\text{常数}=K\text{(分配系数)}$$

$$\frac{\dfrac{W_1}{V_0}}{\dfrac{W_0-W_1}{V_S}}=K \text{ 或 } W_1=W_0\frac{KV_0}{KV_0+V_S} \tag{4-1}$$

$$\frac{\dfrac{W_2}{V_0}}{\dfrac{W_1-W_2}{V_S}}=K \text{ 或 } W_2=W_1\frac{KV_0}{KV_0+V_S}=W_0\left(\frac{KV_0}{KV_0+V_S}\right)^2 \tag{4-2}$$

同理可得

$$W_n=W_0\left(\frac{KV_0}{KV_0+V_S}\right)^n \tag{4-3}$$

式中，W_0 为被提取物的总质量，g；V_0 为原溶液的体积，mL；V_S 为每一次提取所用提取溶液的体积；W_1 为提取一次后，被提取物在原溶液中的剩余量；W_n 为提取 n 次后，被提取物在原溶液中的剩余量；n 为提取次数；K 为被提取物在原溶剂和提取溶剂中的分配系数。

从式(4-3) 得知，若已知物质在两溶剂内的分配系数，则可以此算出在一定条件下提取多少次最合适。

(2) 常用液液萃取的工艺　在液液萃取操作中按所处理物料的性质以及要求分离程度的不同，可分为单次提炼法、多次提炼法、多级对流萃取、分馏萃取以及微分萃取等多种形式。

(3) 影响液液萃取的主要因素　影响液液萃取的主要因素有：①乳化与去乳化；②pH 值；③温度；④带溶剂；⑤溶剂的选择。

2. 双水相萃取

双水相萃取主要用于酶和蛋白质的萃取，特点是用两种互不相溶的聚合物，如聚乙二醇（PEG）和葡萄糖或 PEG-磷酸钾系统进行萃取，而两相均有很高的含水量，一般达 70%～90%，故称双水相系统。双水相的主要优点是：每一水相中均含有很高的水量，为生物物质提供了一个良好的环境，并且 PEG、Dex 和无机盐对生物物质无毒害作用，不影响生物活性。双水相萃取不仅可以从澄清发酵液中提取生物物质，而且还可以从含有菌体的原始发酵液或细胞匀浆液中直接提取蛋白质，免除过滤操作的麻烦。大多数亲水性聚合物均能显示出不互溶性。当聚合物浓度较低时，获得的溶液是均相的；但如浓度增加超过某一值时，溶液便出现分离的两相。以聚合物 Q 的质量分数（%）为纵坐标，以聚合物 P 的质量分数（%）为横坐标绘制相图（图 4-6）。相图中的这些点连接起来，便获得所谓的“双结点线”（binodal）*TCB*（图 4-6）。该双结点线把整个图面分成两个区域，其左侧是单相区，不分层；其右端为两相区。由实验可知，增大聚合物的相对分子质量，可以使两相区的范围扩大。对任何特定的系统而言，均可在图中找到某点 *M*。如若 *M* 点位于相图的两相区内（*TCB* 右端），那么，由 *M* 点组成给出的混合物将分成两个相，这就是组成为 *T* 的“上相”，又称“顶相”，和组成为 *B* 的“下相”，又称“底相”。这时，*T*、*B* 在通过 *M* 点的连接线（tie line）上，该连接线的定义是：连接平衡两相组成的直线。连接线不会相交，并且连接线上所有的点均有着相同的顶相（*T*）组成和底相（*B*）组成，只是两相的相对体积量不同而已。这时，顶相和底相的相对体积量，可用线段 *MB*/*MT* 来表示。其中，*MT* 表示底相量，*MB* 表示顶相量，服从杠杆定律。图中的 *C* 点是临界点，从理论上说，临界点处的两相应该具有同样的组成、同样的体积，且分配系数等于 1。

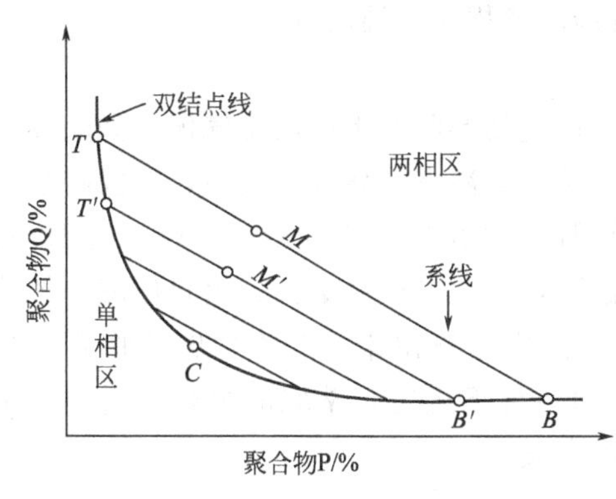

图 4-6　双水相系统相图

双水相萃取的分配系数 *K* 定义如下：

$$K=c_{\mathrm{T}}/c_{\mathrm{B}} \tag{4-4}$$

式中，c_{T} 和 c_{B} 分别为平衡时顶相和底相内蛋白质的浓度。

影响双水相萃取的重要因素是组成双水相的聚合物种类；聚合物的平均相对分子质量；聚合物的相对分子质量分布；连接线长度（取决于浓度）；离子种类；离子强度及 pH 值。

3. 反微团萃取

所谓反微团，又称反胶束（reversed micelles），是指当有机溶剂中加入表面活性剂并令其浓度超过某临界值时，表面活性剂便会在有机溶剂中形成一种稳定的大小为毫微米级的聚集体，这聚集体就是反微团。图 4-7 为反微团的示意图。该聚集体的内腔（或称极性核）含有水分，称之为“水池”（water pool），当含有此种反微团的有机溶剂与蛋白质的水溶液接触时，蛋白质就会溶解于此水池中，从而实现对蛋白质的有机溶剂萃取（图 4-8）。蛋白质之所以会从水相迁移入有机溶剂的反微团内，乃是带电蛋白质与反微团极性头之间的静电作用力所造成的。已经进入反微团内的蛋白质，通过改变水相的 pH 值和盐浓度等条件，可使之重返水相，从而实现对蛋白质的反萃取过程。因此，反微团萃取扩大了有机溶剂萃取

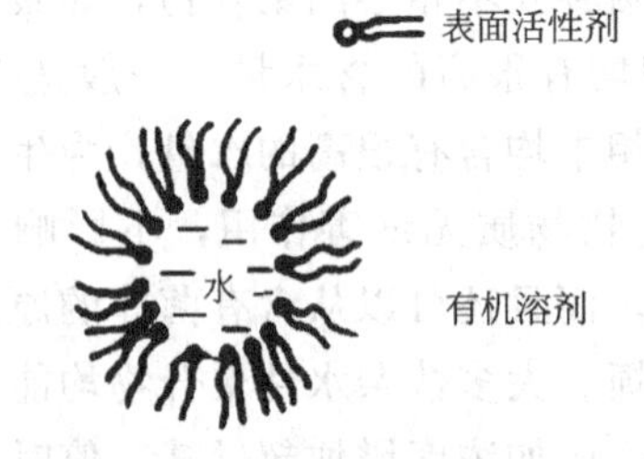

图 4-7 反微团模型

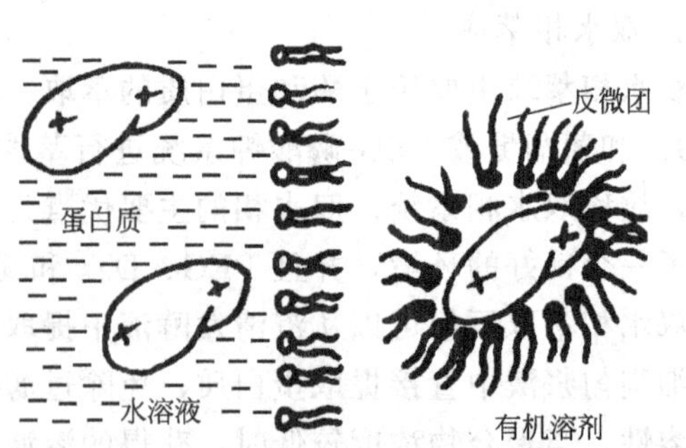

图 4-8 在含反微团的有机溶剂中溶解蛋白质

的适用范围，可用于活性蛋白质、酶、氨基酸及核苷酸等的分离。

影响反微团萃取的因素主要有：溶液的 pH 值，溶液的离子强度值，表面活性剂的浓度和结构（种类），有机溶剂的种类，表面活性剂与溶剂的体积比，温度等。

4. 超临界萃取

超临界萃取也是一种溶剂萃取，它使用的是一种在超临界状态下的液态气体，如超临界液态二氧化碳、超临界液态甲烷、超临界液态乙烷、超临界液态乙烯等。其中，尤以超临界液态二氧化碳最受人瞩目，它有很多优点，例如，液体二氧化碳自身无毒、不燃、无腐蚀、低黏度、价廉，而且液体二氧化碳渗入物质的能力极强，因此扩散系数大，由它作溶剂的萃取操作，可获得高的传递速率。此外，溶剂容易从产品中分离出来。二氧化碳的临界点是 31℃和 73atm（1atm＝101325Pa），操作应在此临界值条件下进行。萃取的主要应用领域是抗生素生产，其最大不足是不能用于分离酶和活性蛋白质。

二、吸附

1. 吸附的目的、原理及类型

吸附法是利用吸附剂与杂质、色素物质、有毒物质（如热原）、抗生素之间的分子引力而吸附在吸附剂上。吸附的目的一方面是将发酵液中的发酵产品吸附并浓缩于吸附剂上，另一方面是利用吸附剂除去发酵液中的杂质、色素、有毒物质（如热原等）。吸附的类型有：物理吸附，化学吸附，交换吸附。

吸附法具有操作简单，原料易解决，便于土法生产的优点。但也有较多缺点，如吸附剂吸附性能不稳定，选择性不高，吸附容量有限，收率不稳定而且不高，不能连续操作，劳动强度大等，它逐渐为其他方法特别是离子交换树脂法所取代。但是在许多发酵产品除杂质提纯、脱色和分离有毒物质（如热原）等方面的提纯精制过程中，吸附法仍有广泛应用。

2. 吸附平衡

溶质在吸附剂上的吸附平衡关系是指吸附达到平衡时，吸附剂的平衡吸附质浓度 q' 与液相游离溶质浓度 c 之间的关系。一般 q' 是 c 和温度（T）的函数，即

$$q'=f(c,T) \tag{4-5}$$

但一般吸附过程是在一定温度下进行，此时 q' 只是 c 的函数，q' 与 c 的关系曲线称为吸附等温线（adsorption isotherm）。当 q' 与 c 之间呈线性函数关系

$$q'=mc \tag{4-6}$$

时，称为亨利（Henry）型吸附平衡，其中 m 为分配系数。式(4-6) 一般在低浓度范围内成立，当溶质浓度较高时，吸附平衡常呈非线性，式(4-6) 不再成立，经常利用弗罗因德利希（Freundlich）经验方程描述吸附平衡行为，即

$$q' = kc^{1/n} \tag{4-7}$$

式中，k 和 n 为常数，一般 $1<n<10$。

此外，兰格缪尔（Langmuir）的单分子层吸附理论在很多情况下可解释溶质的吸附现象。即在吸附剂上具有许多活性点，每个活性点具有相同的能量，只能吸附一个分子，且被吸附的分子间无相互作用。基于兰格缪尔单分子层理论，可推导兰格缪尔型吸附平衡方程

$$q' = \frac{q_m c}{K_d + c} \tag{4-8a}$$

或

$$q' = \frac{q_m K_b c}{1 + K_b c} \tag{4-8b}$$

式中，q_m 为饱和吸附容量；K_d 为吸附平衡的解离常数；K_b 为结合常数（$K_b = 1/K_d$）。当 n 个相同溶质分子在一个活性点上发生吸附时，可得式(4-8b) 的一般形式

$$q' = \frac{q_m K_b c^n}{1 + K_b c^n} \tag{4-9}$$

对于 n 个组分的单分子层吸附，式(4-8b) 变为另一种一般形式

$$q_i^* = \frac{q_{mi} K_{bj} c_i}{1 + \sum_{j=1}^{n} K_{bj} c_i} \tag{4-10}$$

式(4-10) 为组分 i 的吸附浓度与各组分浓度之间的关系式，表明了各个组分在同一个活性点上竞争性吸附的结果，使组分 i 的吸附浓度下降。

当吸附剂对溶质的吸附作用非常大时，式(4-7) 中的 n 常大于 10，或用式(4-8a) 表示的 Langmuir 吸附解离常数 K_d 非常小，游离浓度对吸附浓度影响很小，接近不可逆吸附，吸附等温线为矩形（rectangular isotherm，q 为常数）。

3. 吸附剂的种类

吸附剂的种类很多，其必须具备的条件如下：

① 吸附剂本身是一种多细孔粉末状的物质，其颗粒密度小、表面积大，但孔隙也不能太多，否则孔隙中的溶质不易被解吸出来；

② 吸附剂必须颗粒大小均匀；

③ 吸附能力大，但也要容易洗脱下来。

工业发酵常用的吸附剂主要可分为三种类型：疏水或非极性吸附剂，亲水或极性吸附剂，各种离子交换树脂吸附剂。

4. 吸附脱色

(1) 活性炭吸附脱色　工业发酵中，发酵产品常用活性炭吸附脱色，例如味精溶液用活性炭脱色。活性炭脱色能力与 pH 值有关，一般在 pH5.0 左右活性炭脱色能力较强。

(2) 离子交换树脂脱色

① 离子交换树脂脱色作用原理　离子交换树脂脱色作用主要是靠树脂的基团与色素的某些基团形成共价键或交换作用进行吸附。它的作用原理如下：

脱色　$R \equiv NCl + MF \longrightarrow R \equiv NF + MCl$（F 为带负电荷的色素或杂质）

再生　$R \equiv NF + NaCl \longrightarrow R \equiv NCl + NaF$

② 脱色常用的离子交换树脂　工业发酵中，发酵产品脱色常用的离子交换树脂有大孔的 717# 强碱性季铵型树脂及多孔弱碱 390# 苯乙烯伯胺型弱碱性阴离子交换树脂。

5. 吸附操作工艺

吸附操作工艺主要有：固定床、膨胀床、流化床、移动床和模拟移动床操作等。

实验 4-5 用萃取法从天然植物茶叶中提取茶多酚

1. 目的要求

掌握利用有机溶剂萃取法提取茶多酚的原理和方法。

2. 实验原理

茶多酚，又名茶单宁、茶鞣质，是从天然植物茶叶中分离提取的多羟基酚类衍生物的混合物，占茶叶干重的15%～30%。茶多酚是一种理想的天然食品抗氧化剂。此外，它还具有抗癌、抗衰老、抗辐射、清除人体自由基、降低血糖血脂等一系列重要药理功能。因此，提取茶多酚具有十分重要的意义。

由于茶多酚及其杂质在不同溶剂中溶解度的不同，分别用溶剂抽提或去杂可得到茶多酚粗制品。

3. 材料用具

（1）材料　绿茶。

（2）试剂　乙醇、氯仿、乙酸乙酯等。

（3）器具　超微粉碎机、搅拌机、真空干燥箱、冷冻干燥器、茶叶等。

4. 操作方法

（1）浸提　将粉碎后的绿茶样品加入5倍量85%乙醇，在35～40℃环境温度下浸提20min，浸提过程中搅拌数次。

（2）压滤与浓缩　压滤、收集滤液，滤渣再用2～3倍85%乙醇重复浸提一次。两次滤液合并，在45℃左右减压浓缩至乙醇基本除去为止。

（3）转溶　浓缩液用4倍量的氯仿萃取（转溶）2次以除去色素、咖啡碱等杂质。

（4）萃取　收集含有茶多酚的水相，用1～2倍量的乙酸乙酯分次萃取茶多酚。将含有茶多酚的乙酸乙酯在45℃左右减压浓缩去乙酸乙酯，并回收。

（5）真空干燥　在真空干燥箱中，于70℃左右温度下干燥即得橙黄色的茶多酚粗制品。

5. 注意事项

① 由于茶多酚易于氧化，所以加热时间不宜过长。

② 氯仿具有毒性，在大量使用时要注意产品和操作的安全。

实验 4-6 双水相萃取分离提取猪心中的细胞色素 c

1. 目的要求

了解双水相萃取的基本原理，掌握双水相萃取法从猪心中提取细胞色素 c 的方法。

2. 实验原理

双水相萃取法是利用物质在互不相溶的两相间分配系数的差异来进行萃取的方法。不同的高分子溶液相互混合可产生两相或多相系统。双水相体系的形成主要是由于物质之间的不相溶性，不能形成均一相，从而具有分离倾向，在一定条件下即可分为两相或多相。

双水相萃取与水-有机相萃取的原理相似，都是依据物质在两相间的选择性分配，但萃取体系的性质不同。当物质进入双水相体系后，由于表面性质、电荷作用和各种力（如氢键和离子键等）的存在和环境的影响，使其在上、下相中的浓度不同。分配系数 K 等于物质在两相的浓度比，各种物质的 K 值不同。例如，酶、蛋白质等生物大分子的分配系数大致在 0.1～10 之间，而小分子盐的分配系数在 1.0 左右，因而双水相体系对生物物质的分配具有很大的选择性。

双水相萃取技术在生物工程下游技术中已经显示了良好的应用前景。本实验主要学习利用 PEG/硫酸盐体系从猪心中萃取分离细胞色素 c 的方法。

3. 实验材料

(1) 材料　新鲜猪心。

(2) 试剂　聚乙二醇（PEG）6000、硫酸铵、1mol/L 稀硫酸溶液、2mol/L 氨水溶液。

(3) 器具　打浆机、刀、砧板、电子天平、磁力搅拌器、离心机、冷冻干燥箱、量筒、滴管、酸度计、透析袋。

4. 操作方法

(1) 匀浆　将猪心切成细块状后，称取 20g 猪心加水 30mL 匀浆成肉糜。

(2) 浸提　用蒸馏水定容至 80mL，用 1mol/L 稀硫酸调 pH 至 4.0，在搅拌条件下浸提 1h。

(3) 离心分离　用 2mol/L 氨水调 pH 至 6.0，在 4000r/min 条件下离心 20min，弃去猪心残渣和沉淀物，收集红色上清液。

(4) 双水相萃取　将红色上清液调 pH 至 7.2 后，边搅拌边添加 12%硫酸铵和 14% PEG，使之形成 PEG/硫酸盐双水相体系。然后，将混合液倒入分液漏斗中静置。0.5～1h 后，可看到红色物质（细胞色素 c）完全进入下层硫酸铵相中，呈黄白色的混浊杂质进入到上层 PEG 相中。

(5) 透析除盐　收集盐相，并将盐相用蒸馏水进行透析除盐 24h，即可得液态的细胞色素 c 粗品。

(6) 干燥　再进行冷冻干燥可得粉状的细胞色素 c 粗品。

5. 注意事项

购买的猪心一定要新鲜，并要剔除白色脂肪。

实验 4-7 CTAB 反微团萃取大豆蛋白

1. 目的要求

掌握 CTAB 反微团萃取大豆蛋白的原理和方法。

2. 实验原理

反微团萃取是近年来涌现出来的一种新颖萃取方法。所谓反微团（又称为反胶团）是指当有机溶剂加入表面活性剂并令其浓度超过临界胶团浓度（CMC）时，表面活性剂便会在有机相中形成一种稳定的大小为毫米级的聚集体，这种聚集体称为反微团。蛋白质之所以会从水相中迁移入有机溶剂的反微团内，乃是含电荷蛋白质与反微团极性头之间的静电相互作用力所造成的。该法已成功地用于胞内外酶的萃取及蛋白质的复性。

反微团萃取蛋白质的萃取率的大小首先与溶液的 pH 有关，因为它影响蛋白质的含荷数量和电荷性质，从而决定了蛋白质与反微团极性之间的静电作用大小；其次与形成的微团即聚集体的大小有关，而影响聚集体的大小的因素有无机盐（离子强度的大小）浓度和有机物的量等。本实验主要学习采用 CTAB-正辛烷-正辛醇反微团溶液萃取大豆蛋白。

3. 实验材料

(1) 材料 市售大豆。

(2) 试剂 表面活性剂十六烷基三甲基溴化铵 (CTAB)、硼酸、氢氧化钠、硫酸钾、氯化钾、正辛醇、正辛烷等。

(3) 设备 离心机、磁力搅拌器、酸度计、多功能食物粉碎机等。

4. 操作方法

(1) 豆浆的制备 选上好的大豆洗净后用去离子水先浸泡6～8h，再清洗，然后用食物粉碎机将其粉碎，经过滤除去豆渣，加入适量的去离子水，即得所要的豆浆。

(2) 反微团溶液的配制 将10mmol/L表面活性剂 (CTAB其浓度大于CMC) 加入到有机溶剂 (由正辛烷和助溶剂——正辛醇按1∶4组成的混合液) 中，即可得到所需要的反微团溶液。

(3) 大豆蛋白含量测定 豆浆中的蛋白质的测量方法采用传统的凯氏定氮法：参照GB 5009.5—2010。

(4) 反微团萃取方法 将豆浆与反微团溶液混合，加入100mmol/L的氯化钾，并将pH值调到10.0，然后用磁力搅拌器搅拌15min使之充分混合，再用离心机在3000r/min的转速下离心分离10min使之充分分相，取下层水相测定蛋白质的含量。

5. 注意事项

要选上好的大豆，并尽量除去杂质。

实验4-8 超临界CO_2萃取茶叶中咖啡碱

1. 目的要求

学习并掌握超临界CO_2萃取茶叶中咖啡碱的原理和方法，为更好地开发和利用茶叶提供一定的科学依据。

2. 实验原理

咖啡碱 (Caffeine)，又名咖啡因，化学名为1,3,7-三甲基-2,6-二氧嘌呤，化学式为$C_8H_{10}N_4O_2$，它是茶叶中含量最高的生物碱，含量为2%～5%，具有使中枢神经系统兴奋、助消化、利尿、醒酒、强心、兴奋心肌、促进机体代谢、增强机体对疾病的抵御力等诸多作用，在制药以及一些高级饮料和香烟中作为添加剂使用，应用前景广阔。

目前从茶叶中萃取咖啡碱的方法很多，基本都能得到成品，但产品的产量和纯度则因方法的不同而存在较大差异。本实验采用超临界CO_2萃取技术提取咖啡碱，旨在提高茶叶中咖啡碱的得率。超临界流体萃取是利用处于临界温度和临界压力之上的超临界流体具有溶解许多物质的能力的性质从液体或固体中萃取分离出特定的成分的新型分离技术，具有低能耗、无污染和适合于处理易热分解和易氧化物质的特性。

3. 实验材料

(1) 材料 市售茶叶。

(2) 试剂 无水乙醇、95%乙醇、丙酮、浓硫酸、浓盐酸、碱式醋酸铅、活性炭。

(3) 仪器 超临界萃取装置、紫外分光光度计、恒温干燥箱、数显恒温水浴锅。

4. 操作方法

(1) 咖啡碱标准工作曲线的绘制 准确称量咖啡碱0.0200g，用95%乙醇溶解后，转移至100mL容量瓶中定容，浓度为200μg/mL。分别稀释成0.0μg/mL、2.0μg/mL、4.0μg/

mL、6.0μg/mL、8.0μg/mL、10.0μg/mL、12.0μg/mL；分别取10mL，置于100mL容量瓶中，加0.01mol/L盐酸溶液10mL、碱式醋酸铅溶液2mL，加水定容，摇匀，静置澄清，过滤。吸取滤液50mL，置于100mL容量瓶中，加4.5mol/L硫酸溶液0.2mL，加水定容，摇匀，过滤。用UV-2000紫外分光光度计，在270nm波长下，用1cm石英比色皿，测定其吸光度A，以OD为纵坐标，浓度为横坐标绘制标准曲线。

(2) 咖啡碱得率的计算

以干态质量分数表示，计算公式如下：

$$p=\frac{c\times V\times n\times 10^{-6}}{m}\times 100\%$$

式中，p为咖啡碱得率，%；c为试样测得的吸光度从咖啡碱标准曲线上得到的咖啡碱相应的浓度，μg/mL；V为试样总量，mL；n为换算因数；m为试样用量，g。

(3) 咖啡碱的萃取工艺　采用二氧化碳作为萃取剂，用30%乙醇作夹带剂，在40℃和25MPa下萃取4h。

(4) 咖啡碱的浓缩、纯化和检测　将萃取液放入水浴锅中45℃浓缩至略稠状。将浓缩液倾入蒸发皿中，拌入适量活性炭，用玻璃棒将之与残液搅拌成糊状，用酒精灯内焰加热，搅拌，至粉末状后，盖上一张刺有许多小孔的滤纸，再在滤纸上罩一玻璃漏斗，漏斗颈部塞上一团疏松的棉花，继续用酒精灯内焰加热，使其慢慢升华，至纸上出现较多白色的针状结晶，停止加热，冷却至100℃以下，收集粗咖啡碱；将所得粗咖啡碱重新溶于95%的乙醇中，加热至50℃让其充分溶解，过滤，重结晶。

准确称取重结晶样品0.0200g，充分溶于95%乙醇中，转移至100mL容量瓶中定容，得到浓度为200μg/mL的粗咖啡碱溶液，按上述方法测定其在270nm的吸光度A值，记录数据，在标准曲线中查得萃取液咖啡碱的浓度，计算咖啡碱的得率。

5. 注意事项

实验中用到浓硫酸、浓盐酸等具有腐蚀性的强酸，要注意安全。

实验4-9　大孔树脂吸附柱层析分离葡萄红色素

1. 目的要求

① 掌握乙醇萃取法提取葡萄红色素的方法。

② 掌握大孔树脂吸附柱层析分离葡萄红色素的操作技术。

2. 实验原理

葡萄红色素（grape red pigment）是一类花青素类天然色素，其主要成分包括：锦葵色素-3-葡糖啶、丁香啶、二甲翠雀素、甲基花青素、3′-甲翠雀素和翠雀素等。

葡萄红色素是食品色素中最为人们熟知的天然色素之一。这种色素的颜色随溶液pH的变化而变化，在酸性条件下呈鲜红色。

葡萄红色素易溶于水，可溶于乙醇、丙二醇、甲醇，不溶于氯仿和己烷。该色素在酸性条件下，对热比较稳定。因此，利用酸化乙醇能有效地萃取葡萄红色素。

葡萄红色素能被大孔树脂吸附，被乙醇等有机溶剂解吸，而有机酸、果胶等物质则不被吸附，因此，可利用大孔树脂柱层析分离葡萄红色素，提高其纯度。

3. 实验材料

(1) 材料　新鲜红葡萄或黑葡萄。

(2) 试剂　95%乙醇或无水乙醇、2mol/L HCl、2mol/L NaOH、0.1mol/L 磷酸钠缓冲液（pH5.0)、大孔吸附树脂。

(3) 器具　烧杯、玻璃棒、旋转式蒸发仪、滴管、层析柱（1.6cm×30cm)、试管、试管架、冷冻干燥机。

4. 操作方法

(1) 树脂吸附层析柱的准备

① 树脂预处理方法

a. 将树脂放在大桶内，先用清水浸泡并用浮选法除去细小颗粒，漂洗干净，滤干。

b. 用 80%～90%工业乙醇浸泡 24h，洗去树脂内的醇溶性有机物，然后抽干。

c. 用 40～50℃的热水浸泡 2h，洗涤数次，洗去树脂内的水溶性杂质和乙醇，然后抽干。

d. 用 4 倍树脂量的 2mol/L HCl 溶液搅拌 2h，洗去酸溶性杂质，水洗至中性，抽干。

e. 用 4 倍量的 2mol/L NaOH 溶液搅拌 2h，洗去碱溶性杂质，水洗至中性，抽干。

② 装柱　将层析柱用万能夹固定在铁架台上，取少量玻璃纤维装入管底填平（或尼龙橡皮塞)，夹紧下部自由夹。将 0.1mol/L HCl 装入柱内 1/3，并排除下端出口处气泡，然后把树脂装入小漏斗内，打开自由夹使树脂逐渐均匀地沉积在管内，待其高度为 28cm 时，不再填充树脂（注意要均匀，床面必须浸没于液体中；否则，空气进入柱中影响分离效果)，待液面降到床表面时夹紧自由夹。

③ 平衡　装柱完毕后，用 3～4 倍量 pH 5.0、0.1mol/L 磷酸钠缓冲液平衡树脂即可使用。

(2) 葡萄红色素的提取分离

① 原料预处理　将干燥的红葡萄皮粉碎并过 40 目筛，或使用新鲜红葡萄皮（20～30g）将其切成细块状。

② 乙醇萃取　将以上处理的红葡萄皮置于烧杯（生产上用陶瓷缸或不锈钢锅）中，在搅拌的条件下，加 2 倍重量的 50%乙醇水溶液和适量的 30%柠檬酸或酒石酸，调节 pH 至 3～4，60℃下搅拌提取 1h，过滤收集滤液；滤渣按同法提取一次合并提取液。

③ 回收乙醇　将提取液用旋转式蒸发仪减压浓缩回收乙醇。

④ 树脂分离　将色素液过滤除去残渣后，通过大孔吸附树脂柱后，用 0.1mol/L 磷酸钠缓冲液（pH5.0）洗吸附柱至洗出液无色，然后用 95%酸化乙醇（pH3～4）将色素从吸附柱洗脱下来，用试管收集，每管收集 10mL。

⑤ 减压浓缩　用旋转式蒸发仪减压浓缩收集液，回收乙醇，得色素浓缩液。

⑥ 冷冻干燥　将色素浓缩液用冻干机干燥即得色素粉末。

第五节　产品精制技术

一、发酵产物的精制

发酵液中含有多种无机盐类，微生物没利用的残糖、氮源（铵离子、氨基酸、蛋白质）以及由这些成分反应生成的色素。微生物代谢生成的副产物有氨基酸、核酸、肽、蛋白质、有机酸等。发酵产物的精制是利用这些不纯物与目的产物在物理、化学性质的差异进行的。例如作为不溶性不纯物的代表——菌体，采用重力或压力等力学的力量进行离心或过滤将其分离。另外，在发酵液中对可溶解的不纯物的分离时，是利用目的产物和不纯物的分子大小、溶解度、固液或气液之间的平衡状态的差异，最后采用组合提取、精制的单元操作，精制成最终的产品。下面以提取、精制的代表性的基本操作即膜分离、萃取、离子交换、吸附、凝胶层析为例进行概括论述。

（一）膜分离技术

近年来，膜分离技术已广泛地应用在生物工程、食品、化工、医药和环保等领域。膜分离过程的实质是物质通过膜的传递速度不同而得到分离。虽然膜分离的机理、操作方式各异，但它们具有相同的优点：过程一般较简单，操作方便，费用较低，效率较高，无相变，可在常温下操作，既节能又特别适用于热敏性物质的分离纯化。

1. 膜分离技术分类

（1）透析　透析是利用膜两侧浓度差，使溶质从浓度高的一侧，通过膜孔扩散到浓度低的一侧，从而实现分离的过程。

（2）电渗析　电渗析是一种以电位差为推动力，利用离子交换膜选择性地使阴离子或阳离子通过的性质，达到从溶液中分离电解质目的的膜分离操作。

（3）微滤　微孔过滤，利用孔径 0.025～14μm 的多孔膜，过滤含有微粒的溶液，将微粒从溶液中除去，达到净化、分离和浓缩的目的。推动力为压力差，通常为 0.1～0.5MPa。

（4）超滤　滤膜孔径为 1～20nm，用于过滤含有微粒和大分子的溶液。超滤以压力差为推动力，通常为 0.1～0.6MPa。

（5）反渗透　用反渗透膜（孔径 0.1～1nm），对溶液施加压力，使溶剂通过反渗透膜从溶液中分离的操作。反渗透膜选择性地只能透过溶剂而不使溶质透过，截留所有可溶物。反渗透也是压力差为推动力，操作压达 3～10MPa。

（6）纳米过滤　以压力差为推动力，用纳米过滤膜（孔径约 2nm），从溶液中分离出相对分子质量为 300～1000 的物质的膜分离过程。纳米过滤的特点是在过滤分离过程中，能截留小分子有机物，同时透析出盐，达到浓缩和透析目的；操作压力低，节约动力。

2. 离子交换膜电渗析法

离子交换膜电渗析技术是利用可解离基团，在外加电场作用下，经有选择透过性的高分子膜，使各种带电性物质分离的技术。

根据膜结构离子交换膜可分为非均相、半均相和均相离子交换膜；按作用可分为阳离子交换膜、阴离子交换膜和具有特种性能的离子交换膜；根据膜的应用可分为电渗透浓缩用膜、电渗透脱盐用膜、电解离膜、对特定离子具有选择透过性的离子交换膜、扩散渗透用离子交换膜、反渗透用离子交换膜。在发酵工业中，可利用离子交换膜的选择透过性，进行抗生素、柠檬酸和氨基酸等产物的提纯。

（二）萃取法

萃取是将某种溶剂加入到液体混合物中，根据混合物中不同组分在溶剂中溶解度的不同，将所需要的组分分离出来，因此萃取不仅可以提取和增浓产物，还可以除掉部分其他类似物质，使产物得到初步纯化。在液-液萃取过程中常用有机溶剂作为萃取试剂，因此液-液萃取常称为溶剂萃取。

1. 溶剂萃取

溶剂萃取是利用萃取目标物质在两种互不相溶的溶剂中溶解度的不同，使其从一种溶剂转入另一种溶剂从而实现分离。在溶剂萃取中，被提取的溶液称为料液，从料液中提取出来的物质称为溶质，用来进行萃取的溶剂称为萃取剂，溶质转移到萃取剂中与萃取剂形成的溶液称为萃取液，而被萃取出来溶质的料液称为萃余液。

工业萃取方式通常包括三个步骤：

（1）混合　料液与萃取剂充分混合形成乳浊液，萃取目标物质从料液转入萃取剂。

（2）分离　乳浊液被分离为萃取相和萃余相。

（3）回收溶剂　从萃取相（有时需从萃余相）中分离并回收有机溶剂。

因此萃取流程中包括混合器、分离器、回收器。

2. 超临界流体萃取

超临界流体萃取是将超临界流体作为萃取剂，从固体或液体中萃取出某些高沸点或热敏性成分，达到分离和提纯的目的。超临界流体是物质处于临界温度、临界压力之上的一种流体状态，兼有气体、液体两重性的特点，即密度接近液体，而黏度和扩散系数与气体相似。因此它不仅具有液体溶剂相当的萃取能力，而且具有传质扩散速度快的优点。在超临界流体萃取中，主要是溶剂（超临界流体状态）密度的大幅度增加，导致溶剂对溶质的作用力增大，从而形成了溶解物质的能力。在临界点附近，压力或温度的变化会引起超临界流体密度的大幅度变化，而溶剂萃取能力主要取决于其密度。因此，通过调节压力和温度，改变溶剂密度，进而改变其对物质的溶解能力。利用不同密度的溶剂对物质溶解能力的差异，实现萃取和分离的操作。

3. 双水相萃取

双水相萃取法是利用物质在互不相溶的两水相间分配系数的差异来进行萃取的方法，可用于分离和纯化酶、核酸、生长素、病毒、干扰素等。大多数亲水性聚合物水溶液与第二种亲水性聚合物混合，达到一定浓度时，即会产生两相，两种高聚物分别溶于互不相溶的两相中。高聚物之间的不相溶性，使得它们无法相互渗透，不能形成均一相，从而具有相分离的倾向，在一定条件下，即能分为两相。

溶质在两水相间的分配主要由其表面性质所决定，通过在两相的选择性分配而得到分离。分配能力的大小可用分配系数 K 表示。分配系数与溶质的浓度和相体积比无关，主要取决于相系统的性质、被萃取物质的表面性质和温度。

（三）离子交换技术

离子交换技术是根据物质的酸碱度、极性和分子大小的差异予以分离的技术。它所使用的离子交换剂是能和其他物质发生离子交换的物质，分为无机离子交换剂和有机离子交换剂（离子交换树脂）。

1. 离子交换原理

离子交换树脂是具有一定孔隙度的高分子化合物，化合物的亲水性质使溶剂分子扩散到树脂颗粒内部。离子交换树脂具有酸性或碱性功能团，能交换阳、阴离子。大多数发酵产物都具有酸性或碱性功能团，在溶液中以离子形式存在，能与树脂的活性功能团交换。

2. 离子交换过程

① 离子吸附或扩散到树脂表面；

② 离子穿过树脂表面，吸附或扩散至树脂内部的活性中心；

③ 离子与树脂中自由离子交换；

④ 交换出来的离子从活性中心扩散到树脂表面；

⑤ 离子再由树脂表面扩散至溶液中。

3. 离子交换树脂的结构与分类

离子交换树脂分为两部分，一部分是不能移动的、多价的高分子基团，构成树脂的骨架，使树脂具有不溶解和化学稳定的性质；另一部分是可移动的离子，构成树脂的活性基团。活性基团可移动的离子在骨架中进出，产生离子交换现象。

根据离子交换树脂官能团的性质，将树脂分为阳离子交换树脂、阴离子交换树脂、选择性离子交换树脂、两性离子交换树脂、吸附树脂和电子交换树脂。

（四）吸附法

吸附法是利用吸附剂与杂质、色素物质、有毒物质（如热原）、抗生素之间的分子引力，使它们吸附在吸附剂上。吸附一方面是将发酵产品吸附并浓缩，另一方面是去除杂质、色素物质、有毒物质等。

吸附法具有以下优点：操作简便、安全、设备简单；不用或少用有机溶剂；pH 在生产过程中变化小，适用于稳定较差的生产物质。

（五）凝胶层析法

凝胶层析法是指混合物随流动相流经装有凝胶（固定相）的层析柱时，混合物中各物质因分子大小不同而达到分离的技术，具有操作方便、设备简单、不需要使用有机溶剂、对高分子物质分离效果好的优点。

1. 凝胶层析法原理

含有各种组分的样品溶液缓慢流经凝胶层析柱时，各种物质在层析柱同时进行两种运动：垂直向下运动和无定向的扩散运动。大分子物质直径较大，不能进入凝胶颗粒的微孔中，而被排阻在凝胶颗粒之外，只能随流动相顺着颗粒间隙下流，向下移动的速度较快。而小分子物质除了在凝胶颗粒间隙中扩散，还可以进入颗粒的微孔中，因此在它向下移动的过程中，不断地进入和扩散，使得小分子物质下移速度落后于大分子物质，于是样品溶液中分子大小不同的物质，有顺序地流出柱外而得到分离。

2. 凝胶层析法常用凝胶

凝胶是具有很微细的多孔网状结构的物质，可分为天然凝胶和人工合成凝胶。天然凝胶有马铃薯淀粉凝胶、琼脂和琼脂糖凝胶。人工合成凝胶有聚丙烯酰胺凝胶、交联葡聚糖凝胶。

二、发酵产物的成品加工

发酵产物经过提取、精制后，还必须完成浓缩、结晶以及干燥等单元操作，才能获得质量合格的成品。

（一）浓缩

浓缩通常是发酵液提取前后和结晶前进行，是将低浓度的溶液通过除去一定量的溶剂，转变为高浓度溶液。常用的浓缩方法有以下四种。

1. 蒸发浓缩法

蒸发是将稀溶液加热沸腾，使溶液中部分溶剂（通常是水）汽化后除去，从而将溶液浓缩的过程。它常作为下一工序的预处理（如结晶、干燥之前），以缩小被处理料液体积，节约能源和操作费用，提高收得率。

蒸发设备通常是指创造蒸发必要条件的设备组合，由蒸发器、冷凝器、抽气泵等组成。液体在沸腾状态下，给热系数高、传递速度快，工业上为了强化蒸发过程，一般采用的蒸发设备都是在沸腾状态下进行。为强化蒸发，还可采用真空蒸发。

2. 冰冻浓缩法

冰冻浓缩法常用于工业发酵中生物大分子和具有生理活性的发酵产品的浓缩。冰冻时分子结成冰，盐类、发酵产品不进入冰内。浓缩时先将待浓缩溶液冷却，使之成为固体，然后缓慢溶解，利用溶质和溶剂溶解点的差别，达到去除大部分溶剂的目的。

3. 吸收浓缩法

通过吸收剂直接吸收除去溶液中溶剂分子，使溶液浓缩。吸附剂与溶液不起化学反应，对生物大分子、发酵产品无吸附作用，易与溶液分开。吸附剂除去溶剂后，可反复使用。实验室中常用的吸附剂有聚乙二醇、蔗糖、凝胶等。

4. 超滤浓缩法

超滤是利用特别的薄膜对溶液中各种溶质分子进行选择性过滤，适用于生物大分子的发酵产品，特别是酶和蛋白质的浓缩或脱盐，具有成本低、操作方便、条件温和、较好保持生物大分子生理活性、回收率高等优点。

（二）结晶

结晶是过饱和溶液的缓慢冷却（或蒸发）使溶质成晶体析出的过程。结晶过程具有高度选择性，只有同类分子或离子才能结合成晶体，因此析出的晶体很纯粹。很多发酵产品如味精、柠檬酸、核苷酸、酶制剂、抗生素等，通过结晶的方法来制取高纯度产品。

1. 结晶原理

晶体置于未饱和溶液中，会吸附能量而溶解，同时已溶解的固体也会放能而重新结晶析出。溶解与结晶处于动态平衡时的溶液称为饱和溶液，物质的溶解度主要由它的化学性质和溶液的性质决定，也与温度有关。溶解度与温度的关系可以用饱和曲线描述。从理论上讲，任一温度下超过饱和曲线，就会有固体溶质析出。但实际上用缓慢冷却方式或移除部分溶剂的方法使溶液微呈过饱和，通常并没有晶体析出，只有达到某种程度的过饱和状态，才会有晶体自然析出。晶体的产生最初是形成极为细小的晶核，然后晶体再成长为一定大小的晶体。开始有晶核形成的过饱和浓度与温度的关系用过饱和曲线来描述。

图 4-9 中曲线 SS 为饱和溶解度曲线，曲线 TT 为过饱和溶解度曲线。各种溶液的过饱和曲线与饱和曲线大致平行，由此把温度-浓度图分成三个区域。

（1）稳定（不饱和）区　不会发生结晶。

（2）不稳定（过饱和）区　结晶能自发形成。

（3）亚稳区　在稳定区与不稳定区之间，结晶不能自动进行，但在介稳溶液中加入晶体，能诱导结晶产生，晶体能生长。这种加入的晶体称为晶种。

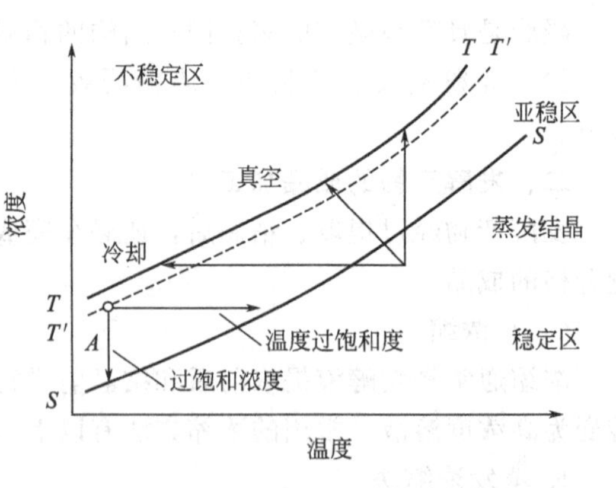

图 4-9　饱和溶解度曲线与过饱和溶解度曲线

溶液在介稳区或不稳定区才能结晶，在不稳定区结晶形成很快，易形成大量细小晶体，这是工业结晶所不希望的。为获得颗粒较大、整齐的晶体，通常加入晶种后，把溶液浓度控制在介稳区，使在较长时间内，在晶体表面上慢慢长大。使溶液达到结晶区域，有以下方法。

（1）冷却结晶　将一定浓度溶液冷却到介稳区域以上。

（2）蒸发结晶　将稀溶液加热去除部分溶剂，使浓度达到介稳区域以上。

（3）真空结晶　利用真空使溶液同时冷却和蒸发。

2. 结晶方法

结晶的方法有：自然结晶法、刺激结晶法、晶种结晶法。

（三）成品干燥

干燥是利用热能使湿物料中的湿分（水或其他溶剂）汽化而除去。干燥是发酵产品提取过程中最后一个环节。许多发酵产品，如味精、酶制剂、柠檬酸、酵母等，需要进行干燥以除去物料中的水分，使产品便于储存、运输，并防止产品的变性、变质。

工业发酵中常用的干燥过程有以下几种。

1. 气流干燥

气流干燥就是把呈泥状、粉粒状或块状的湿物料，经过适当方法使之分散于热气流中，在与热气流并流输送的同时，进行干燥而得到粉粒状干燥制品的过程。

2. 沸腾干燥

沸腾干燥是利用热的空气流体使孔板上的粒状物料呈流化沸腾状态，使水分迅速汽化达到干燥的目的。干燥时，使气流速度与颗粒的沉降速度相等，粒子在气体中呈悬浮状态。

3. 喷雾干燥

喷雾干燥是利用不同的喷雾器，将溶液、乳浊液、悬浊液或浆料喷成雾状，使其在干燥室中与热空气接触，水分被蒸发而成为粉末状或颗粒状的产品。

4. 冷冻干燥

在冷冻干燥过程中，被干燥的产品首先进行预冻，然后在真空状态下进行升华，使水分直接由冰变成汽而获得干燥。冷冻干燥可以有效地干燥热敏性物料，而不致影响其生物活性或效价。冷冻干燥后物料呈多孔的海绵状结构，保持完整的形态、完整的生物活性和溶解度，并可长期保存。

实验 4-10　链霉素的分离纯化

1. 实验原理

分子中含有氨基糖苷结构的氨基糖苷类抗生素是临床上一类重要的抗菌药物。1944 年 Wanksman 发现的从链霉菌中产生的链霉素是第一个也是研究最多的氨基糖苷类抗生素。链霉素又称链霉素 A，是链霉素族中成员之一，都是由链霉胍同链霉糖和葡萄糖衍生物通过苷键连接所构成的糖苷。

链霉素树脂法提炼工艺一般包括发酵液的过滤、树脂吸附、酸洗脱、精制脱盐、脱色、蒸发浓缩、喷雾干燥等工序。

2. 实验材料

链霉素发酵液（由链霉菌发酵而制备）。

110-Na 型树脂，401 型树脂，114-H 型树脂，330-OH 型树脂，微孔滤膜，活性炭（使用前需用 HCl 处理除去 Ca^{2+}、Fe^{3+}、Mg^{2+} 等杂质，并用无盐水洗净 Cl^{-}），草酸，NaOH，H_2SO_4，$Ca(OH)_2$。

3. 仪器

板框过滤机，卧式离心真空薄膜浓缩装置，喷雾干燥器。

4. 实验步骤

(1) 发酵液的预处理

① 酸化处理：1～2倍水稀释发酵液，用草酸酸化至pH2.8～3.2，同时70～75℃加热(时间不宜过长)，加热有助于蛋白质变性凝固以及释放菌丝体内的链霉素。

② 过滤：将酸化液板框过滤。

③ 中和：将酸化滤洗液冷却至15℃以下，用10%NaOH中和至pH6.7～7.2。

(2) 树脂吸附、洗脱

① 一次离子交换：中和滤液用110-Na型树脂吸附（20×10^4U/mL)。

② 一次洗脱：将饱和树脂先用软水洗脱至洗水澄清，再用5%～6%H_2SO_4洗脱。

③ 二次离子交换：将一次洗脱液用401型树脂吸附（10×10^4U/mL)。

④ 二次洗脱：先用无盐水挤压，再以8%H_2SO_4单罐循环洗脱3～4次。

(3) 精制

① 精制、中和：二次洗脱液先用114-H型树脂精制除去Ca^{2+}、Fe^{3+}、Mg^{2+}、Na^+，再经330-OH型树脂中和即得到高纯度中间体。

② 炭脱色：精制液用活性炭脱色，pH在4.3～5.0，2%～3%活性炭，透光度在90%以上。

③ 真空薄膜浓缩：温度不超过35℃，真空度为－0.00266MPa。

④ 酸脱色：蒸发浓缩液用H_2SO_4调pH至4.5±0.2，加2%～3%活性炭。

⑤ 中性脱色：用$Ca(OH)_2$调pH至5.5～6.0，加1.5%～2%活性炭至透光度在95%以上。

⑥ 喷雾干燥：成品浓缩液先用微孔滤膜过滤，再用喷雾干燥器进行喷雾干燥，进风120～135℃，出风84～85℃，即得到硫酸链霉素成品。

实验4-11 离子交换法制备γ-氨基丁酸

1. 实验原理

本实验介绍谷氨酸经固定化大肠杆菌（含谷氨酸脱羧酶活性）作用后，经离子交换树脂交换吸附，从混合物中分离纯化产物γ-氨基丁酸的方法。

谷氨酸脱羧酶能催化L-谷氨酸裂解脱羧，产生γ-氨基丁酸。反应液上732树脂(阳离子树脂)柱交换吸附，然后用蒸馏水和氨水洗脱除去杂质，再以0.1mol/L氨水洗脱，γ-氨基丁酸即可解吸收集，经脱色、浓缩、结晶、干燥等处理，可得到γ-氨基丁酸产品。

将含谷氨酸脱羧酶活性的大肠杆菌固定化，再与底物液反应，结束后分离反应液，固定化酶颗粒仍可继续使用，这是固定化酶技术的优点之一。

谷氨酸脱羧反应如下：

$$\underset{\text{L-谷氨酸}}{HOOC-CH_2-CH_2-CH(NH_2)-COOH}\xrightarrow[\text{pH4.0,37℃}]{\text{谷氨酸脱羧酶}}\underset{\gamma\text{-氨基丁酸}}{HOOC-CH_2-CH_2-CH_2NH_2}$$

2. 实验材料

(1) 材料 大肠杆菌丙酮粉。

(2) 试剂

① 海藻酸钠。

② 活性炭。

③ 谷氨酸。

④ 0.1mol/L $CaCl_2$。

⑤ 冰醋酸。

⑥ 1mol/L HCl。

⑦ 1mol/L NaOH。

⑧ 氨水 1mol/L、0.1mol/L。

⑨ 5mg/mL 茚三酮丙酮溶液。

⑩ 无水乙醇。

3. 仪器

玻璃层析柱(2.0cm×30cm),732 树脂,烧杯,量筒,10mL 注射器(7 号磨平针头),新华滤纸和尼龙布,恒温水浴槽,布氏漏斗,抽滤瓶,真空泵,pH 试纸。

4. 实验步骤

(1) 固定化大肠杆菌谷氨酸脱羧酶的制备 称取 1.0g 海藻酸钠置于 100mL 烧杯中,加入 40mL 蒸馏水,于沸水浴中充分溶胀(约 15min)。

称取 0.4g 大肠杆菌丙酮粉,用 25mL 蒸馏水调匀后,加到上述已充分冷却的海藻酸钠溶液中,搅拌成均匀悬浮液,用尼龙布过滤,滤出液用 10mL 注射器(装上针尖磨平的 7 号针头),以一定流速垂直向下注入 0.1mol/L$CaCl_2$ 溶液中成型,得到颗粒适中的固定化酶。过滤,并用少量去离子水洗涤。

(2) 酶促反应 在 500mL 烧杯中加入冰醋酸 1mL 和水 225mL、谷氨酸 8～10g,置于 37℃恒温水浴中预热,将制备的颗粒固定化酶立即加入此反应系统中,记录反应时间,反应过程中间歇搅拌反应液,待反应系统中谷氨酸沉淀完全消失后,再继续反应 1h。反应完毕后过滤,将反应液与固定化酶颗粒分离,量取反应液体积。

(3) γ-氨基丁酸的分离和结晶

① 活性炭脱色 将反应液加热到 85～90℃,立即按 2g/L 比例加入活性炭,维持 15～20min,真空抽滤,得无色透明液(Ⅰ)。

② 732 树脂的预处理 取 90g 732 树脂,浸泡在 60～70℃蒸馏水中不时搅拌保温 1～2h,然后抽滤,并用蒸馏水洗涤数次。

将洗涤后的树脂按常规法装柱。先用 300mL 1mol/L HCl 溶液过柱处理,最终保留盐酸溶液在柱中浸泡 15～30min,接着用去离子水过柱,洗至洗出液近中性。再用 300mL 1mol/L NaOH 过柱,过程同酸处理一样,其后亦用水洗至中性。

最后用 300mL 1mol/L HCl 溶液过柱,进行转型处理,过程同上述酸处理。最终洗涤至洗出液呈中性,即可用于离子交换实验操作。

③ 732 树脂吸附 将上述无色透明液(Ⅰ)上预处理过的 732 树脂(氢型)交换柱,流速取 2～3mL/min,让其充分进行交换吸附。吸附完毕后用去离子水洗涤至 pH6.0(约用 2 倍床体积的水)。

④ 洗脱收集　先用一定量的（约 150mL）0.1mol/L 氨水洗，再用 1mol/L 氨水以 2～3mL/min 的流速进行洗脱。在洗脱过程中不断用 5mg/mL 茚三酮丙酮溶液进行显色测试，并用 pH 试纸检测 pH 的变化。当茚三酮反应呈蓝色、pH6.0 左右时，即可收集流出液，直至茚三酮蓝色反应消失为止。合并收集液，量取体积。

⑤ 活性炭脱色　将收集液置于 500mL 烧杯中，加热到 85～90℃，以 1g/L 比例投入活性炭，搅拌维持 15～20min，趁热过滤，得无色透明滤液（Ⅱ）。

⑥ 浓缩、结晶和干燥　将无色透明滤液（Ⅱ）置于 500mL 烧杯中，加热蒸发浓缩至原体积的 1/10 时，改用小火缓慢蒸发，待器壁及液面上有白色晶体出现为止。稍冷后用无水乙醇（10 倍量）加到浓缩液中，不断搅拌，逐渐出现大量白色粉末结晶后，静置一段时间。抽滤，滤物转至培养皿中，放在有余热的石棉网上温热（注意：石棉网下不可有火焰），待其乙醇挥发后称重。

实验 4-12　发酵法制备维生素 B_2

1. 实验原理

维生素 B_2 又称核黄素（riboflavin），属于水溶性维生素，但在水中溶解度很低，在 pH 小于 1 时形成强酸盐，在 pH 大于 10 时可形成强碱盐而易溶于水；为黄色或橙黄色结晶状粉末，味微苦，熔点约 280℃，是两性化合物，在碱性溶液中呈左旋性为 120°～140°（c＝0.125%，0.1mol/L NaOH）；微溶于水，几乎不溶于乙醇和氯仿，不溶于丙酮、乙醚，其水溶液呈荧光；在中性与酸性溶液中稳定，但在碱溶液中易分解。维生素 B_2 在波长 430～440nm 的蓝光照射下，发出绿色荧光，荧光峰在 525nm。由还原前后的荧光差数，可测定维生素 B_2 的含量。

2. 实验材料

(1) 材料

① 菌种　阿氏假囊酵母（*Eremothecium ashbyii*）。

② 培养基

a. 孢子斜面培养基（g/L）：葡萄糖 20，蛋白胨 1，麦芽浸膏 50，琼脂粉 20，pH 调至 6.5。115℃灭菌 20min。

b. 发酵培养基（g/L）：米糠油 40，玉米浆 15，骨胶 18，鱼粉 15，KH_2PO_4 1，NaCl 2，$CaCl_2$ 1，$(NH_4)_2SO_4$ 0.2，pH6.5。115℃灭菌 20min。

(2) 试剂　2mol/L 稀盐酸，黄血盐和硫酸锌，3-羟基-2-萘甲酸钠，1mol/L $NaNO_3$；维生素 B_2 标准液：0.5μg/mL（25mg 维生素 B_2 溶于 3mL 冰醋酸中，如需要可适当加温，并且用水稀释至 1L，冰箱避光保存）；1mol/L HCl，0.1mol/L HCl，连二亚硫酸钠（$Na_2S_2O_4$），40% NaOH，3% H_2O_2（新鲜配制），冰醋酸（AR）。

3. 仪器

30℃恒温摇床，分光光度计，膜过滤装置，板框压滤机。

4. 实验步骤

(1) 培养基及试剂的配制　按照上述方法配制培养基和试剂。

(2) 种子培养　将 *Eremothecium ashbyii* 接种于斜面孢子培养基上，25℃培养 10d。

(3) 发酵培养　用无菌水制备孢子悬液，接种种子培养基，往复摇床 30℃、100r/min 振荡培养 30h，再将种子液以 3%的接种量转接入装有 150mL 发酵培养基的 250mL 三角瓶中，30℃、100r/min振荡培养150h。

（4）发酵液预处理　收集发酵液，以2mol/L HCl调pH至5.0. 加入适量黄血盐和硫酸锌，然后加维生素B_2 1.4倍量的3-羟基-2-萘甲酸钠，75℃左右加热10min，过滤。

（5）精制　以HCl调pH至2.5左右，5℃静置12h。上清液加适量$NaNO_3$，65℃加热氧化20min，再加5倍体积蒸馏水及晶种，5℃过夜结晶。将粗品以蒸馏水溶解，调pH至5.5，滤去沉淀再过夜结晶。酸洗并抽滤、烘干。

第五章　典型发酵产品实验

实验5-1　碱性果胶酶的发酵生产

1. 目的与要求

① 掌握实验室摇瓶操作及发酵罐操作的基本步骤。

② 熟悉毕赤酵母的培养特征以及工艺条件。

③ 熟悉毕赤酵母高密度发酵生产碱性果胶酶的基本步骤及工艺。

2. 实验意义及原理

随着纤维素酶、淀粉酶、蛋白酶等酶制剂相继被引入纺织工业，便真正开启了利用生物酶法取代传统化学法对纺织品加工处理的大门。传统的纺织品前处理大致可分为上浆、退浆、精炼和漂白四个步骤，每个步骤都需要消耗大量的化学物质和热能，产生的废水也富含高COD，对环境造成了严重的污染，已不适应整个社会的发展。"绿色纺织，清洁生产"便是针对这一问题开发的新型绿色环保染整工艺，旨在利用生物全酶法代替化学高温强碱法，在相对中性常温的环境中实行染整工艺，以实现低能耗、低废水的目的。目前虽然已有多种酶制剂处于开发和生产阶段，但受技术瓶颈等制约，各种酶制剂的发展速度参差不齐。碱性果胶酶正是其中发展较快、较好的一类酶制剂，由此衍生的生物精炼工艺也相对成熟，所以早日实现碱性果胶酶的工业化生产将会产生很大的环境效益和经济效益。

果胶酶是分解果胶质的多种酶的总称。果胶酶多为酵母和霉菌中分泌表达，而果胶裂解酶和果胶水解酶大多由细菌和真菌产生，以及一些致病微生物中产生，并且内切型的种类比外切型的种类更多。以诸葛斌构建的 *P. pastoris* 产量最高，他成功地将来源于 *Bacillu* sp. WSHB04-02 的原核碱性果胶裂解酶基因利用穿梭载体 pPIC9K 在 *P. pastoris* GS115 中整合分泌表达，经过对发酵过程优化与控制研究，现在碱性果胶酶产量可达世界领先水平。

摇瓶培养是实验室常用的通风种子培养方法，通过将装有液体培养物的锥形瓶放在摇床上振荡培养，以满足微生物生长、繁殖对氧的需求。以摇瓶培养用于发酵罐发酵培养的种子，在摇瓶培养过程中，菌体生长到对数生长期时，将种子液转接入发酵培养基，在发酵罐中进行发酵培养。对于毕赤酵母发酵生产酶制剂，普遍采用的方式是高密度发酵培养。通过高密度发酵培养方式，菌体大量生长，在生长过程中，合成分泌大量蛋白（酶制剂）。

3. 实验器材

（1）菌种　本实验用重组毕赤酵母 GS115 作为表达宿主，整合了来自枯草芽孢杆菌 *Bacillus* sp. WSHB04-02 中的碱性果胶酶基因，它具有 His^+ 和 Mut^+ 的表型，拷贝数为 2～3 个。由中国普通微生物菌种保藏中心保藏，保藏编号为 CGMCCNo：2143。

（2）仪器　恒温培养箱（上海跃进医疗器械厂）；高压灭菌锅（无锡市第二医疗器械厂）；HPLC（美国 Waters 有限公司）；1/1000 电子天平（METTLER TOLIDO PL2002）；冷冻立式离心机（CF16RX）（日本 Hitachi 公司）；紫外-可见分光光度计 UV3000（日本 Shimazu 有限公司）；SBA 葡萄糖测定仪（山东微生物科研所）；SK-1 型快速混匀器（德国梅特勒有限公司）；电热恒温鼓风干燥箱（上海跃进医疗器械厂）；3L 全自动发酵罐（瑞士

Infors 公司)；30L 全自动发酵罐（美国 NBS 公司）；GC2010 型气相色谱（日本 Shimazu 公司）；高压均质细胞破碎仪（英国 Constant 公司）；回转式恒温调速摇瓶柜（上海医疗工业研究所）；荧光显微镜（日本尼康公司）。

（3）培养基

① YPD 培养基：葡萄糖 20g/L，蛋白胨 20g/L，酵母粉 10g/L。115°C 灭菌 15min。

② 分批发酵培养基：85%磷酸 26.7mL/L，$CaSO_4$ 0.93g/L，K_2SO_4 18.2g/L，$MgSO_4 \cdot 7H_2O$ 14.9g/L，KOH 4.13g/L，甘油 40.0g/L，PTM_1 4.35mL/L，25%氨水调 pH5.5。115℃灭菌 15min。

③ 补料生长培养基：500g/L 的甘油（含 12mL/L PTM_1），115°C 灭菌 15min。

④ 发酵诱导培养基：分析纯的甲醇溶液（含 12mL/L PTM_1），500g/L 的甘油溶液（含 12mL/L PTM_1），500g/L 的山梨醇溶液（含 12mL/L PTM_1），500g/L 的乳酸溶液（含 12mL/L PTM_1）。

4. 实验步骤

（1）种子摇瓶培养　种子甘油管保藏在−80℃中，从甘油管中接 800μL 菌液于 50mL YPD 中（50mL 培养基装于 500mL 三角瓶中），于 30℃、200r/min 培养 24h，OD_{600}一般在 8～10。

（2）高密度发酵培养　将培养好的 YPD 培养基中的菌液通过火圈接入 3L 全自动发酵罐（Infors Labfors Ⅳ）中，接种量为 10%，初始搅拌转速为 500r/min，通气量为 2vvm，以 25%的浓氨水和 30%的磷酸溶液控制 pH 为 5.5 左右，生长期的培养温度为 30℃，设置 Strirr 和 DO 的关联控制，搅拌转速可根据溶液的变化而变化，以维持 DO 在 30%左右。当甘油耗尽（DO 迅速上升）时，此时 OD_{600} 为 30～40 左右，开始以指数流加方式添加 50%的甘油培养基共 540mL。待甘油再次耗尽，溶液再次反弹，此时 OD_{600} 为 400～450 左右。继续保持基质匮乏状态约 1h 后，开始流加诱导培养基，同时把诱导温度降低至 22℃，并且维持整个诱导过程甲醇残留浓度为 20g/L，诱导 PGL 表达。发酵过程由发酵罐控制系统软件进行在线控制和数据采集。

（3）实验分析项目和方法

① 菌体干重测定　取 20mL 发酵液置于离心管中，放入 4℃冷冻离心机中在 10000r/mim 下离心 10min，去掉上清液，用 pH7.0 的 PB 缓冲液重悬，重复离心一遍，再将菌体放置于 105℃的烘箱内，烘至恒重，称量并计算菌体干重（g/L）。

② 碱性果胶酶测定　取一定量发酵液于 10000r/min 离心 10min，上清液作为碱性果胶酶活性测定的样品。反应体系中包括粗酶稀释液 20μL、2mL 含 0.2%聚半乳糖醛酸的甘氨酸-NaOH 缓冲液（0.2mol/L，pH9.4，含有 0.44mmol/L 的 $CaCl_2$），以无活性的酶液（即提前加入终止液的酶液）作为空白对照，以含底物的缓冲溶液的加入启动酶促反应；反应条件为 45℃反应 15min，用 3mL 0.03mol/L 的磷酸终止反应，在 235nm 处测定其吸光度值。

一个标准酶活单位（1U）定义为：每分钟使聚半乳糖醛酸裂解产生 1μmol 的不饱和聚半乳糖醛酸的酶量。

$$酶活=\frac{OD_{235}\times 10^{6}\times 稀释系数\times 混合体积}{10^{3}\times t\times 4600\times b\times 酶制剂体积}$$

式中　4600——不饱和聚半乳糖醛酸在 235nm 处的摩尔吸光系数，L/(mol · cm)；

t——酶促反应时间（在酶反应的线性范围内），min；

b——比色杯厚度，cm。

③ 甲醇、山梨醇、甘油、乳糖浓度的测定　甲醇残留浓度采用甲醇流加检测仪测定与控制（FC2002，East China University of Science and Technology）。甘油、山梨醇、乳酸的测定采用高效液相色谱（HPLC）法。Waters 600 HPLC system（美国 Waters 公司），C_{18} 反相柱（Waters Sugar Pak Ⅰ）；流动相：纯水；流速：0.4mL/min；柱温：85℃；进样量：10μL；检测器：示差折光检测器。

④ 醇氧化酶活力测定　将之前冷冻于－80℃的样品取出，置于冰上解冻，之后取10mL发酵液，稀释至OD 50左右，用高压均质细胞破碎仪在30kpsi的压力下破碎酵母细胞，收集流出液于8000r/min离心10min，收集的上清液中即含有胞内醇氧化酶AOX。反应体系共3mL，包括100μmol PB缓冲液（pH7.0）、1μmol 4-氨基安替比林、4.3μmol的苯酚、10U的过氧化物酶、200μmol的甲醇和稀释后的待测酶液。将比色管放置于37℃的水浴反应10min，然后测定500nm下的吸光值，进而计算出AOX的酶活（ε＝12.34cm^2/μmol）。酶活的定义为：在上述条件下，每分钟生成1μmol的H_2O_2需要醇氧化酶AOX的量。

⑤ 细胞活力测定　细胞活力采用FITC荧光染色技术测定。取1mL样品在10000g下离心1min，用Tris-HCl（pH9.0）重悬。重悬后的样品加入适量的FITC染料在30℃下培养30min，离心，用Tris-HCl洗涤2～3遍。利用血细胞计数板和荧光显微镜（Nikon Digital Camera DXM 1200C）对活、死细胞进行观察和计数，细胞能够吸收绿色染料从而在荧光下显示亮绿色的表明是死细胞，反之则是活细胞。

⑥ 胞内外蛋白酶测定　取一定量的发酵液于10000r/min离心10min，分别收集上清液和菌体，菌体用pH7.0的磷酸缓冲溶液重悬，用破碎酵母细胞，离心收集胞内物质。胞内和胞外的收集液分别采用Pierce Colorimetric Quanticleave™的Protease Assay Kit检测试剂盒测定胞内外的蛋白酶含量。

5. 实验结果

① 做出发酵过程中甘油浓度、甲醇浓度、菌体浓度、溶氧浓度、温度变化、PGL产量随时间变化曲线。

② 通过对数据分析，确定初始干重、最终干重、最大PGL酶活、平均比生长速率、平均比生成速率、PGL产率。

6. 思考题

① 为什么培养基灭菌温度为115℃，而不是121℃？

② 为什么在发酵罐诱导发酵生产PGL酶时，需要等溶氧反弹后？

实验 5-2　异亮氨酸的发酵生产

1. 实验目的

① 掌握微生物发酵生产异亮氨酸的基本步骤与原理。

② 掌握高压液相色谱（HPLC）方法定量分析异亮氨酸的方法。

③ 了解异亮氨酸发酵生产的基本原理。

2. 实验意义及原理

微生物发酵生产L-异亮氨酸具有反应条件温和、易控制、成本低、环境污染较小且容易实现大规模生产、附加值高等优点，目前在工业生产上被广泛应用。发酵法就是利用微生物的自身代谢作用，生物合成并过量积累L-异亮氨酸，其中，包括添加前体物发酵法和直接发酵法两种。

目前，应用发酵法生产L-异亮氨酸，日本最早开始研究且处于领先地位，生产厂家主要有味之素、田边制药、协和发酵及德国的Degussa等公司，产酸量在30～35g/L的水平，提取率为60%～70%。我国L-异亮氨酸发酵生产研究起步较晚，开始于20世纪70年代，到90年代初正式工业化生产，近十多年来国内发酵法生产L-异亮氨酸已取得了较大的进步，产酸量可达20～25g/L，提取率在40%～50%。但我国L-异亮氨酸生产菌株的产酸水平与国外先进水平尚有一定差距，不能适应大规模工业化生产的要求，并且国内的L-异亮氨酸生产厂家较少，L-异亮氨酸的产量远不能满足市场的需求，大部分仍依赖进口。针对我国市场巨大的现状，对L-异亮氨酸的需求量也将越来越大。鉴于L-异亮氨酸用途广、潜在市场需求量巨大、产品附加值高等原因，提高L-异亮氨酸的产量及下游提取率，对促进我国氨基酸发酵工业的发展具有重大意义。

3. 实验器材

（1）菌株　乳糖发酵短杆菌（*Brevibacterium lactofermentation*）JHI3-156，无锡晶海氨基酸有限公司提供。

（2）仪器　高效液相色谱仪1100（美国安捷伦有限公司）；3L Biotron LiFlus GM发酵罐（韩国Biotron公司）；冷冻立式离心机（CF16RX）（日本Hitachi公司）；电子天平（METTLER TOLEDO PL2002）；恒温培养箱（上海跃进医疗器械厂）；往复式摇床（无锡市科达智能仪器有限公司）；高压灭菌锅（上海华线医用核子仪器有限公司）；721可见光分光光度计（上海天美科学仪器有限公司）；SK-1型快速混匀器（江苏金坛医疗仪器厂）；电热恒温鼓风干燥箱（上海贺德实验设备有限公司）；SBA-40C型葡萄糖-谷氨酸生物传感分析仪（山东省科学院生物研究所）。

（3）培养基

① 斜面培养基（g/L）：葡萄糖5.0，蛋白胨10，酵母膏0.5，牛肉膏10，氯化钠2.5，琼脂20；pH7.0～7.2；121℃灭菌15min。

② 种子培养基（g/L）：葡萄糖25，尿素1.25，玉米浆20，磷酸二氢钾1.0，硫酸镁0.5；pH7.0～7.2；121℃灭菌15min。

③ 摇瓶发酵基础培养基（g/L）：葡萄糖130，硫酸铵35，玉米浆15，磷酸二氢钾1.0，硫酸镁0.5，碳酸钙20（分消）；pH6.8～7.0；115℃灭菌15min.

④ 发酵培养基（g/L）：葡萄糖100，玉米浆20，硫酸铵20，磷酸二氢钾1.0，硫酸镁0.5；115℃灭菌15min。

4. 实验步骤

（1）斜面培养　挑取甘油管保藏菌种划线接种到活化斜面上，31℃恒温培养36h左右。

（2）种子培养　接一环生长良好的斜面种子到装有50mL种子培养基的500mL三角瓶中，8层纱布封口，固定于往复式摇床上（80r/min），31℃振荡培养至对数生长中后期（大约18h）。

（3）摇瓶培养　按5%的接种量将种子液接入装有25mL摇瓶培养基的500mL三角瓶中，31℃于往复式摇床上（100r/min）培养72h。

（4）发酵罐分批发酵　按10%的接种量将种子液接入3L机械搅拌反应器中，装液量

1.8L，培养温度（31±1)℃，通气量1.0L/min，流加2mol/L的HCl溶液及25%的氨水调节pH使其维持在7.2±0.1。搅拌转速，12h前维持在700r/min，随后调节为600r/min直至发酵结束。

（5）实验分析项目和方法

① 细胞生长分析　吸取0.2mL发酵液样品，加入5mL的蒸馏水，摇匀，采用721分光光度计在562nm测定吸光度。

② 葡萄糖测定　用SBA-40C型葡萄糖-谷氨酸生物传感分析仪测定。

③ L-异亮氨酸测定　L-异亮氨酸的测定方法参见相关文献。

5. 实验结果

① 通过实验制作菌体生长曲线，确定各个生长周期的时间；

② 在制作生长曲线的过程中，测定L-异亮氨酸的产量变化；

③ 测定菌体生长过程中DO变化趋势；

④ L-异亮氨酸的合成与细胞生长速度、细胞浓度以及细胞活力相关；

⑤ 根据测定数据分析确定最大细胞浓度、最大比生长速率、最大L-异亮氨酸产量、生产强度、糖酸转化率等参数。

6. 思考题

① 种子培养为什么要在往复式摇床上进行培养？

② 在发酵过程中，为什么要对搅拌转速进行调整？

实验5-3　柠檬酸的发酵生产

1. 实验目的

① 掌握真菌发酵基本操作及原理。

② 掌握柠檬酸发酵过程控制策略确定及其分析方法。

③ 了解黑曲霉生产柠檬酸基本原理。

2. 实验意义及原理

许多微生物如真菌、细菌、酵母均能利用多种基质合成柠檬酸，黑曲霉与其他菌种相比最大的优势在于其糖酵解通量易于掌握和控制，前期处理和后期提取操作方便，且能够利用农业废渣等多种原料；柠檬酸合成后易从线粒体、细胞质中分泌到细胞外，生长特性、强适应性都有助于柠檬酸的大量积累。许多研究均已表明黑曲霉是生产柠檬酸的最佳菌种，但随着生物技术的发展，通过基因工程和定向筛选已经选育出更优质高产的黑曲霉菌株。柠檬酸是众多微生物代谢过程中的中间代谢产物，自从1940年H.A.克雷伯斯提出三羧酸循环理论以来，柠檬酸的发酵机理才开始逐渐为人们所了解。糖类首先经过二磷酸己糖途径（EMP）进行糖酵解形成丙酮酸，丙酮酸继续氧化脱羧形成乙酰辅酶A，乙酰辅酶A与草酰乙酸在柠檬酸合成酶的催化下形成柠檬酸并进入三羧酸循环。

3. 实验器材

（1）菌株　黑曲霉 *Aspergillus niger* H915为柠檬酸的生产菌株，由沙土管保藏，经复壮筛选得到。黑曲霉菌株在马铃薯培养基上活化，37℃培养至培养基表面形成浓密乌黑的孢子，一般为5～7d。将成熟的孢子用无菌水洗下，置于−80℃浓度为25%的甘油管中保藏。

（2）试剂和仪器

① 试剂　NaOH（分析纯）；$Ca(OH)_2$（分析纯）；葡萄糖（分析纯）；蔗糖（分析纯）；

乳糖（分析纯）；麦芽糖（分析纯）；木糖（分析纯）；玉米浆 48E、48K、95E、95K（生化试剂）；麸皮、玉米芯、玉米粉（生化试剂）；糖化酶、普鲁蓝酶、复合酶（生化试剂）。

② 仪器　高压灭菌锅（无锡市地儿医疗器械厂）；恒温培养箱（上海跃进医疗器械厂）；1/1000 电子天平（METTLER TOLIDO PL2002）；pH 计［梅特勒-托利多仪器（上海）有限公司］；电热恒温鼓风干燥箱（上海华联环境试验设备公司恒温仪器厂）；超低温冰箱（Asheville NC USA）；3L 全自动发酵罐（美国 NBS 公司）；华利达恒温振荡器 HZ9311K（太仓市科教器材厂）；生物传感分析仪 SBA-40C（山东省科学院研究所）；显微镜 LW300-48T（日本尼康公司）。

（3）培养基

① 土豆培养基（PDA）　称取已去皮的马铃薯 200g，加水 500mL，加热煮沸 30min，四层纱布过滤，加葡萄糖 20g、琼脂 20g 溶解定容至 1000mL，趁热分装茄子瓶，每瓶 50mL 左右，121℃灭菌 15min 后取出，搁置成斜面，冷却至室温备用。

② 麸皮培养基　麸皮 10.0g、水 12mL，pH 自然，121℃灭菌 45min，趁热将麸皮拍松，冷却至室温备用。

③ 大麸曲培养基　玉米芯 10.0g、水 18g，pH 自然，121℃灭菌 45min，趁热将大麸曲拍松，冷却至室温备用。

④ 硫酸铵斜面培养基　以玉米清液为碳源，硫酸铵为氮源，控制总糖为 10%、总氮为 0.2%，再加 2%琼脂配成 50mL 茄子瓶斜面培养基，121℃灭菌 15min，冷却搁置成斜面备用。

⑤ 玉米混液斜面培养基　以玉米清液为主要碳源，玉米混液为主要氮源，控制总糖为 10%、总氮为 0.2%，加 2%琼脂配成 50mL 茄子瓶斜面培养基，121℃灭菌 15min，冷却搁置成斜面备用。

⑥ 种子摇瓶培养基　以玉米清液为主要碳源，玉米混液为主要氮源，总糖为 10%、总氮为 0.2%，装液量为 40mL/250mL，121℃灭菌 15min，冷却至室温备用。

在不同氮源替代玉米混液实验中，完全替代时 0.2%的氮全由不同种无机、有机氮源提供；部分替代时 0.16%的氮由玉米混液提供，0.04%的氮由不同种无机、有机氮源提供。

⑦ 产酸培养基　取 1.6g 玉米粉于 39mL 玉米液化清液中，补水 5mL 后加适量液化酶，装于 250mL 锥形瓶，121℃灭菌 15min。

⑧ 发酵培养基　总糖 15%，总氮 0.08%，分别由玉米清液和玉米混液提供。

4. 实验步骤

（1）玉米液化方法　取 145g 玉米粉加 500mL 水，用饱和 $Ca(OH)_2$ 调 pH 至 6.0～6.1，加液化酶 0.1mL，95℃搅拌 1h，保温 0.5h，至碘试显淡黄色即为液化终点。将液化液定容至 500mL 混匀即为玉米液化混液。取一定量的玉米液化混液经四层纱布过滤所得的清澈液体即为玉米液化清液。

（2）种子斜面培养　孢子悬液保藏在－80℃、25%的甘油管中，从甘油管中接 0.1mL 孢子悬液涂布 PDA 斜面培养基，置于 35℃恒温培养箱培养 5～7d，至培养基表面的孢子颜色纯黑、质地紧密。

（3）麸皮培养　从斜面上刮取适量孢子于装有麸皮培养基的 50mL 三角瓶中，八层纱布加牛皮纸封口，拍打培养基使孢子均匀附着在麸皮表面，置于 35℃恒温培养箱培养 5～7d，至麸皮表面形成纯黑、浓密的孢子。

(4) 种子摇瓶培养　置于35℃、300r/min摇床培养24h。

(5) 产酸培养　置于35℃、300r/min摇床培养72h。

(6) 3L发酵罐培养　3L发酵罐的装液量为1.2L，温度为37℃，通气量为2.5vvm，转速为500r/min。发酵期间流加200mL 20%的葡萄糖溶液。

(7) 实验分析项目和方法

① 还原糖测定方法　斐林法测还原糖。取10.0g样品于250mL三角瓶中，加适量水调pH至中性，定容至500mL，将定容好的样品反复摇匀，用移液管吸取5mL于100mL三角瓶中，加斐林甲乙液各5mL，用葡萄糖标准溶液滴定至终点。

② 总糖测定方法　斐林法测总糖。取10.0g样品于250mL三角瓶中，加50mL水混匀，缓慢加入7.5mL浓硫酸，边加边摇匀防止局部过热，加热煮沸5min后立即用冰水冷却，调pH至中性。

③ 总氮测定方法　凯氏定氮法。

④ 酸度测定方法　准确量取过滤后发酵液1mL于100mL三角瓶中，加入适量去离子水，滴入1～2滴酚酞指示剂，充分摇匀，用0.1429mol/L的NaOH标准溶液滴定，计算公式如下所示：

$$酸度(\%)=M\times 0.07\times V\times 100$$

式中　M——NaOH标准溶液的物质的量浓度，mol/L；

V——消耗的NaOH体积，mL；

0.07——柠檬酸的摩尔质量（以一水计），kg/mol。

按照公式计算可得，滴定的体积1mL即约为酸度1%。

⑤ 孢子计数法　将孢子液稀释适当的倍数，混匀后加入血细胞计数板，在40倍显微镜下数左上、右上、中、左下、右下五个格子孢子总数。计算公式如下所示：

$$c(孢子液浓度)=n/5\times 25\times m\times 1000$$

式中　n——五个血细胞计数板小格孢子数总和；

m——孢子液稀释倍数；

5——血细胞计数板五个小格；

25——血细胞计数板总共有25个小格；

1000——换算成个/mL为单位的转化系数。

⑥ 菌体浓度测定方法　黑曲霉的菌球形态以肉眼可见的菌丝球形式存在，故采用直接计数法。将菌液稀释适当的倍数，取1mL于培养皿中直接计数。

⑦ 菌球形态观察方法　培养结束后取适当浓度的菌丝球置于载玻片，用带照相功能的显微镜拍照，通过图像分析软件TSview7.0分析菌球直径和菌丝体形态。

5. 实验结果

① 测定发酵过程中，DO变化趋势；

② 测定发酵过程中，pH变化趋势；

③ 测定发酵过程中，酸度变化趋势；

④ 测定分析发酵过程中，溶氧与升酸速率的变化趋势关系；

⑤ 测定发酵过程中，柠檬酸产量变化。

6. 思考题

查阅资料分析，在准备培养基的过程中，为什么需要首先对玉米粉进行液化处理？

实验 5-4　透明质酸的发酵生产

1. 实验目的

① 掌握链球菌高黏度发酵生产透明质酸的原理和操作。

② 熟悉透明质酸测定前处理及测定方法的基本原理与操作。

2. 实验意义与原理

某些种属的链球菌在生长繁殖过程中，向胞外分泌以 HA 为主要成分的荚膜。细菌发酵法就是利用这一特性而产生的。与动物提取法相比细菌发酵法有很多优点，例如成本低，生产规模不受原料限制，发酵液中 HA 以游离状态存在，易于分离纯化和形成规模化工业生产，无动物来源的致病病毒污染的危险等。HA 是一种高分子黏多糖，微生物将其作为荚膜在一定时期分泌到胞外，并覆盖在细胞表面。这样，细胞要获得氧或其他营养物质，则需要经过底物和氧在 HA 覆盖层中的传递过程。所以 HA 发酵是一种涉及气-液-固三相传递的复杂生物反应体系。发酵体系的高黏度非牛顿流体特征使得 HA 发酵过程中的溶氧传递成为至关重要的问题，一直受到工业生产和实验研究的重视。这些结果表明有必要对 HA 发酵体系的混合与传质特性进行研究，以使细胞在最佳混合与溶氧传递条件下进行 HA 的发酵生产，因此在研究 HA 发酵过程的混合与传质特性之前，需要先深入了解 HA 发酵系统的代谢动力学和生产 HA 的变化趋势等。

3. 实验器材

(1) 菌株　兽疫链球菌 *Streptococcus zooepidemicus* WSH-24。

(2) 培养基

① 斜面培养基（g/L）　心脑浸粉（BHI）37，葡萄糖 10，酵母粉 10，琼脂粉 20；pH7.2。

② 种子培养基（g/L）　蔗糖 20，酵母粉 20，七水硫酸镁 2.0，四水硫酸锰 0.1，磷酸二氢钾 2.0，碳酸钙 20；微量元素 1mL/L，缓冲液 40mL/L；pH7.2。

③ 微量元素（g/L）　氯化钙 2.0，氯化锌 0.046，五水硫酸铜 0.019。

④ 缓冲液（g/L）　磷酸氢二钠 36.76，磷酸二氢钠 15.98，碳酸氢钠 12.5。

⑤ 发酵培养基（g/L）　酵母粉 20，磷酸氢二钠 6.2，硫酸钾 1.3，蔗糖 70，七水硫酸镁 2.0；微量元素 1mL/L；pH7.2。

4. 实验步骤

(1) 斜面培养　接种后的斜面置于 37℃恒温培养箱中培养 16h，用于摇瓶接种。

(2) 种子培养　将培养好的斜面种子接种至装有 50mL 种子培养基的 500mL 三角瓶中培养，摇床转速 200r/min，温度 37℃，培养时间 14～16h。

(3) 发酵培养　按 10%的接种量将种子培养基接入全自动发酵罐 KFT-7L（Model KL-7L，K3T Ko Bio Tech，Korea），罐中装发酵培养基 3.5L，搅拌转速 200r/min，通气量 1.0vvm，温度 37℃，pH 采用 pH 电极进行在线检测，通过自动加料泵流加 5mol/L NaOH 溶液进行调节以维持 pH 变化在 7.0±0.1 以内。溶氧电极在线检测溶氧浓度，每隔 2h 取样一次进行检测分析。

(4) 实验分析项目和方法

① 透明质酸测定方法　取 5mL 培养液，加入约 2 倍体积的乙醇，然后在 5000r/min 下

离心 15min。上层清液收集后作进一步分析，测定乳酸、残糖。沉淀经蒸馏水洗涤两次后溶于水中测定透明质酸含量。

透明质酸含量测定：采用 Bitter-Muir 氏法。

硼砂硫酸液：称取四硼酸钠 4.77g 溶于 500mL 的浓硫酸（AR 级）中。

咔唑试液：称取咔唑 0.125g，溶于 100mL 的乙醇（AR 级）中。

精密称取葡萄糖醛酸（AR 级）20mg，置于 100mL 的容量瓶中，加水溶解到刻度，摇匀备用。精密量取标准溶液 0.5、1.0、1.5、2.0、2.5mL，分别加入 10mL 的容量瓶中，加水稀释至刻度，得 10、20、30、40 和 50μg/mL 浓度的对照品溶液，取 6 支具塞刻度试管分别加入硼砂硫酸溶液 5mL 置于冰浴中冷却至 4℃左右。然后分别取空白溶液（去离子水）和不同浓度的标准品溶液各 1.0mL 于试管中，先轻轻振荡，再充分混匀，这些操作均在冰浴中进行。将试管置沸水中煮沸 10min 后，放入冷水中冷却至室温。加入咔唑试剂 0.2mL，混匀，再在沸水中加热 15min，冷却至室温。在 530nm 处测定吸光度。按照下列公式计算发酵液中 HA 的含量：

$$\text{透明质酸含量(g/L)}=\frac{\text{标准曲线查出的浓度}\times\text{稀释倍数}\times 2.067}{1000}$$

② 蔗糖浓度测定

a. 间苯二酚溶液：0.1g 间苯二酚用 6mol/L 盐酸溶解后定容至 100mL。

b. 蔗糖标准溶液：400mg/L。

c. 吸取待测样品溶液 0.9mL（蔗糖含量为 40～250mg/L），加 0.1mL 2mol/L 氢氧化钠，混合后在 100℃沸水浴中加热 10min，立即在流水中冷却。再加入间苯二酚溶液 1mL、10mol/L 盐酸 3mL，摇匀后置于 80℃水浴中加热 8min，冷却后在 500nm 波长处，以试剂空白调零，测定样品的吸光度，与标准样作对照，求样品中蔗糖含量。

③ 乳酸测定　乳酸由 SBA-40C 生物传感分析仪（山东省科学院生物研究所）测定。

④ 细胞浓度测定　取 25mL 发酵液，经 3000r/min 下离心后再用蒸馏水洗涤 2 次，得到的湿细胞在 105℃下烘至恒重，计算出细胞干重（dry cell weight，DCW）。在 660nm 下，使用分光光度计（722s 分光光度计，上海）测定发酵液的吸光度，建立吸光度与细胞干重的关系式，通过测定发酵液的吸光度计算细胞浓度。

5. 实验结果

① 通过 HA 发酵，分析 HA 发酵过程中代谢动力学曲线；

② 通过发酵过程中，测定菌体生长浓度，绘制菌体生长曲线；

③ 测定发酵过程中，蔗糖浓度变化趋势；

④ 测定 HA 合成过程中，HA 浓度变化趋势；

⑤ 测定分析绘制乳酸合成动力学曲线；

⑥ 测定 HA 合成与细胞生长的偶联关系。

6. 思考题

① 查阅资料，分析在斜面培养基中要添加心脑浸粉的原理。

② 查阅资料，分析链球菌生产透明质酸的原理。

实验 5-5　啤酒的发酵生产

1. 实验目的

通过小型装置熟悉啤酒酿造全过程及其中间控制。要求同学掌握以下技能：

① 计算配料，制定糖化工艺和发酵工艺；

② 熟悉酿造装置及其设备的主要特性；

③ 熟悉啤酒酿造工艺及啤酒酿造设备的操作；

④ 通过试验了解发酵液变化，如酵母细胞密度、酵母芽生率、外观浓度、双乙酰（VDK）含量等；

⑤ 掌握麦汁、啤酒重要指标的分析方法；

⑥ 锻炼同学实际操作能力，在生产中分析问题和解决问题的能力。

2. 实验原理

采用1000L小型发酵设备进行啤酒酿造实验，了解啤酒的实际生产过程。

3. 实验器材

（1）材料　麦芽，大米，耐高温α-淀粉酶，酒花。

（2）试剂　乳酸，磷酸，$CaCl_2$ 等。

（3）设备　1000L啤酒酿造设备，本装置一般包括：

① 麦芽粉碎机；

② 糖化设备，包括糊化锅和糖化单元（小型设备一般是将糖化锅、过滤槽、煮沸锅、澄清槽等设备整合在一起）；

③ 发酵罐若干个；

④ 其他设备包括薄板换热器、啤酒过滤机、泵；

⑤ 辅助设备包括制冷系统、蒸汽发生器、无菌压缩空气系统。

4. 实验步骤

（1）根据原料指标及啤酒要求进行以下计算

基本数据及要求：本次试验酿造啤酒800L，原麦汁浓度为11°P，配料按麦芽70％、大米30％，原料利用率96％，酒花添加量0.05％，麦芽、大米指标详见分析结果。

① 原辅料耗量计算：麦芽耗量、大米耗量、酒花用量、耐高温α-淀粉酶用量、酸用量、$CaCl_2$ 用量。

② 投料水计算及其分配：糊化用水、糖化用水、洗糟水计算。

③ 热量平衡计算。

（2）糖化工艺制定　根据麦芽、大米指标制定合理的糖化工艺曲线。

（3）原料粉碎　麦芽粉碎要求“皮壳破而不碎”，细粉＞60％，粗粒20％～30％，皮壳8％～15％，粉碎刻度1.8～2.1；大米粉碎后要求细粒＋粉＞90％。

（4）麦汁过滤　调节洗糟水pH至5.8～6.0，洗糟水温度76～78℃，分三次洗糟，洗糟终点控制在3.5°P以内。

（5）麦汁煮沸　煮沸时间为80min，酒花添加量为0.04％。酒花分三次添加：煮沸初添加20％，煮沸30min添加60％，煮沸终了前15min添加20％。定型麦汁浓度控制在（11±0.2）°P。

（6）麦汁冷却　麦汁冷却前用热水对所有麦汁管路及薄板换热器灭菌，用冰水直接冷却麦汁，麦汁接种温度为9℃。

（7）麦汁充氧　对无菌空气系统预先清洗消毒，从罐底通入无菌空气，麦汁充氧30min。

（8）麦汁接种　预先扩培的种子用无菌空气压入敞口发酵罐，接种后酵母密度控制在

(1.0～1.2)×10^7 个/mL。

5. 实验结果

① 发酵过程每天应跟踪分析发酵液指标，如下表。

1000L 啤酒发酵跟踪分析（第　组）

发酵天数	温度/℃	罐压/MPa	细胞密度/(个/mL)	发芽率/%	外观浓度/%	酒精(质量分数)/%	VDK/(mg/L)	备注

② 绘制发酵过程细胞密度曲线、芽生率曲线、糖降曲线、VDK 曲线。

6. 思考题

① 啤酒发酵过程中，添加酒花的主要目的是什么？

② 准备啤酒发酵培养基时，麦芽液化的目的是什么？

实验 5-6 氨基葡萄糖重组大肠杆菌的构建及条件优化

1. 实验目的

① 掌握氨基葡萄糖重组大肠杆菌的构建的基本原理和技术操作。

② 掌握氨基葡萄糖发酵过程优化控制策略的原理和技术操作。

2. 实验意义及原理

糖工业是食品行业的基础工业，又是造纸、化工、发酵、医药、建材等多种产品的原料工业，在国民经济中占有十分重要的地位。功能糖及其衍生物是健康产业的重要组成部分，是食品生物技术领域的朝阳产业，近几年来产业发展迅猛，2011 年，我国规模以上制糖工业企业实现主营业务收入达 1005.64 亿元，同比增长 33.18%。氨基葡萄糖（Glucosamine，2-amino-2-deoxy-D-glucose，GlcN），又称氨基葡糖、葡萄糖胺或葡糖胺，是葡萄糖的一个羟基被氨基取代后的化合物，是一种重要的功能单糖，也是第一个被确认结构的氨基单糖。GlcN 分子式为 $C_6H_{13}O_5N$，俗称氨基糖。目前，GlcN 相关的化合物一般包括：氨基葡萄糖盐酸盐、氨基葡萄糖硫酸盐以及乙酰胺基葡萄糖（*N*-acetylglucosamine，GlcNAc）。GlcN 几乎存在于所有有机体中，包括细菌、酵母、丝状真菌、植物以及动物体，是糖蛋白和蛋白聚糖的主要组成成分，同时也是壳聚糖和甲壳素的主要组成成分，在细胞内可由 6-磷酸葡萄糖氨基化生成。GlcN 及其衍生物的应用十分广泛，尤其在医药、食品、化妆品等方面。

GlcN 几乎存在与所有有机体中，包括细菌、酵母、丝状真菌、植物以及动物体，是糖蛋白和蛋白聚糖的主要组成成分，在细胞内可由 6-磷酸葡萄糖氨基化生成，作为一种生理必需物质，GlcN 存在于所有结缔组织中，软骨组织中含量最高，GlcN 同时也是壳聚糖和甲壳素的主要组成成分。对 GlcN 的生物合成研究表明：由谷氨酰胺作为氨基供体，6-磷酸果糖在氨基葡萄糖合成酶（GlmS）的催化作用下生成 GlcN，该步是 GlcN 合成途径中第一个限速反应。GlmS 属于变构酶，作为细胞壁合成途径的关键酶，GlmS 存在于几乎所有的原核和真核细胞里，在原核生物如枯草芽孢杆菌中，该酶呈同型二聚体结构，而在真核生物细胞中，该酶呈四聚体结构。GlmS 严重受该合成途径代谢产物如氨基葡萄糖-6-磷酸（GlcN6P）和 UDP-乙酰化氨基葡萄糖的反馈抑制，因而氨基葡萄糖在正常的代谢合成中不能大量积累。

由于受到反馈抑制，细胞中 GlcN 不能大量合成，Deng 等在大肠杆菌中通过增加 *glmS* 的表达，GlcN 产量明显增加。由于 GlcN 对细胞刺激性较大，40g/L 的氨基葡萄糖能完全抑制细胞生长，通过在大肠杆菌中表达酿酒酵母 *S. cerevisiae* S288C 的 *gna1* 基因，能将 GlcN 的合成途经延长至对细胞刺激性较小的 GlcNAc，而后者能在相对较为温和的条件下（0.1mol/L HCl，100℃，3h）转化为 GlcN。本实验通过将来自大肠杆菌氨基葡萄糖合成酶基因 *glmS* 和来自酿酒酵母 *S. cerevisiae* S288C 氨基葡萄糖乙酰化酶的 *gna1* 基因插入质粒 pET28(a) 中，构建重组质粒 pET28 (a) -glmS-gna1，转化大肠杆菌 *E. coli* ATCC 25947 (DE3)，通过过量表达 *glmS* 和 *gna1* 增加 GlcN 产量。同时，葡萄糖作为大肠杆菌生长的主要碳源，以及氨基葡萄糖生产的主要底物，通过对葡萄糖的不同补料浓度的考察，确定最适氨基葡萄糖发酵生产的浓度，高效提高氨基葡萄糖的发酵生产。

3. 实验器材

（1）材料　大肠杆菌（*Escherichia coli* ATCC 25947 DE3）和酿酒酵母 *S. cerevisiae* S288C，购自美国模式培养物集存库（ATCC）；大肠杆菌 *Escherichia coli* BL21、JM109 和质粒 pET28(a) 均为实验室保藏。

（2）试剂

① 胰蛋白胨和酵母粉。

② 限制性内切酶 *Sac* Ⅰ、*Hind* Ⅲ、*Not* Ⅰ、*Xho* Ⅰ、T4 DNA 连接酶、PCR 试剂盒、PCR 产物回收试剂盒。

③ 硫酸卡那霉素（Kan)、氨苄青霉素（Amp)、质粒提取试剂盒和高效制备感受态细胞试剂盒。

④ 考马斯亮蓝染色液 G250/R250、牛血清白蛋白、标准分子量蛋白及 SDS-PAGE 凝胶配制试剂盒。

⑤ 其他试剂均为分析纯。

（3）种子培养基　LB 培养基（胰蛋白胨 10g/L、酵母粉 5g/L、NaCl 10g/L)，pH7.0。必要时在培养基中添加琼脂粉 20g/L，Kan 50mg/L 或 Amp 100mg/L。

（4）发酵培养基　TB 培养基：酵母粉 24g/L，甘油 5g/L，KH_2PO_4 17mmol/L，K_2HPO_4 72mmol/L，胰蛋白胨 12g/L，必要时在培养基中添加 Kan 50mg/L 或 Amp 100mg/L。

4. 实验步骤

（1）分子生物学实验操作

① 大肠杆菌基因组 DNA 的提取　取适量大肠杆菌活化种子接种至 LB 培养基中，37℃培养 12h，发酵液于 12000r/min 离心 3min。收集菌体，其基因组 DNA 的提取用细菌基因组 DNA 提取试剂盒完成，具体步骤见试剂盒说明书。

② 质粒 DNA 的提取　质粒 DNA 的提取按照 EZ Spin Column Plasmid Mini-PrepsKit 柱式质粒小量抽提试剂盒所提供的方法进行操作。

③ 重组质粒的构建　由于 *S. cerevisiae* S288C 的 *gna1* 基因无内含子，分别以 *E. coli* 基因组 DNA 和酿酒酵母 *S. cerevisiae* S288C 基因组为模板，根据 *glmS* 和 *gna1* 基因序列分别设计两端引物扩增 *glmS* 和 *gna1* 基因。

a. *glmS* 基因 PCR 扩增，引物设计如下：

5′端引物（glmS1)：5′-CGA GCT CAT GTG TGG AAT TGT TGG C-3（加下划线序列为 *Sac* Ⅰ 酶切位点）

3′端引物（glmS2）：5′-CCC AAG CTT TTA CTC AAC CGT AAC CGA-3′（加下划线序列为 *Hind* Ⅲ酶切位点）

扩增获得1830bp的PCR产物，将PCR产物克隆入质粒pET28(a)的*Sac* Ⅰ和*Hind* Ⅲ酶切位点间，得到*glmS*基因表达质粒pET28（a)-glmS。酶切条件见试剂盒说明书。

b. *gna1*基因PCR扩增，引物设计如下：

5′端引物（gna11）：5′-ATA AGA ATG CGG CCG CAA GGA GAA AAT AAT GAG CTT ACC CGA TGG ATT TTA TA-3′（加下划线序列为*Not* Ⅰ酶切位点）

3′端引物（gna12）：5′-CCG CTC GAG CTA TTT TCT AAT TTG CAT TTC CAC G-3′（加下划线序列为*Xho* Ⅰ酶切位点）

扩增获得480bp的PCR产物，将PCR产物插入质粒pET28（a)-glmS的*Not* Ⅰ和*Xho* Ⅰ酶切位点间，得到同时表达*glmS*基因和*gna1*基因表达质粒pET28（a)-glmS-gna1。酶切条件见试剂盒说明书。

④ DNA片段的回收　利用DNA片段回收试剂盒回收DNA片段，操作步骤见产品说明书。

⑤ 琼脂糖凝胶电泳检测DNA产物

a. TBE缓冲液的配制（10×）：硼酸55g、Tris 108g、EDTA 7.44g，加入双蒸水定容至1L（pH8.3)。

b. 琼脂糖凝胶电泳制胶以及跑胶步骤：称取琼脂糖0.5g，溶于100mL 0.5×TBE缓冲液中；加热使琼脂糖完全溶解，加入5μL染色剂Gold View，混匀后倒入已插上制胶梳子的制胶槽中；胶凝固后拔去梳子，将胶连同胶板放入电泳槽内；在待检测的DNA中加入6×缓冲液，用移液枪混匀；上样；打开电泳仪，调节电压至80～90V，保持稳压；电泳约20～30min，关闭电泳仪，取出凝胶，放入凝胶成像仪中，观察电泳结果。

⑥ 载体与目的基因的连接　利用连接试剂盒进行连接反应，将质粒载体和DNA片段按1∶4的摩尔比混合，加入等体积连接试剂盒中Solution Ⅰ溶液，16℃恒温过夜。

⑦ 大肠杆菌感受态细胞制备及转化　大肠杆菌感受态细胞的制备方法参见大肠杆菌感受态试剂盒的产品说明书。大肠杆菌感受态转化步骤如下：

超低温冰箱保存的大肠杆菌感受态细胞（盛装于离心管）置于冰上熔化；加入10μL连接的DNA溶液轻轻混合，冰浴45min；将装有感受态细胞的离心管置于42℃的水浴中热激90s；将离心管转移至冰浴中使细胞冷却1～2min；室温放置10min后加入600μL LB培养基于37℃培养1h；离心去除少量上清液，再悬浮菌体，将培养液涂布在含有相应抗生素的LB平板上，37℃倒置培养10～12h，观察菌落。

⑧ 转化子的筛选与鉴定　将转化的受体菌涂布到含卡那霉素抗生素的LB琼脂平板上，37℃培养过夜。挑取单菌落，经LB液体培养基37℃活化12h，提取重组质粒，经酶切电泳和以重组质粒为模板PCR扩增目的基因进行鉴定。

（2）重组质粒的测序分析　对重组质粒基因序列进行测序，由上海生工生物工程技术服务有限公司完成。

（3）重组质粒表达外源蛋白分析

① SDS-PAGE电泳检测方法　采用10%的分离胶和5%的浓缩胶。电泳采用Tris-甘氨酸缓冲体系（pH8.3)，方法如下：取20μL用冰冷的20mmol/L磷酸钾缓冲液重

菌体，加入 80μL5×的 SDS-PAGE 蛋白上样缓冲液，用移液枪轻轻吹吸均匀，100℃加热处理 3～5min，12000r/min 离心 1min，分别吸取 10μL 标准蛋白样品（Marker）和试验样品注入样品槽；调节电泳电压 100V，调节电流 10mA，当溴酚蓝迁移到接近分离胶底时，取出凝胶板，浸入 0.1%考马斯亮蓝染色液中 2h，再用 30%甲醇/10%醋酸脱色，观察蛋白质条带。

② 乳糖诱导外源蛋白的表达　在 500mL 三角瓶中配制种子培养基 50mL，按照 1%的接种量接入种子液，同时按照 50μg/mL 加入卡那霉素，在 37℃、200r/min 条件下培养至 OD_{600}=0.6，分别加入 10、5、1、0.1、0.05、0g/L 的乳糖以及 1.0mmol/L 的 IPTG 进行诱导，同时用出发菌株作为对照，继续培养至 12h。

（4）重组菌 GlcN 的生产

① 种子培养：从－80℃保藏的工程菌甘油管中取 100μL，接入 250mL 摇瓶（含 25mLLB 培养基），200r/min、37℃培养 10h。

② 发酵培养：种子培养液按 1%（体积分数）的接种量接至 500mL 三角瓶中（含 50mL TB 培养基），于 37℃、200r/min，当菌体 OD_{600} 达到 0.6 时，加入 5g/L 的乳糖。各培养基使用前添加终浓度 50μg/mL 的卡那霉素。分别考察葡萄糖浓度（50、100、150、200、250、300g/L），甘油浓度（0.1%、0.2%、0.3%、0.4%、0.5%、0.6%，体积分数）、氯化锰浓度（5、10、15、20、30、40mg/L），蛋白胨浓度（8、12、16、20、24、28g/L），酵母膏浓度（16、20、24、28、32、36g/L），硫酸镁浓度（5、10、15、20、25、30mmol/L），硫酸铵浓度（2、4、6、8、10、12g/L）以及在 LB 和 TB 培养基中氨基葡萄糖产量随时间的变化。

（5）检测方法

① 质粒稳定性检测　用灭菌水将重组大肠杆菌发酵液稀释，取 100μL 分别涂布于普通 LB 平板培养基中和含卡那霉素的 LB 平板中（菌落数控制在 100～300 个），37℃培养 24h，计数两个平板菌落，初步判断质粒稳定性。然后从 LB 平板中选 100 个单菌落移植到含有 Kan 的 LB 平板培养基上，37℃培养 24h 后计算菌落数（计为 A），则质粒稳定性为：

质粒稳定性(%)=[Kan 平板上的菌落数(A)/无 Kan 平板上的菌落数]×100%

② 胞内酶活的检测　将重组 *E. coli* ATCC 25947（DE3）和 *E. coli*-glmS-gna1 的单菌落接种于 50mL 含有 50mg/L Kan 的 LB 培养基中，于 37℃、200r/min 培养至 OD_{600}=0.6（约 5h），加入诱导剂后继续培养至 4h。菌液经 6000r/min、4℃离心后，弃上清液，菌体沉淀用 100mmol/L 磷酸钾缓冲液（pH7.0）洗涤两次，750W 超声破碎（工作强度为 20%），12000r/min 离心 2min，取上清液进行酶活测定。

氨基葡萄糖合成酶酶活的检测参照文献方法进行。酶活检测体系为 1.0mL pH7.5 的磷酸缓冲溶液，包括 20mmol/L 6-P-果糖、15mmol/L 谷氨酰胺、2.5mmol/L EDTA，加入 0.2mL 待检测酶溶液，37℃反应 20min 后升高温度至 100℃、4min，停止反应，12000r/min 离心 3min，取上清液进行氨基葡萄糖的检测。

氨基葡萄糖的检测方法：取上清样品 0.5mL 加入乙酰丙酮试剂 1.0mL，90℃水浴处理 1h，冷却至室温，慢慢加入 96%（体积分数）乙醇 10mL，然后加入 DMAB 试剂 1.0mL，混合均匀。混合后室温放置 1h，530nm 处比色，根据标准曲线计算 GlcN 含量。氨基葡萄糖合成酶酶活单位的定义为：在 37℃下，每分钟催化合成 1μmol 氨基葡萄糖-6-P 所需的酶量定义为1个酶活单位。

乙酰胺基葡萄糖合成酶酶活的检测方法：在50μL的反应体系中加入50mmol/L Tris-HCl（pH7.5）、5mmol/L $MgCl_2$、200μmol/L GlcN-6-P（Sigma）、200μmol/L Ac-CoA（Sigma）、10%（体积分数）甘油和10μL上清样品溶液进行反应，反应温度为30℃；10min后加入50μL溶液，包括50mmol/L Tris-HCl（pH7.5）和6.4mol/L盐酸胍终止反应；然后加入50μL溶液，包括50mmol/L Tris-HCl（pH7.5）、1mmol/L EDTA以及20mmol/L的2-硝基苯甲酸，后者能与反应释放出的CoA发生反应，其产物可通过412nm下的吸光度进行检测，从而计算乙酰胺基葡萄糖合成酶酶活。氨基葡萄糖乙酰化酶酶活单位定义为：在30℃下，每分钟催化合成1μmol乙酰胺基葡萄糖所需的酶量定义为1个酶活单位。

③ 生物量检测方法　生物量采用干重法测定：取发酵液5mL，12000r/min离心10min，蒸馏水水洗2次，105℃干燥至恒重后称重，扣除已事先称重的管重，即为5mL发酵液中的菌体干重（DCW）。

④ 氨基葡萄糖检测方法　按照Morgan-Elson方法进行。胞内GlcN的检测方法：取发酵液5.0mL加入5mL离心管中，8000r/min离心8min，弃去上清液，菌体用无菌水洗3次，用10mL 6mol/L盐酸于100℃水浴处理3h，用10mol/L的NaOH中和至pH7.0，冰上冷却至室温，定容至50mL，取0.5mL加入乙酰丙酮试剂1.0mL，90℃水浴处理1h，冷却至室温，慢慢加入96%（体积分数）乙醇10mL，然后加入DMAB试剂1.0mL，混合均匀。混合后室温放置1h，530nm处比色，根据标准曲线计算胞内GlcN产量。胞外GlcN的检测方法：取发酵液5.0mL加入5mL离心管中，8000r/min离心8min，取0.5mL离心上清液加入乙酰丙酮试剂1.0mL，90℃水浴处理1h，冷却至室温，慢慢加入96%（体积分数）乙醇10mL，然后加入DMAB试剂1.0mL，混合均匀。混合后室温放置1h，530nm处比色，根据标准曲线计算胞外GlcN产量。

乙酰丙酮试剂：1.5mL乙酰丙酮，溶于50mL 1.25mol/L碳酸钠溶液中，不稳定，临用前配制。

DMAB试剂：1.6g对二甲氨基苯甲醛（DMAB）溶于30mL浓盐酸和30mL 96%的乙醇中，−4℃可保存2个月。

（6）不同浓度葡萄糖恒速流加　在3L发酵罐上进行氨基葡萄糖的发酵，发酵液初始体积为1.1L，葡萄糖初始浓度为27g/L，于接种后2h开始以32mL/h的流速流加250、300、350g/L的葡萄糖，流加葡萄糖溶液的体积分别为480、400和342.9mL。

5. 实验结果

① 重组质粒pET28(a)-glmS限制性酶切琼脂糖凝胶电泳；

② 重组质粒pET28(a)-glmS-gna1限制性酶切琼脂糖凝胶电泳；

③ 测序后，比对*glmS*基因序列与*E. coli* BL21基因组相应序列是否完全一致，*gna1*基因序列与酿酒酵母*S. cerevisiae* S288C基因组相应序列是否完全一致；

④ 重组大肠杆菌*E. coli*-glmS-gna1的SDS-PAGE分析；

⑤ 乳糖诱导重组质粒表达外源蛋白分析；

⑥ 大肠杆菌氨基葡萄糖合成酶和氨基葡萄糖乙酰化酶胞内酶活检测；

⑦ 测定分析恒速流加250、300和350g/L葡萄糖时，菌体浓度变化、氨糖产量变化和DO变化。

6. 思考题

① 查阅资料分析在实验过程中使用 pET28(a)，而不是用其他质粒的原因。

② 查阅资料分析实验过程中添加抗生素的目的。

③ 查阅资料分析发酵过程中，使用诱导剂诱导的原因。

参 考 文 献

［1］ 陈坚，堵国成，李寅等．发酵工程实验技术．第2版．北京：化学工业出版社，2009.

［2］ 岑沛霖，蔡谨．工业微生物学．北京：化学工业出版社，2008.

［3］ 邓开野．发酵工程实验．广州：暨南大学出版社，2010.

［4］ 曹军卫，马辉文等．简明微生物工程．北京：科学出版社，2008.

［5］ 韦革宏，杨祥．发酵工程．北京：科学出版社，2008.

［6］ Brozmanova J，Holinova Z. A rapid preparation of plasmid DNA from Saccharomy cescerevisiae. FoliaMicrobiol（Praha），1988，33：34-37.

［7］ Birnboim HC，Doly J. A rapid alkaline extraction procedure for screening recombinant plasmid DNA. Nucleic Acids Research，1979，7：1513-1523.